**教育部高等学校电子信息类专业教学指导委员会规划教材**
高等学校电子信息类专业系列教材

# 高频电子线路实践教程

**王红霞 马知远 吴文全 朱善林 编著**

清华大学出版社
北京

## 内 容 简 介

本书在简单讲述高频电子线路的基本概念、原理电路基础上，以无线通信系统中的基本单元电路为主要内容，包括高频小信号放大器、高频功率放大器与集电极调制电路、LC 振荡器与晶体振荡器、模拟乘法器振幅调制电路、包络检波电路与同步检波电路、变容二极管直接调频电路、斜率鉴频与正交鉴频电路、二极管混频电路与乘法器混频电路、调幅发射机、超外差接收机等电路。全书共 4 章，第 1 章是高频电子线路实验基础知识，第 2 章是验证性基础实验，第 3 章是仿真设计实验，第 4 章是性能研究实验。

本书可作为高等学校电子信息类专业本、专科学生“高频电子线路”课程的实验教材，也可供相关领域的科技工作者参考。



**图书在版编目(CIP)数据**

高频电子线路实践教程/王红霞等编著. —北京：清华大学出版社，2023.5(2024.8 重印)
高等学校电子信息类专业系列教材
ISBN 978-7-302-63186-6

Ⅰ. ①高… Ⅱ. ①王… Ⅲ. ①高频－电子电路－高等学校－教材 Ⅳ. ①TN710.6

中国国家版本馆 CIP 数据核字(2023)第 052609 号

**责任编辑**：文　怡
**封面设计**：李召霞
**责任校对**：李建庄
**责任印制**：丛怀宇

**出版发行**：清华大学出版社
**网　　址**：https://www.tup.com.cn，https://www.wqxuetang.com
**地　　址**：北京清华大学学研大厦 A 座　　**邮　　编**：100084
**社 总 机**：010-83470000　　**邮　　购**：010-62786544
**投稿与读者服务**：010-62776969，c-service@tup.tsinghua.edu.cn
**质量反馈**：010-62772015，zhiliang@tup.tsinghua.edu.cn
**课件下载**：https://www.tup.com.cn，010-83470236
**印 装 者**：三河市人民印务有限公司
**经　　销**：全国新华书店
**开　　本**：185mm×260mm　　**印　　张**：11.5　　**字　　数**：281 千字
**版　　次**：2023 年 5 月第 1 版　　**印　　次**：2024 年 8 月第 2 次印刷
**印　　数**：1501～2500
**定　　价**：49.00 元

产品编号：098274-01

# 前言

FOREWORD

本实验教材结合高校专业设置特点和实验设备的具体情况，在长期教学实践的基础上编写而成，融入了多年来的实验教学研究成果和科学研究成果，凝聚了“高频电子线路”课程教师和实验技术人员的集体智慧。

本书是根据“高频电子线路”课程的主体内容设计，力求涵盖相关的各个基本知识点，使学生在课堂理论教学的基础上，通过实验了解和熟悉高频电子电路的结构、原理、常用测量方法和故障排除方法，将“高频电子线路”课程的理论和实践有机结合，培养和提高学生的实践能力和电子电路的应用能力。本书内容分为3个层次。第2章是验证性基础实验，在配有高频信号测量仪器的实验室进行，目的是掌握各种高频测量仪器、仪表、工具的正确使用方法，掌握高频电子线路的基本测量技术方法和基本调试方式；提高工程实践技能和理论联系实际的能力，初步具备对数据综合和分析的能力，以及科学规范的实验报告的撰写能力。第3章是仿真设计实验，可在课前或课中或课后进行，目的是综合运用已学知识，自主设计验证电路功能，延伸验证性基础实验的部分理论，架起理论与电路之间的桥梁。第4章是性能研究实验，是验证性基础实验和仿真设计实验的拓展，目的是对电路性能进行深入分析，不仅强调功能实现，更关注性能指标的满足，注重培养科研思维、研究能力，以及报告(论文)撰写能力。对于实验设计，注重学习目标达成，以学习者视角构建学习路径，层层推演，步步展示仿真现象，电路改进过程水到渠成，既体现了提出问题、分析问题和解决问题的科学思维，更体现了知识构建的学习方法。

本书由王红霞、马知远、吴文全、朱善林等负责全书的统稿、定稿，并完成视频的拍摄和制作等，“高频电子线路”课程组的老师们给予了支持。在本书编写过程中，得到了海军工程大学教保处、电子工程学院和电子技术教研室领导的关心和支持；海军工程大学黄麟舒老师、朱旭芳老师，华中科技大学徐慧平老师，华中师范大学杨苹老师，清华大学出版社文怡编辑等对本书的出版提出了很多宝贵建议，在此表示感谢。

本书在编写过程中，参考了高频通信电子线路、电路仿真、仪器设备和软件使用等方面的教材和有关论述，吸收了许多专家同仁的观点和示例。书后所附参考文献是本书重点参考的内容。在此，特向在本书中引用和参考的教材、文章、视频和软件的编者和作者表示诚挚的谢意。

由于编者水平有限，书中难免会有不妥和错误之处，敬请读者批评指正，以便进一步改进。

编　者

2023年3月1日

# 目录
CONTENTS

第 1 章　绪论 …… 1
1.1　高频电子线路实验的重要性 …… 1
1.2　高频电子线路实验的目标任务 …… 1
1.2.1　高频电子线路实验的目标 …… 1
1.2.2　高频电子线路实验要掌握的技能 …… 2
1.2.3　高频电子线路实验的教学体系 …… 2
1.3　高频电子线路实验要求 …… 3
1.3.1　课前准备要求 …… 3
1.3.2　实验记录要求 …… 3
1.3.3　实验报告要求 …… 3
1.4　高频电子线路实验的测量 …… 4
1.4.1　测量的基本概念 …… 4
1.4.2　测量误差及误差分析 …… 5
1.4.3　实验数据的处理 …… 6
1.4.4　常见故障及故障排除 …… 6
1.5　实验安全操作规则 …… 7
1.6　常用仪器仪表的使用 …… 7
1.6.1　函数信号发生器 …… 7
1.6.2　示波器 …… 10
第 2 章　高频电子线路基础实验 …… 16
2.1　高频小信号放大器 …… 16
2.1.1　实验目的 …… 16
2.1.2　实验原理与电路 …… 16
2.1.3　实验内容与步骤 …… 18
2.1.4　思考题与实验报告 …… 22
2.2　高频功率放大器与集电极调制电路 …… 24
2.2.1　实验目的 …… 24
2.2.2　实验原理与电路 …… 25
2.2.3　实验内容与步骤 …… 29
2.2.4　思考题与实验报告 …… 32
2.3　LC 振荡器与晶体振荡器 …… 35
2.3.1　实验目的 …… 35
2.3.2　实验原理与电路 …… 36

2.3.3 实验内容与步骤 …… 38
2.3.4 思考题与实验报告 …… 40
2.4 模拟乘法器振幅调制电路 …… 42
2.4.1 实验目的 …… 42
2.4.2 实验原理与电路 …… 42
2.4.3 实验内容与步骤 …… 44
2.4.4 思考题与实验报告 …… 48
2.5 包络检波电路与同步检波电路 …… 52
2.5.1 实验目的 …… 52
2.5.2 实验原理 …… 52
2.5.3 实验内容和步骤 …… 54
2.5.4 思考题与实验报告 …… 57
2.6 变容二极管直接调频电路 …… 62
2.6.1 实验目的 …… 62
2.6.2 实验原理与电路 …… 62
2.6.3 实验内容与步骤 …… 64
2.6.4 思考题与实验报告 …… 67
2.7 斜率鉴频与正交鉴频电路 …… 69
2.7.1 实验目的 …… 69
2.7.2 实验原理与电路 …… 69
2.7.3 实验内容与步骤 …… 71
2.7.4 思考题与实验报告 …… 74
2.8 二极管混频电路与乘法器混频电路 …… 77
2.8.1 实验目的 …… 77
2.8.2 实验原理与电路 …… 77
2.8.3 实验内容与步骤 …… 79
2.8.4 思考题与实验报告 …… 82
2.9 调幅发射机 …… 84
2.9.1 实验目的 …… 84
2.9.2 实验原理 …… 84
2.9.3 实验内容与步骤 …… 84
2.9.4 思考题与实验报告 …… 86
2.10 超外差调幅接收机 …… 87
2.10.1 实验目的 …… 87
2.10.2 实验原理与电路 …… 87
2.10.3 实验内容与步骤 …… 87
2.10.4 思考题与实验报告 …… 89
第3章 高频电子线路仿真与设计 …… 90
3.1 软件简介 …… 90
3.1.1 概述 …… 90
3.1.2 界面介绍 …… 90
3.1.3 电路绘制 …… 91
3.1.4 激励配置 …… 93

3.1.5　电路仿真命令 …… 96
3.1.6　波形显示器 …… 99
3.1.7　电路仿真设计实例 …… 101
3.2　高频小信号放大器 …… 104
3.2.1　高频小信号放大器的设计原理 …… 104
3.2.2　高频小信号放大器的原理电路仿真验证 …… 105
3.2.3　举一反三——高频小信号放大器设计 …… 107
3.3　高频功率放大器 …… 108
3.3.1　高频功率放大器的设计原理 …… 108
3.3.2　高频功率放大器的原理电路仿真验证 …… 108
3.3.3　举一反三——高频功率放大器设计 …… 113
3.4　LC 正弦波振荡器 …… 113
3.4.1　LC 正弦波振荡器的设计原理 …… 113
3.4.2　电容三点式正弦波振荡器的原理电路仿真验证 …… 114
3.4.3　电感三点式正弦波振荡器的原理电路仿真验证 …… 116
3.4.4　克拉泼振荡器的原理电路仿真验证 …… 118
3.4.5　西勒振荡器的原理电路仿真验证 …… 119
3.4.6　并联型晶体振荡器的原理电路仿真验证 …… 120
3.4.7　串联型晶体振荡器的原理电路仿真验证 …… 122
3.4.8　举一反三——高频振荡器设计 …… 123
3.5　振幅调制电路 …… 123
3.5.1　振幅调制电路的设计原理 …… 123
3.5.2　AM 信号数学表达式振幅调制电路的原理电路仿真验证 …… 124
3.5.3　DSB 信号数学表达式的原理电路仿真验证 …… 125
3.5.4　基极调幅电路的原理电路仿真验证 …… 126
3.5.5　集电极调幅电路的原理电路仿真验证 …… 128
3.5.6　二极管调幅电路的原理电路仿真验证 …… 130
3.5.7　举一反三——振幅调制电路设计 …… 134
3.6　振幅解调电路 …… 134
3.6.1　振幅解调电路的设计原理 …… 134
3.6.2　二极管峰值包络检波电路的原理电路仿真验证 …… 134
3.6.3　举一反三——振幅解调电路设计 …… 137
3.7　频率调制电路 …… 137
3.7.1　频率调制电路的设计原理 …… 137
3.7.2　频率调制电路的原理电路仿真验证 …… 137
3.7.3　举一反三——直接调频电路设计 …… 139
3.8　频率解调电路 …… 139
3.8.1　频率解调电路的设计原理 …… 139
3.8.2　频率解调电路的原理电路仿真验证 …… 139
3.8.3　举一反三——鉴频电路设计 …… 142
3.9　混频电路 …… 142
3.9.1　混频电路的设计原理 …… 142
3.9.2　二极管混频电路的原理电路仿真验证 …… 142

3.9.3 三极管混频电路的原理电路仿真验证…………………………………………………… 146
3.9.4 举一反三——混频器设计…………………………………………………………………… 148
第4章 高频电路性能仿真与分析 …………………………………………………………… 149
4.1 高频谐振功率放大器性能仿真分析 ……………………………………………………… 149
4.1.1 引言………………………………………………………………………………… 149
4.1.2 丙类谐振功率放大器原理…………………………………………………………… 150
4.1.3 丙类谐振功率放大器仿真实现……………………………………………………… 150
4.1.4 丙类谐振功率放大器单参数变化仿真分析………………………………………… 151
4.1.5 丙类谐振功率放大器多参数变化仿真分析………………………………………… 155
4.1.6 结语………………………………………………………………………………… 157
4.2 集电极调幅电路性能仿真分析 …………………………………………………………… 157
4.2.1 引言………………………………………………………………………………… 157
4.2.2 集电极调幅电路原理………………………………………………………………… 157
4.2.3 集电极调幅电路仿真………………………………………………………………… 158
4.2.4 集电极调制特性仿真分析…………………………………………………………… 159
4.2.5 集电极调幅电路动态范围分析……………………………………………………… 159
4.2.6 结语………………………………………………………………………………… 161
4.3 基极调幅电路性能仿真分析 ……………………………………………………………… 161
4.3.1 引言………………………………………………………………………………… 161
4.3.2 基极调幅电路原理…………………………………………………………………… 162
4.3.3 基极调幅仿真流程…………………………………………………………………… 162
4.3.4 输出信号失真的影响因素分析……………………………………………………… 166
4.3.5 结论………………………………………………………………………………… 167
4.4 三极管混频器性能仿真分析 ……………………………………………………………… 168
4.4.1 引言………………………………………………………………………………… 168
4.4.2 晶体三极管混频器原理……………………………………………………………… 168
4.4.3 晶体三极管混频器原理仿真实现…………………………………………………… 169
4.4.4 参数变化对混频器输出影响的仿真分析…………………………………………… 171
4.4.5 晶体三极管混频器性能指标仿真分析……………………………………………… 173
4.4.6 结束语……………………………………………………………………………… 173
参考文献 ……………………………………………………………………………………… 175

# 第1章 绪 论

CHAPTER 1

本章介绍高频电子线路实验的作用、目标和任务；设计的实验教学体系；高频电子线路实验过程中的关键过程和基本要求；高频电子线路实验的测量、测量误差、实验数据的处理和常见故障的排除；实验安全操作规则；常用函数发生器、示波器测量高频电子线路实验的常用功能。实验基本过程和要求是开展实验的前提，为后续章节验证性实验和设计性实验奠定基础。

## 1.1 高频电子线路实验的重要性

“高频电子线路”课程具有理论性和实践性的特点。要掌握高频电子线路理论，离不开实验。实验是人们认识自然、检验理论正确与否以及科学研究工作的重要手段。

众所周知，电子现象及电子电路过程直观性比较弱，需要通过检测仪器的测量来间接地观察获取。电压、电流变化具有瞬时性，观察具有时效性，电子元器件对高频信号和低频信号具有不同的属性，只有熟悉电子仪器仪表，并掌握正确的测试测量方法，才能了解电子电路中电压、电流的变化规律，才能对电子电路或装置或设备进行测试研究。因此要学好高频电子线路，必须加强实验教学。

实验不仅能帮助学生巩固和加深理解所学的理论知识，还能训练实验技能，培养实际工作能力，树立正确的工程理念和严谨的科学作风，全面提高工程技术方面的素质，为将来更好地解决现代科学技术研究、工程建设和开发过程中遇到的新问题打下良好的基础。

## 1.2 高频电子线路实验的目标任务

### 1.2.1 高频电子线路实验的目标

实验是高等学校工科学生培养的一项重要实践性环节，对应用科学实验培养创造型人才起着理论教学不可替代的作用。高频电子线路实验将培养学生以下几方面的能力：

(1) 培养学生正确使用设备的能力，要求学生学会正确使用常用电子仪器，熟悉电子电路中常用元器件的性能。

(2) 培养学生理论联系实际的能力，要求学生能根据所掌握的知识，阅读简单的电子电路原理图。

(3) 培养学生的实验动手和工作能力,要求学生能独立地进行实验操作,能准确地读取实验数据、测绘波形和曲线。

(4) 培养学生分析问题和解决问题的能力,要求学生能处理实验操作中出现的问题,学会处理实验数据,分析实验结果,撰写实验报告。

(5) 培养学生的工程实际观点和职业素养,要求学生掌握一定的安全用电常识,爱护仪器设备,遵守操作规程。

### 1.2.2 高频电子线路实验要掌握的技能

高频电子线路实验要掌握的基本技能如下:

(1) 认识常用电子仪器仪表。常用电子仪器仪表有直流稳压电源、示波器、函数信号发生器、万用表、频谱分析仪等。要求了解仪器仪表的组成原理、功能和主要技术性能;掌握正确的接线方法;了解主要操作旋钮及操作开关的功能;了解正确调节方法、正确观察及读数方法。

(2) 熟练使用高频电子线路电路模块。了解电路模块的功能及连接线方法,输入信号接入及输出信号的测试方法。能按电路图接线、查线以及排除简单的线路故障。具有熟练的按图接线能力,能判别电路的正常工作状态及故障现象,能检查线路中的断线、接触不良及元器件故障,特别是不能因错误接线而出现短路。能进行实验操作、读取数据,观察实验现象和测绘波形曲线。

(3) 熟练使用高频电子线路的仿真软件。了解软件的应用范围,熟练建立电路仿真模型,进行各种不同类型的仿真,获取波形或数据,为以后的应用打下良好基础。

(4) 具有方案设计能力。能根据实验任务确定实验方案、设计实验电路,在软件中建模仿真,实现电路功能;或者选择部分元器件在模块电路的基础上扩充部分电子线路实现功能;或者自己制作电子线路实现功能。

(5) 能整理分析实验数据、绘制曲线,并写出内容完整、条理清楚、整洁规范的实验报告。

### 1.2.3 高频电子线路实验的教学体系

高频电子线路实验的内容体系要突出基本实验技能、科学实验方法的训练,突出电路设计与电路实现能力、使用计算机工具能力的培养,突出研究探索和创新精神。因此实验实践包括基础性验证实验、设计性研究实验和综合性挑战实验。

#### 1. 基础性验证实验

验证性实验主要针对“高频电子线路”课程中一些重要的基础理论进行验证,帮助学生认识现象,巩固理论知识,掌握基本的实验方法和技能。可以通过模块电路,在实验室完成(模块电路实验内容详见第2章);也可以在仿真软件建立单元模块电路,突破时间、空间的限制,仿真验证电路的基本功能,具有与实验室模块功能相同的作用(仿真软件单元电路实验内容详见第3章)。

此部分内容属于课程教学计划内容,要求全部学生完成并掌握。实验内容包括高频小信号放大器、高频功率放大器、高频振荡器、幅度调制电路、包络检波电路、直接调频电路、鉴频电路、锁相环电路等基本单元电路,以及调幅发射接收系统实验、调频发射接收系统实验等。

2. 设计性研究实验

设计性研究实验主要通过电路仿真，进一步培养学生的综合分析、开发设计和创新能力，以及科技论文的撰写能力（电路仿真及论文撰写详见第 4 章）。

此部分内容属于拓展性内容，要求学生分组、合作完成，具有一定的难度，这类实验要求部分学生完成。

3. 综合性挑战实验

综合性挑战实验跨学科、跨课程，要求学生完成自主选题、拟订方案、仿真建模、电路实现、电路测试调试、撰写论文等，逐步培养文献查阅、科研思维和科研能力等（此部分内容可查阅其他文献资料）。

此部分内容属于拓展性、挑战性内容，要求学生分组、合作完成，具有较大的难度，这类实验属于学生自主选择完成。

## 1.3 高频电子线路实验要求

### 1.3.1 课前准备要求

实验课前充分的预习准备是保证实验顺利进行的前提。预习应按本书的实验要求及内容进行，主要包括：实验内容和目的，与实验有关的理论知识，实验仪器的使用方法，实验的方法和注意事项，实验所列的思考题等。同时，可以使用电子仿真软件对预习内容进行仿真验证，以节省在实验室的操作时间和排故时间，提高实验效率。

### 1.3.2 实验记录要求

实验记录是实验过程中获得的第一手资料。测试过程中所测试的数据和波形应尽可能与理论一致，所以记录必须清楚、合理、正确，若不正确，则要现场及时重复测试，找出原因。实验记录应包括：

(1) 实验任务、名称和内容。

(2) 实验数据和波形以及实验中出现的现象，从记录中应能初步判断实验的正确性。

(3) 记录波形时，应注意输入、输出波形的时间/相位关系，在坐标中上下对齐。

(4) 实验中实际使用的仪器型号和编号，以及元器件使用情况。

(5) 调试过程中出现的故障现象，以及排除故障的方法。

### 1.3.3 实验报告要求

实验报告是培养学生科学实验的总结能力和分析思维的有效手段，是重要的基本功训练，能巩固实验成果，加深对基本理论的认识和理解，进而扩大知识面。实验报告是对实验工作的总结，也是实验课的延伸和提高，要求整齐规范，文理通顺，内容精练，分析合理，客观科学，计算过程清楚，测试数据齐全，图形曲线正确美观。

实验报告的主要内容有实验名称、目的和要求，实验电路及工作原理，所用仪器仪表的型号和名称，实验内容和测试电路，测试数据及有关波形曲线电路设计过程，计算数据，实验结果分析等。

实验报告的一般书写顺序如下：

（1）实验名称。

（2）实验目的。

（3）实验仪器。

（4）实验原理(简述)。

（5）实验电路。

（6）实验步骤。该部分内容应包括：简述实验步骤；各步骤的实验接线图或预置条件；各步骤的测量波形(或测试数据)，每项数据应有理论计算与实际测量两项。

（7）实验总结。该部分应包括：数据处理(计算、指标和绘图等)，并将测得的数据与理论比较分析、总结；回答思考题；实验体会及建议；遇到的故障及排除方法等。

## 1.4 高频电子线路实验的测量

科学实验离不开测量。测量以获取被测对象量值为目的，从中找出有用的信息，从而认识世界，掌握事物发展变化的规律。在测量过程中，不可避免地存在误差。为了得到精准的实验结果，使误差降低至最小，必须具备关于电子电路的基本知识以及误差分析、数据处理的能力。

### 1.4.1 测量的基本概念

实验测量是高频电子线路实验的重要内容，借助仪器仪表获取被测对象的量值，从而获得反映研究对象特性的信息。有助于认识事物，掌握事物发展变化的规律，探寻解决问题的方法。借助科学的测量方法和先进的仪器设备，可以使高频电子线路的实验误差向更准确的控制方向发展，能够极大地提高实验质量。

**1. 测量方式**

测量可分为直接测量、间接测量、组合测量三种方式。

直接测量。利用仪器仪表直接测量获得测量结果的方式，如使用万用表直接测量电压、电流、电阻等。其特点是简单方便。

间接测量。利用被测量数值与几个物理量之间存在的某种函数关系，直接测量这些物理量的值，再由函数关系计算出被测值，如测量电压放大倍数。其特点是常用于被测量量不变，直接测量或者间接测量的结果比直接测量更为准确的场合。

组合测量。综合利用直接测量和间接测量获得测量结果的方式，通过求解方程得到被测量量的大小，如测量的放大器输入输出电阻。其特点是用计算机求解比较方便。

**2. 测量方法**

测量方法有直读法、比较测量法、时域测量法、频域测量法等。

直接从仪器仪表上读数得到测量值的方法称为直读法。例如用万用表测量电压、电流、电阻，用功率表测量功率等。

在测量过程中将被测量量与标准量直接进行比较获得测量结果的方式称为比较测量法。例如电桥利用标准电阻对被测量量进行测量，比较测量量的特征是标准量，直接参与被测量量过程，测量准确，灵敏度高，适合精密测量，但是测量过程比较麻烦。

时域测量法测量量与时间的关系，如用示波器测量电压，可以直接测量。

频域测量法测量幅值或相位与频率的关系，若用频谱分析仪，可以直接测量，也可间接获得。

### 1.4.2 测量误差及误差分析

在高频电子线路实验中，需要选择合适的仪器设备，借助一定的实验方法以获取实验数据，并针对这些实验数据进行一定的计算误差分析与数据处理。

被测量的真实值由理论计算，测量值由仪器测量，受电子器件的参数、实验仪器的精度、实验环境条件和实验者能力等诸多因素的影响，测量值与真实值之间存在误差，误差可以改善，但始终存在于实验中。

#### 1. 测量误差

测量误差主要源自以下几方面。

(1) 仪表误差。在测量过程中使用的测量仪器都具有一定的精密度，由于仪器本身的电气或机械性能不完善产生的误差。例如示波器的探极线含有误差等。

(2) 方法误差。由于使用测量的方法不完善、间接测量时使用近似的经验公式等产生的误差。例如伏安法测电阻时，若仅以电压表示值与电流表示值之比作为测量结果，而不考虑电表本身内阻的影响，会引起方法误差。

(3) 使用误差。由于操作人员在感觉器官鉴别能力上的局限性，仪器安装、调节、布置或者不规范操作所引起的误差。

(4) 环境误差。在测量中仪器受到外界因素，如温度、湿度、大气压、电磁场、机械振动、声音、光照、放射性等因素造成的误差。

#### 2. 测量误差的分类与减小方法

根据误差的性质和特点，测量误差可分为系统误差、随机误差和疏忽误差三类。

1) 系统误差

实验时，在规定条件下对同一被测量量进行多次测量，其误差的绝对值和符号保持不变，或条件变化时，误差按照一定的规律变化，则称这类误差为系统误差。

系统误差产生的原因：测量仪器不准确；测量设备安装放置不当；测量时的环境条件与仪器要求的环境条件不一致；测量方法不完善或所依据的理论不严格；采用了不适合的简化和近似；测量人员读数不准确；习惯性偏于某一方向或滞后读数等。

系统误差总是遵循某种特定的规律，一般可以通过改变实验条件和实验方法，反复进行分析对比，找出误差产生的原因，针对其根源采取一定的技术措施，最大限度地设法消除或减小一切可能存在的系统误差，或者对测量结果加以修正。

2) 随机误差

在规定条件下对同一被测量量进行连续多次测量，若误差绝对值时大时小，符号时正时负，没有确切的规律，则这种误差称为随机误差。

随机误差产生的原因：电路热噪声、外界干扰、电磁场变化、大地微震等互不相关的诸多因素。

从统计学的角度来看，大量重复测量的随机误差表现出了它的规律性，随机误差的算术平均值随测量误差次数的无限增大将逐渐趋于零。因此，可以通过对多次测量值取平均值的办法来减小随机误差。

3）疏忽误差

在一定测量条件下测量结果明显偏离实际值所引起的误差，这种误差称为疏忽误差。

疏忽误差产生的原因：测量人员的疏忽大意，如读数错误、操作方法不当、测量方法不合理、记录和计算的差错等。凡确认含有疏忽误差的测量数据称为“坏值”，应当剔除。

**3. 测量误差的表示方法**

（1）绝对误差：被测量的实际测量值 $x$ 与真实值 $A$ 之差，称为 $x$ 的绝对误差，用 $\Delta x$ 表示，即

$$\Delta x = x - A$$

式中，$A$ 为在规定条件下，被测量所具有的真实值大小。

（2）相对误差：测量的绝对误差 $\Delta x$ 与 $A$ 的比值，用 $\gamma$ 表示，即

$$\gamma = \frac{\Delta x}{A}$$

相对误差是一个只有大小和符号，而没有单位的量，它表示测量值与真实值之间的差异在真实值中所占的百分比。相对误差越小，准确度越高。

### 1.4.3 实验数据的处理

通过实际测量取得测量数据后，通常还需要对这些数据进行很好的计算、分析与整理，并从中得到实验的最终结果，找到实验规律，这个过程称为数据处理。数据处理必须切实有效地反映客观的测量精度，不应提高或降低实验的测量精度。

**1. 有效数字**

由于测量中受仪器分辨率等因素的限制，测量结果不可避免地存在误差。一般情况下，每个数据是由可靠数字和欠准数字两部分构成的，即最后一位是估计的欠准数字，其余各位数字必须是准确的。记录测量数据时，只允许保留一位不可靠数字。在无特殊规定情况下，允许最后一位有效数字有±0.5或±1个单位的误差。

**2. 测量数据的记录与整理**

（1）测量数据的记录。测量数据包括测量仪器的显示值、仪表的量程、单位、误差、测量条件等。

（2）测量数据的整理。对在实验中所记录的测量原始数据，需要加以整理，以便进一步分析，做出合理的评估，得出切合实际的结论。通常需要将原始数据按序排列，剔除坏值和误差较大的值，可利用插值法补充数据。

（3）实验数据的表示。对获取的实验数据在整理后，通常采用列表法和图形法表示。

列表法是将实验的原始数据进行整理分类后，按规律有序地放在一个设计的表格中，形式紧凑，数据易于参考比较，结果一目了然，便于分析。

图形法是将测量数据在图纸上绘制为图形，比列表格更直观形象，能清楚地反映出变量间的函数关系和变化规律。

### 1.4.4 常见故障及故障排除

实验过程中会出现各种故障。学生应根据现象发现故障，并通过查找和分析来排除故

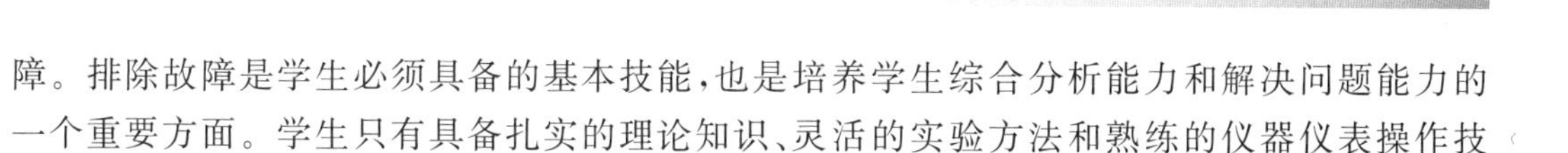

障。排除故障是学生必须具备的基本技能，也是培养学生综合分析能力和解决问题能力的一个重要方面。学生只有具备扎实的理论知识、灵活的实验方法和熟练的仪器仪表操作技能，才能及时发现问题，并采取措施提高实验质量。

1. 故障产生的原因

产生故障的原因多种多样，主要分为仪器自身故障和人为操作故障。

(1) 仪器自身故障。在仪器使用的基本条件满足、操作正确的情况下，仪器无法正常工作，主要包括：仪器工作时间较长导致工作状态不稳定或损坏；仪器旋钮松动，偏离了正常位置，使测量值与理论值严重不符；仪器测量线损坏或接触不良，导致输出无信号。

(2) 人为操作故障。人为操作故障是指仪器本身并无故障，由实验者操作失误或操作时未按仪器基本工作条件而使仪器进入自保护状态或部分功能失效，主要包括测试方法不正确、元器件故障、接线故障和设计故障。

2. 排除故障的一般方法

查找故障的顺序可以从输入到输出，也可以从输出到输入，通过仪器仪表的显示、气味、声音、温度等异常反应及早发现故障。一旦发现异常现象，应立即切断电源，关闭仪器设备。在不清楚是何原因造成异常现象的情况下，首先应排除因操作错误导致的简单故障，然后借助仪器仪表及操作者的经验来检查和判断，迅速找出故障点并排除故障，使电路尽快恢复正常，防止由于处理不当致使故障继续扩大，造成不必要的损失。

## 1.5 实验安全操作规则

安全用电是实验中始终需要注意的重要问题。为了做好实验，确保人身和设备的安全，在做实验时，必须严格遵守以下安全用电规则。

(1) 接线、改线、拆线等都必须在切断电源的情况下进行，即**“先接线后通电，先断电后拆线”**。

(2) 在电路通电情况下，人体严禁接触电路不绝缘的金属导线或连接点带电部位。万一遇到触电事故，应立即切断电源，进行必要的处理。

(3) 实验中，特别是设备刚投入运行时，要随时注意仪器设备的运行情况，如发现有超量程、过热、异味、易声、冒烟和火花等，应立即断电，并请老师检查。

(4) 实验时，应集中注意力，同组者必须密切配合，接通电源前须通知同组学生，以防触电事故。

(5) 了解有关电器设备的规格、性能和使用方法，严格按额定值使用。注意仪表的种类、量程和连接使用方法等。

## 1.6 常用仪器仪表的使用

### 1.6.1 函数信号发生器

函数信号发生器是一种多波形信号源，可以直接输出正弦波、方波、三角波、锯齿波、脉冲波等波形。

微课视频

【示例 1】 正弦信号产生。正弦信号参数：频率 465kHz，幅度 1V，直流偏置 1V，相位 30°。

操作步骤如下：

(1) 选择输出通道，进行波形设置。①按 CH1/CH2 键。②被选择的通道可以很清楚地看到，而未被选择的通道会变淡。

(2) 设置相位。按 F5(Phase)键，设置大小。两种方式可设置其大小，使用方向键或可调旋钮，或使用数字键；按 F5 (Degree)键，选择相应单位。示例 1 设置相位为 30°。

(3) 选择波形。按 Waveform 键，按 F1(Sine)键。

(4) 设置频率。

① 按 FREQ/Rate 键。

② 位于参数窗口处的 FREQ 参数将变亮。

③ 设置大小。两种方式可设置其大小，使用方向键或可调旋钮，或使用数字键。示例 1 设置频率为 465kHz。

④ 通过 F2 ～F6 键选择相应单位。

(5) 设置幅度。

① 按 AMPL 键。

② 位于参数窗口处的 AMPL 参数将变亮。

③ 两种方式可设置其大小：使用方向键或可调旋钮，或使用数字键。示例 1 设置幅值为 1V。

④ 通过 F2～F6 键选择相应单位。

(6) 设置直流偏置。

① 按 DC 偏置键。

② 位于参数窗口处的 DC 偏置参数将变亮。

③ 两种方式可设置其大小：使用方向键或可调旋钮，或使用数字键。示例 1 设置直流偏置为 1V。

④ 按 F5(mVDC)或 F6(VDC)键来选择电压范围。

(7) 启用输出。

按 Output1 键，使灯变亮，选择 CH1 通道，输出频率 465kHz、幅度 1V、直流偏置 1V、相位 30°的正弦波。

微课视频

【示例 2】 AM 调幅信号产生。AM 信号参数：载波频率 465kHz，载波幅度 1V，调制信号为正弦波，调制频率 40kHz，调制深度为 80%。

操作步骤如下：

(1) 选择输出通道，进行波形设置。按 CH1/CH2 键。被选择的通道可以很清楚地看到，而未被选择的通道会变淡。

(2) 选择调制模式。按 MOD 键，按 F1(调幅)键。

(3) 设置载波波形。按 F4(调制波形)键，按 F1(正弦波)键，然后设置此正弦波的频率、幅值。

① 设置频率。按 FREQ/Rate 键，位于参数窗口处的 FREQ 参数将变亮。两种方式可设置其大小，使用方向键或可调旋钮，或使用数字键。通过 F2～F6 键选择相应单位。示例 2 设置频率为 465kHz。

② 设置幅值。按 AMPL 键,位于参数窗口处的 AMPL 参数将变亮。两种方式可设置其大小:使用方向键或可调旋钮,或使用数字键。通过 F2～F6 键选择相应单位。示例 2 设置幅值为 1V。

同样的方式,可以设置直流偏置和相位。

(3) 设置调制波形频率。选择 MOD 键,按 F1(调幅)键,按 F3(调制频率)键,位于波形显示区域处的 AM 频率参数将变亮,使用方向键和可调旋钮或数字键盘输入 AM 频率,按 F1～F3 键选择频率范围。示例 2 设置频率为 40kHz。

(4) 设置调制深度。

选择 MOD 键,按 F1 (调幅)键,按 F2(调制深度)键,位于波形显示区域处的 AM 深度参数将变亮,使用方向键和可调旋钮或数字键盘输入 AM 深度,按 F1(%)键选择%单位。示例 2 设置调制深度为 80%。

(5) 启用输出。

按 Output1 键,使灯变亮,选择 CH1 通道输出:载波频率 465kHz,载波幅度 1V,调制信号为正弦波,调制频率 40kHz,调制深度为 80%的调幅波。

【示例 3】 FM 调频信号产生。调频信号参数:载波频率 465kHz,载波幅度 1V,调制信号为正弦波,调制频率 40kHz,频偏 30kHz。

微课视频

操作步骤如下:

(1) 选择输出通道,进行波形设置。按 CH1/CH2 键,被选择的通道可以很清楚地看到,而未被选择的通道会变淡。

(2) 选择调制模式。按 MOD 键,按 F2 (调频)键。

(3) 设置载波波形。按 F4(调制波形)键,按 F1(正弦波)键,然后设置此正弦波的频率,幅值。

① 设置频率。按 FREQ/Rate 键,位于参数窗口处的 FREQ 参数将变亮。两种方式可设置其大小:使用方向键或可调旋钮,或使用数字键。通过 F2～F6 键选择相应单位。示例 3 设置频率为 465kHz。

② 设置幅值。按 AMPL 键。位于参数窗口处的 AMPL 参数将变亮。两种方式可设置其大小:使用方向键或可调旋钮,或使用数字键。通过 F2～F6 键选择相应单位。示例 3 设置幅值为 1V。

可以用同样的方式设置直流偏置和相位。

③ 设置调制频率。按 MOD 键,按 F2 (调频)键,按 F3 (调制频率)键,位于波形显示区域处的 FM Freq 参数将变亮,使用方向键和可调旋钮或数字键盘输入频率,按 F1～F3 键选择频率范围。示例 3 设置频率为 40kHz。

④ 设置调制深度。按 MOD 键,按 F2 (调频)键,按 F2 (频率偏移)键,位于波形显示区域处的 FM Dev 参数将变亮,使用方向键和可调旋钮或数字键盘输入,按 F1～F5 键选择频率单位。示例 3 设置频率偏移为 30kHz。

⑤ 启用输出。

按 Output1 键,使灯变亮,选择 CH1 通道输出载波频率 465kHz,载波幅度 1V,调制信号为正弦波,调制频率 40kHz,频偏 30kHz 的 FM 波形。

### 1.6.2 示波器

示波器是一种能把随时间变化的电信号转换为波形显示的电子仪器，利用示波器，不仅可以对电信号进行定性的观察和分析，还能对电压、电流、频率等进行测量。现在使用的数字示波器还集成了频谱分析仪的功能。

对于示波器测量一般信号的时域波形不做说明，以AM信号和FM信号为例说明频谱分析仪的使用。

【示例1】 AM信号频谱分析。AM信号参数：载波频率465kHz，载波幅度1V，调制信号为正弦波，调制频率2kHz，调制深度为80%。使用频谱分析仪分析频谱。

操作步骤如下：

(1) 连接。将所需的信号源连接到示波器的模拟输入通道之一，如CH1。(输入信号为AM信号，载波频率465kHz，载波幅度1V，调制信号为正弦波，调制频率2kHz，调制深度为80%。)

(2) 在示波器上观测到AM波形，如图1.6.1所示。

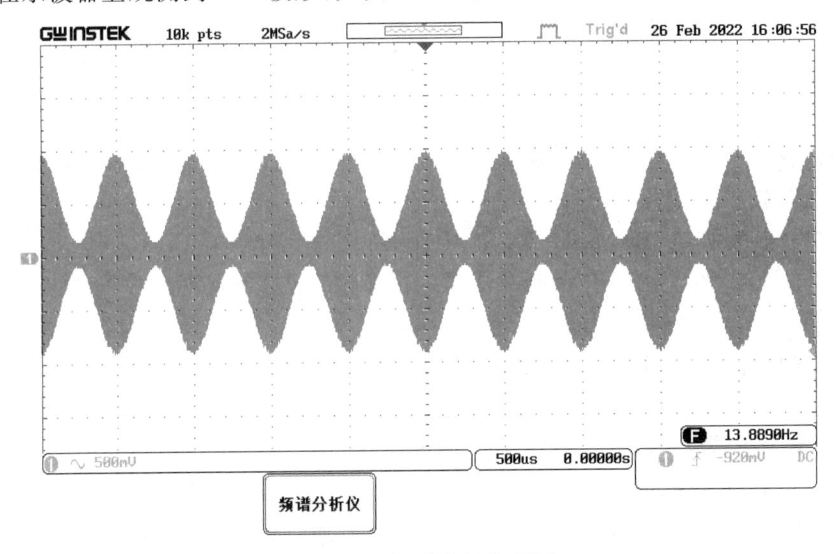


图1.6.1 频谱分析仪界面

(3) 打开频谱分析仪。

① 按Option键，底部出现“频谱分析仪”，如图1.6.1所示。

② 点击底部菜单的“频谱分析仪”。

③ 点击“频率&扫宽”按钮，进行“中心频率”“扫宽”“开始频率”“截止频率”设置。设置中心频率为465kHz、扫宽为10kHz、开始频率为460kHz、截止频率为470kHz，如图1.6.2所示。

④ 点击“振幅”按钮，进行“垂直单位”“单位/格”“位置”设置。设置垂直单位为线性均方根、单位/格为100mV、位置为−3.00Div，如图1.6.3所示。

⑤ 频谱的频率和幅值测量。点击“search”按钮，显示屏出现下面菜单，将“搜索”设置为“开”(见图1.6.4)，搜索方式设置为“峰值数”，搜索状态设置为“标记”(见图1.6.5)，再点击“搜索方式峰值数”按钮，出现右侧菜单，设置“峰值数”个数(见图1.6.6)，此处，设置“峰值数”

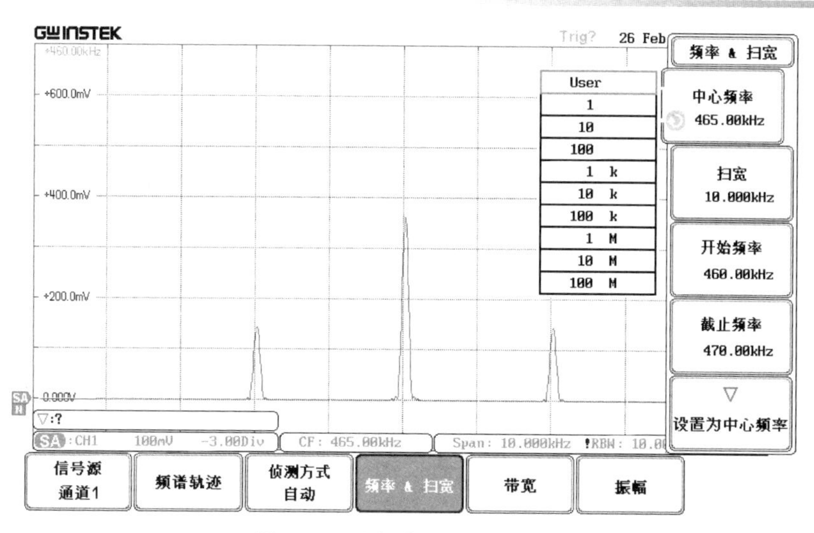


图 1.6.2 “频率 & 扫宽”设置

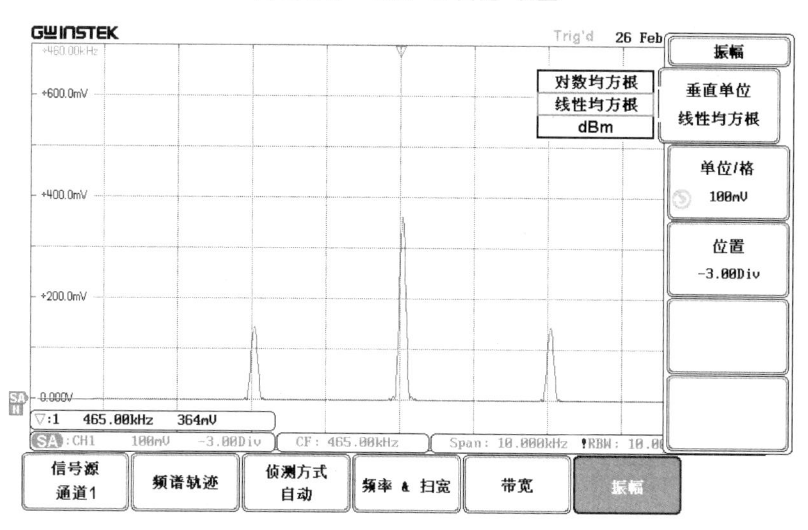


图 1.6.3 “振幅”设置

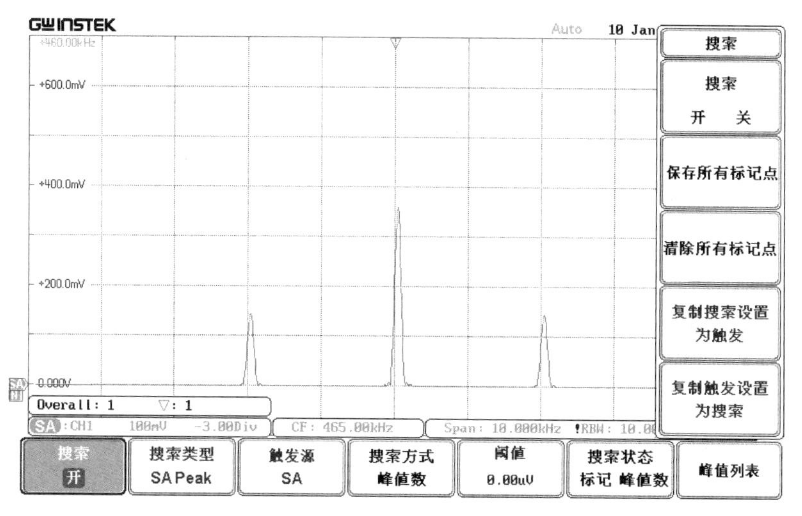


图 1.6.4 “搜索”设置为“开”

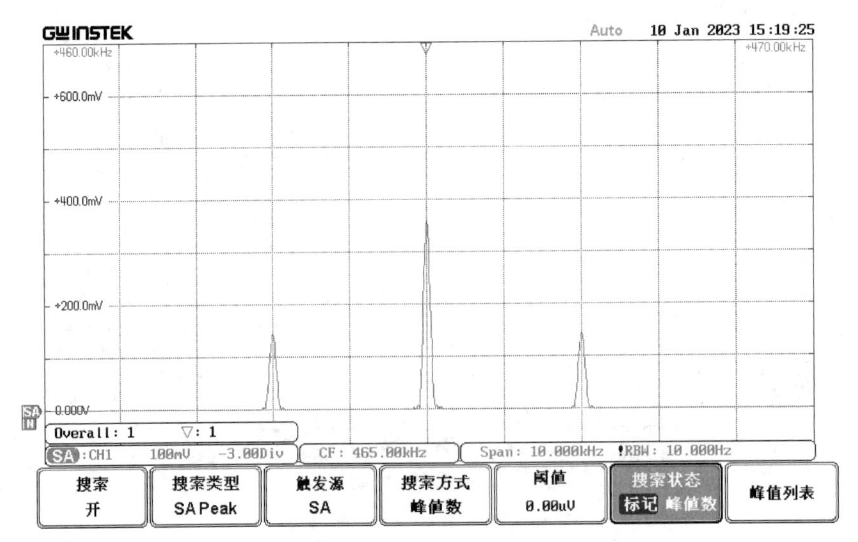


图 1.6.5 搜索方式设置为“峰值数”,搜索状态设置为“标记”

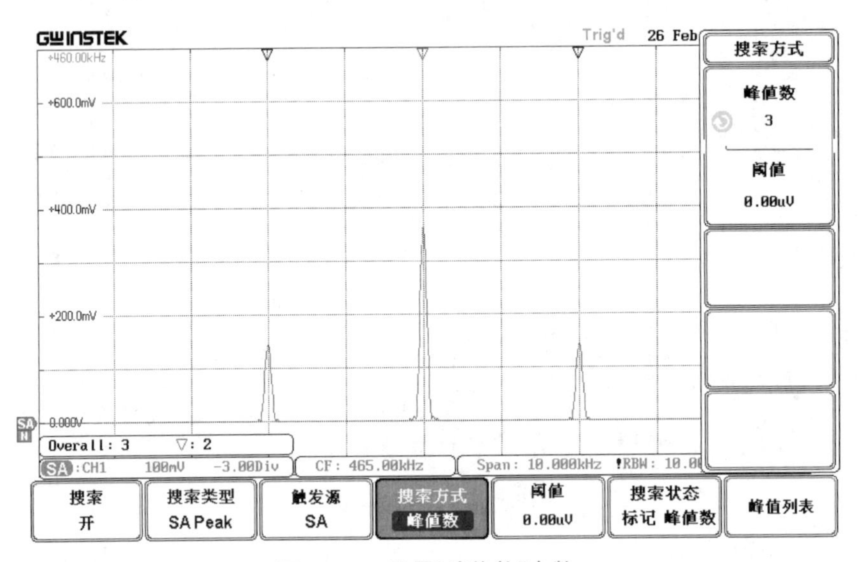


图 1.6.6 设置“峰值数”个数

为“3”。点击下面的“峰值列表”菜单,出现如图 1.6.7 所示界面,包括频谱的频率和幅值显示列表。

微课视频

【示例 2】 FM 信号频谱分析。调频信号参数:载波频率 465kHz,载波幅度 1V,调制信号为正弦波,调制频率 2kHz,频偏 8kHz。使用频谱分析仪分析频谱。

操作步骤如下:

(1) 连接。将所需的信号源连接到示波器的模拟输入通道之一,如 CH1(载波频率 465kHz,载波幅度 1V,调制信号为正弦波,调制频率 2kHz,频偏 8kHz)。

(2) 在示波器上观测到 FM 波形,如图 1.6.8 所示。

(3) 打开频谱分析仪。

① 点击 Option 键,底部出现“频谱分析仪”。

② 点击底部菜单的“频谱分析仪”。

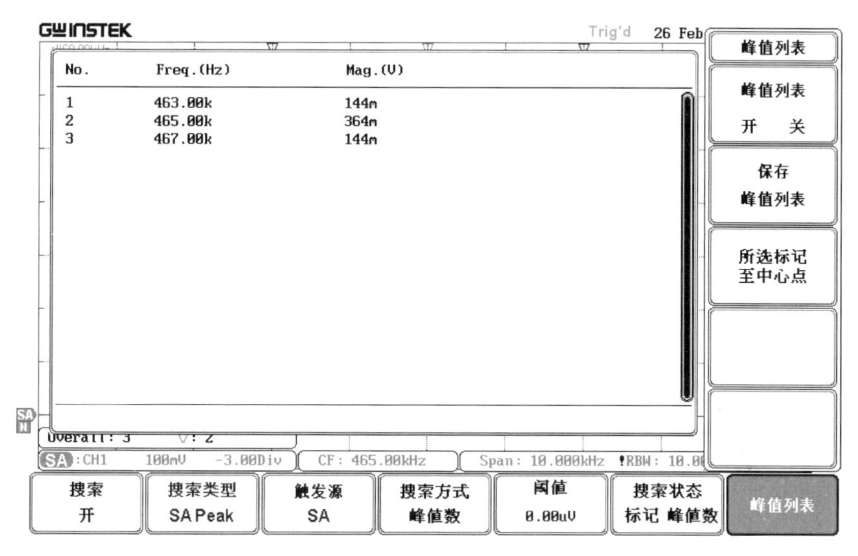


图 1.6.7 峰值列表

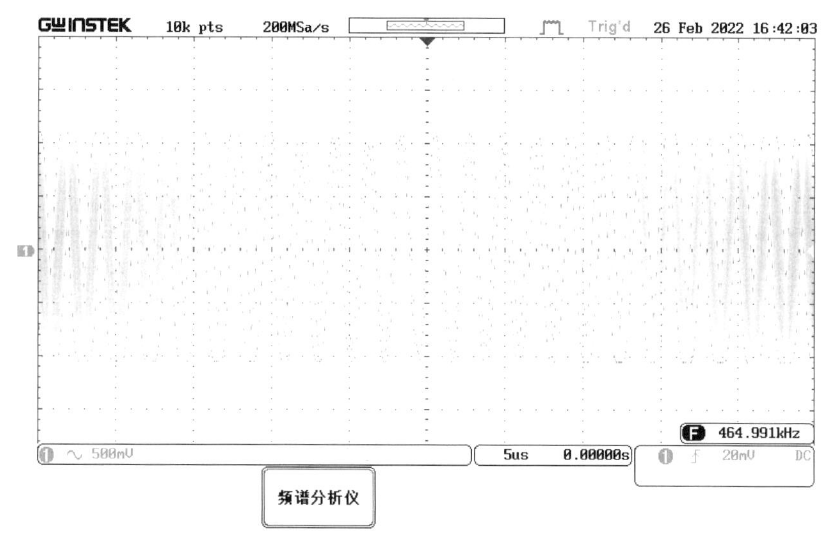


图 1.6.8 频谱分析仪界面

③ 点击“频率 & 扫宽” 按钮，进行“中心频率”“扫宽”“开始频率”“截止频率”设置。设置中心频率为 465kHz、扫宽为 100kHz、开始频率为 415kHz、截止频率为 515kHz，如图 1.6.9 所示。

④ 点击“振幅” 按钮，进行“垂直单位”“单位/格”“位置”设置。设置垂直单位为线性均方根、单位/格为 100mV、位置为−3.00Div，如图 1.6.10 所示。

⑤ 频谱的频率和幅值测量。点击 search 按钮，显示屏出现下面菜单，将“搜索”设置为“开”，搜索方式设置为“峰值数”，搜索状态设置为“标记”(如图 1.6.11 所示)，再按“搜索方式峰值数”，出现右侧菜单，设置“峰值数”个数，此处，设置“峰值数”为“10”(如图 1.6.12 所示)。点击下面菜单“峰值列表”，出现如图 1.6.13 所示界面，有频谱的频率和幅值显示列表。

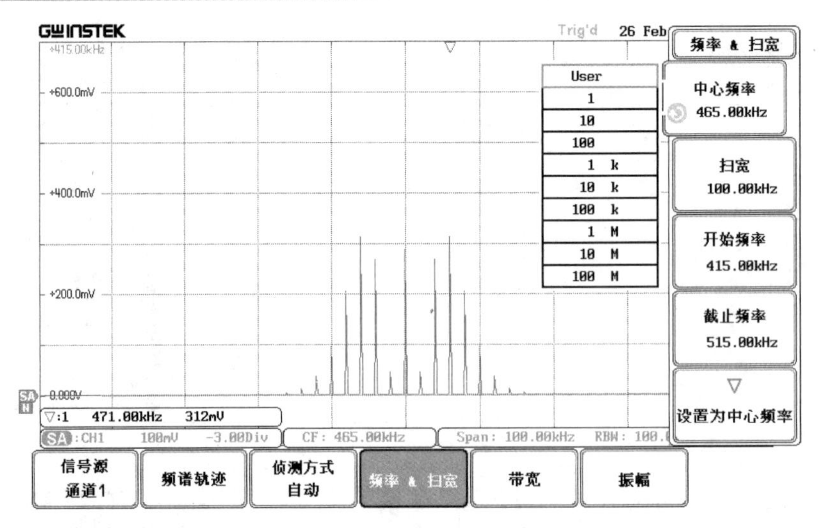


图 1.6.9 “频率 & 扫宽”设置

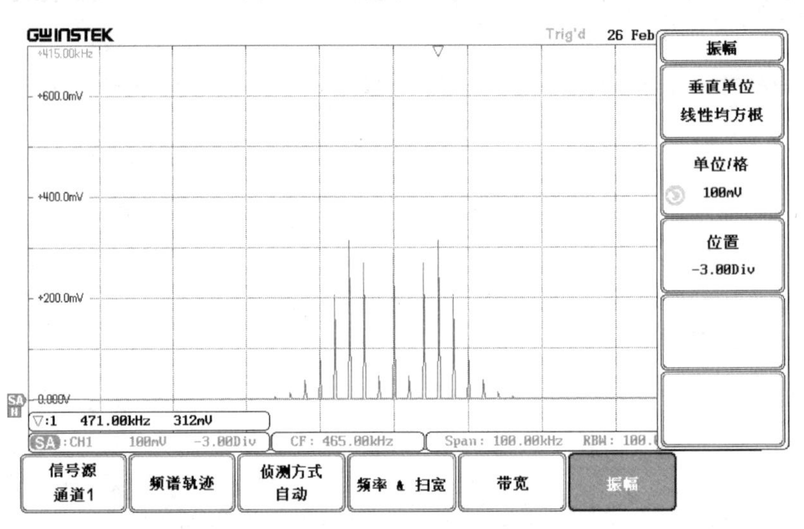


图 1.6.10 “振幅”设置

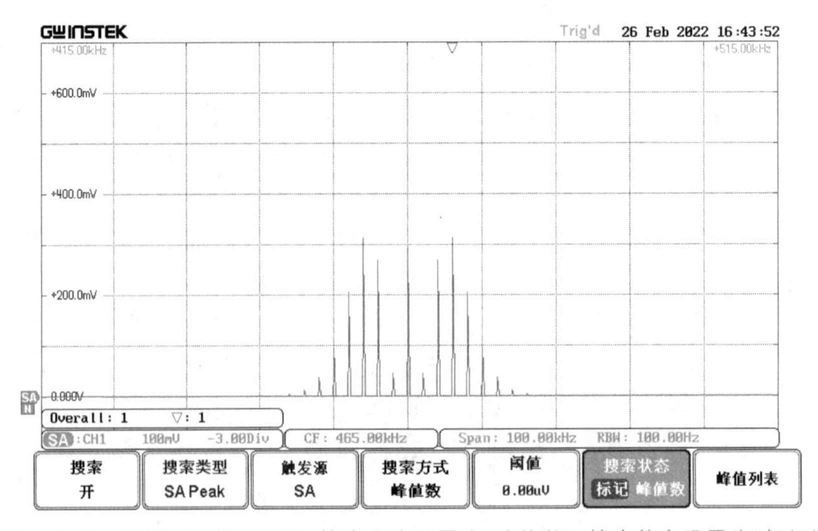


图 1.6.11 “搜索”设置为“开”，搜索方式设置为“峰值数”，搜索状态设置为“标记”

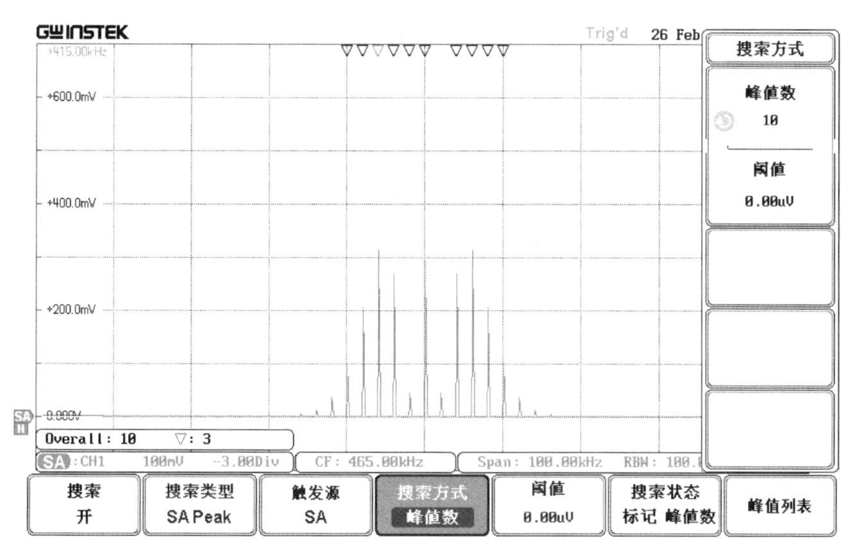


图 1.6.12 设置"峰值数"个数

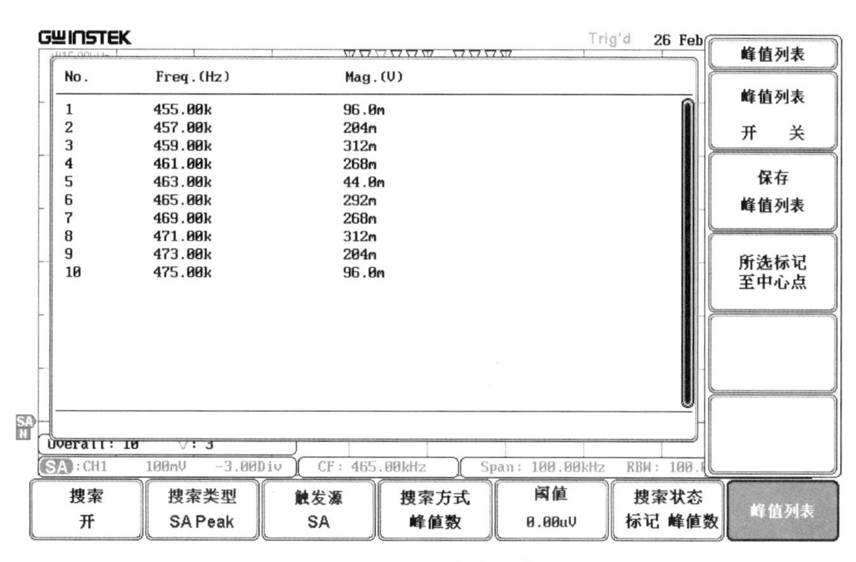


| No. | Freq.(Hz) | Mag.(V) |
|---|---|---|
| 1 | 455.00k | 96.0m |
| 2 | 457.00k | 204m |
| 3 | 459.00k | 312m |
| 4 | 461.00k | 268m |
| 5 | 463.00k | 44.0m |
| 6 | 465.00k | 292m |
| 7 | 469.00k | 268m |
| 8 | 471.00k | 312m |
| 9 | 473.00k | 204m |
| 10 | 475.00k | 96.0m |

图 1.6.13 峰值列表

# 第 2 章
CHAPTER 2

# 高频电子线路基础实验

本章结合“高频电子线路”理论课程的内容，介绍了 10 个验证性实验。验证性实验有助于学生进一步理解模拟通信系统的基本概念、典型单元电路功能；掌握单元电路的测试调试技能和模拟无线通信的测试调试技能；掌握实验室常用仪器的使用和高频电子线路的故障排除方法。

微课视频

## 2.1 高频小信号放大器

高频小信号放大器的功能是对微弱的高频信号进行不失真的放大，主要用作接收机的前置高频放大器和中频放大器。

### 2.1.1 实验目的

(1) 掌握高频小信号放大器的电路组成与基本工作原理。

(2) 熟悉 LC 谐振回路的调谐方法及测试方法。

(3) 掌握高频小信号放大器的增益 $A_V$、通频带 $BW_{0.7}$、矩形系数 $K_{0.1}$ 测试方法。

(4) 理解静态工作点对高频小信号放大器性能的影响。

### 2.1.2 实验原理与电路

高频小信号放大器主要包括高频小信号单调谐放大器和高频小信号双调谐放大器。

1. 高频小信号单调谐放大器原理

高频小信号单调谐放大器由放大器和谐振网络组成，不仅能放大高频小信号，还具有一定的选频作用。晶体三极管共发射极小信号调谐放大器如图 2.1.1 所示。$R_{b1}$、$R_{b2}$、$R_e$ 为晶体三极管提供合适的静态工作点，保证其工作于放大区域；$C_b$ 是输入耦合电容，滤除输入信号中的直流信号，$C_e$ 是 $R_e$ 的旁路电容；$L$、$C$ 构成并联谐振回路，作为放大器的集电极负载，决定放大器的谐振频率 $f_0$、$Q_0$ 值和带宽 $BW_{0.7}$；$R_L$ 是集电极交流负载，采用变压器耦合的方式接入，会影响回路的增益、$Q$ 值和带宽。此电路的幅频特性曲线如图 2.1.2 所示。

高频小信号单调谐放大器的主要技术指标包括谐振频率、电压增益、通频带、矩形系数、稳定性等。

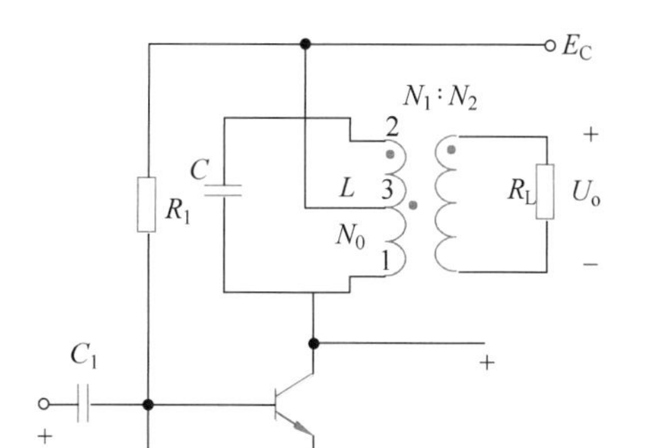


图 2.1.1 高频小信号单调谐放大器

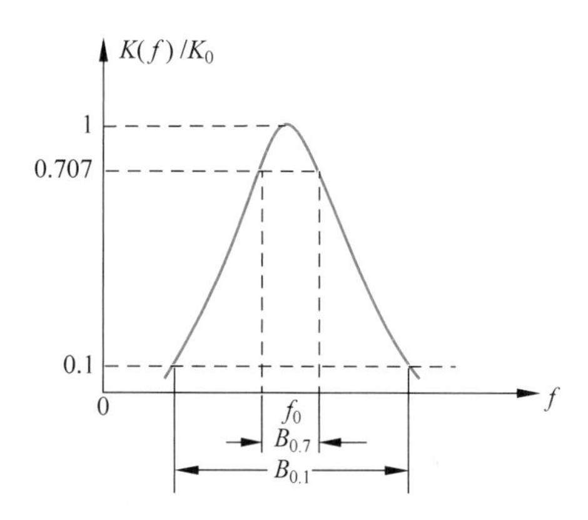


图 2.1.2 幅频特性曲线

(1) 谐振频率：放大器的调谐回路谐振时所对应的频率 $f_0$，即

$$f_0=\frac{1}{2\pi\sqrt{L_\Sigma C_\Sigma}}$$

式中，$L_\Sigma$ 为调谐回路电感线圈的电感量；$C_\Sigma$ 为调谐回路的总电容。

谐振频率 $f_0$ 的测量可以采用点频法，点频法是通过逐点测量一系列规定频率上的电压增益来确定电路幅频特性曲线，增益最大时对应的频率即为谐振频率。在实际测试时需保持输入电压幅值不变，频率由低到高逐点调节，在各个频率点上测量输出信号的幅值，然后把信号频率的变化定为横坐标，将输出信号与输入信号的幅值比定为纵坐标，逐点画出各点对应的比值，可绘出平滑的曲线，即为幅频特性曲线。使幅频特性曲线的峰值最大的点对应的频率即为谐振频率。

(2) 电压增益：放大器的输出电压 $V_o$ 与输入电压 $V_i$ 之比，即

$$A_{Vo}=V_o/V_i \quad 或 \quad A_{Vo}=20\lg(V_o/V_i)\text{dB}$$

$A_{Vo}$ 的测量方法是：在谐振回路已处于谐振状态时，测量输出信号及输入信号的峰值，则电压增益 $A_{Vo}$ 为输出与输入之比。

(3) 通频带：放大器的电压增益下降，电压增益 $A_V$ 下降到谐振电压增益 $A_{Vo}$ 的 0.707 倍时所对应的频带宽度为 $BW_{0.7}$，其表达式为 $BW_{0.7}=2\Delta f_{0.7}=f_H-f_L$（$f_H$ 和 $f_L$ 为上下限截止频率）。

通频带 $BW_{0.7}$ 的测量可以采用点频法。点频法：先调谐放大器的谐振回路使其谐振，记下此时的谐振频率 $f_0$ 及电压增益 $A_{Vo}$；然后在保持输入信号幅值不变的前提下，改变输入信号的频率，测出此频率对应的输出电压，算出对应的电压增益。测出很多组的频率与电压或增益的数值，使用描点法，获得幅值（或增益）与频率之间的关系曲线，即为幅频特性曲线。

(4) 矩形系数：表征放大器选择性好坏的一个参量，表示选取有用信号抑制无用信号的能力，通常用放大器谐振曲线矩形系数 $K_{0.1}$ 表示，即

$$K_{0.1}=\frac{B_{0.1}}{B_{0.7}}$$

式中，$B_{0.1}$、$B_{0.7}$ 分别为归一化放大倍数下降到 0.1 和 0.7 时的带宽，如图 2.1.2 所示。显

然，矩形系数越接近 1，选择性越好，其抑制邻近无用信号的能力就越强。

(5) 稳定性：由于晶体三极管的反向传输导纳不为零，因此内部反馈会造成放大器工作不稳定，用稳定系数 $S$ 表示放大器的稳定能力。

**2. 高频小信号双调谐放大器原理**

为了克服高频小信号单调谐放大器的选择性差、通频带与增益之间矛盾较大的缺点，可采用高频小信号双调谐放大器。双调谐回路放大器具有频带宽、选择性好的优点，并能较好地解决增益与通频带之间的矛盾，从而在通信接收设备中广泛应用。

**3. 高频小信号单调谐放大器电路**

高频小信号单调谐放大器实验电路如图 2.1.3 所示。电路由 +12V 单电源供电。$N_1$ 是晶体三极管，电源、$R_{W1}$、$R_{b1-1}$、$R_{b2-1}$、$R_{e-1}$、$R_1$ 构成放大器的直流通路，改变 $R_{W1}$ 可改变基极电位，进而改变电路的静态工作点。变压器初级电感与电容 $C_F$ 构成谐振回路，使用中间抽头实现部分接入，变压器 $T_1$ 把信号耦合输出。本实验的谐振频率 $f_s$ = 10.7MHz。

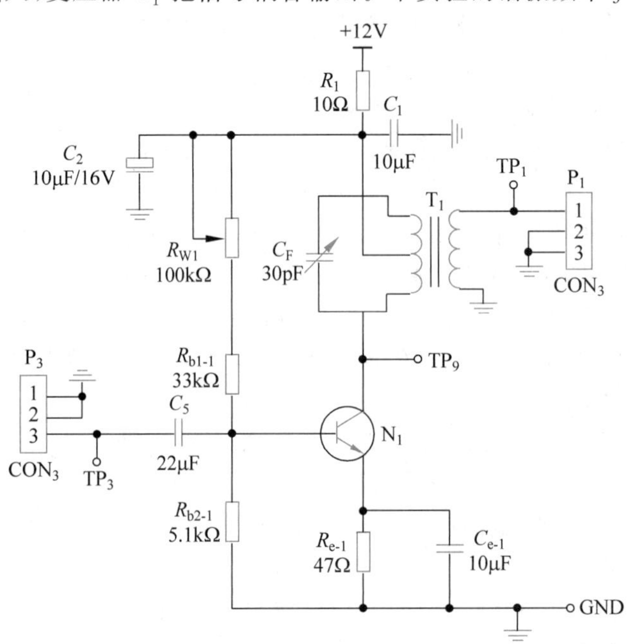


图 2.1.3 高频小信号单调谐放大器实验电路

**4. 高频小信号双调谐放大器电路**

高频小信号双调谐放大器实验电路如图 2.1.4 所示。

## 2.1.3 实验内容与步骤

**1. 高频小信号单调谐放大器**

1) 硬件连接

断电状态下，连接函数信号发生器、实验电路 2、示波器，连线图如图 2.1.5 所示。连接好线路，确定没有问题，接通电源。若指示灯亮，则开始下一步实验。

2) 静态测试

用函数信号发生器产生峰-峰值为 200mV、频率为 10.7MHz 正弦波信号，此信号接入

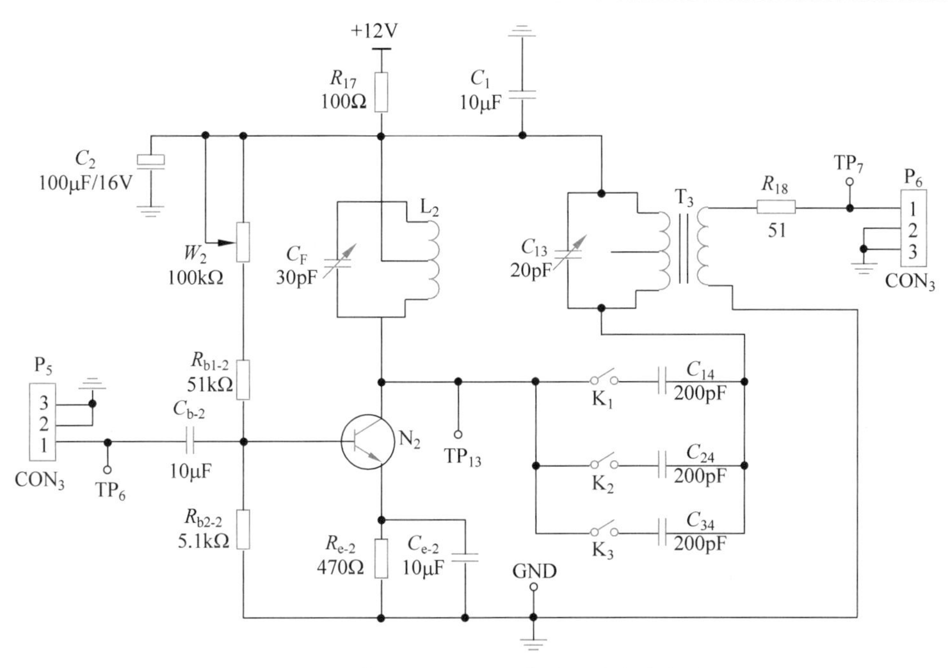


图 2.1.4 高频小信号双调谐放大器实验电路

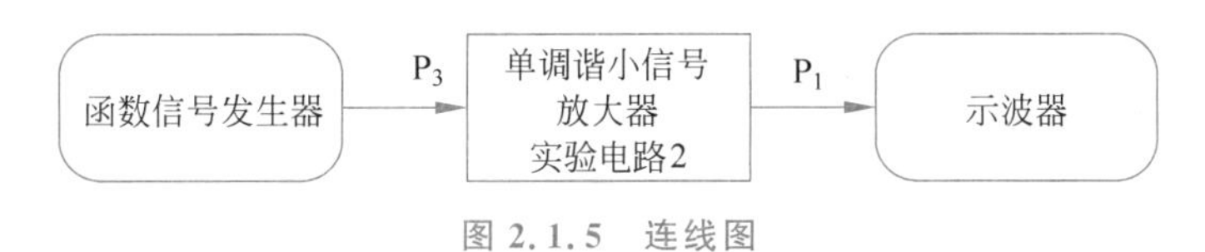


图 2.1.5 连线图

实验电路 2 的 $P_3$ 端。用示波器测试实验电路 2 的 $P_1$ 端。顺时针调节 $R_{W1}$，用示波器观测 $TP_1$，调节中周，使 $TP_1$ 幅度最大且波形稳定不失真。此时测量并记录静态工作点。记录数据，填入表 2.1.1 中。

表 2.1.1 静态工作点测量表

| 静态工作点/V | $V_{BQ}(TP_3)$ | $V_{CQ}(TP_9)$ | $V_{EQ}(TP_1)$ |
|---|---|---|---|
| 实际测量值/V | | | |

计算 $V_{BEQ}$、$V_{CBQ}$、$V_{CEQ}$、$I_{CQ}$，并且判断此时晶体管是否工作于放大区。

注意：静态工作点的测量和放大区的判断。

静态工作点测量：测量值均为相应引脚对地测量值。$V_{BEQ}=V_{BQ}-V_{EQ}$、$V_{CBQ}=V_{CQ}-V_{BQ}$、$V_{CEQ}=V_{CQ}-V_{EQ}$、$I_{CQ}\approx V_{EQ}/R_e$。

放大区的判断：$V_{BEQ}\approx 0.6\text{V}$、$V_{CBQ}>0\text{V}$、$V_{CEQ}>1\text{V}$、$I_{CQ}\approx 2\text{mA}$。

实验现象、数据和结论：

3）动态测试

保持输入信号频率不变，改变输入信号的幅度。用示波器观察不同幅度信号下 $P_1$ 处的输出信号的峰值电压，并将对应的实测值填入表 2.1.2 中，计算电压增益 $A_V$。在坐标轴中画出动态曲线。

表 2.1.2 动态测试表

| 输入信号 $f_i$/MHz | 10.7MHz | | | | | |
|---|---|---|---|---|---|---|
| 输入信号 $V_{i(p-p)}$/mV $TP_3$ | …… | 50 | 100 | 200 | 300 | …… |
| 输出信号 $V_{o(p-p)}$ $TP_1$ | | | | | | |
| 增益 $A_V$ | | | | | | |

实验现象、数据与结论：

4）通频带特性测试

保持输入信号幅度不变，改变输入信号的频率。用示波器观察在不同频率信号下 $P_1$ 处的输出信号的峰值电压，并将对应的实测值填入表 2.1.3 中，在坐标轴中画出幅度（增益）-频率特性曲线。或用扫频仪，观测回路谐振曲线。

表 2.1.3 幅度（增益）-频率特性测试数据表

| 输入信号 $V_{i(p-p)}$ $TP_3$ | 200mV | | | | | | | | | |
|---|---|---|---|---|---|---|---|---|---|---|
| 输入信号 $f_i$/MHz | … | 10.4 | 10.5 | 10.6 | 10.7 | 10.8 | 10.9 | 11.0 | 11.1 | … |
| 输出信号 $V_{o(p-p)}$ $TP_1$ | | | | | | | | | | |
| 增益 $A_V$ | | | | | | | | | | |

画出幅度（增益）-频率特性曲线、计算 $BW_{0.7}$。$BW_{0.1}$ 和矩形系数 $K_{0.1}$。

**2. 双调谐小信号放大器单元电路**

1）硬件连接

断电状态下，连接函数信号发生器、实验电路 2、示波器，连线图如图 2.1.6 所示。连接好线路，确定没有问题，接通电源。若指示灯亮，则开始下一步实验。

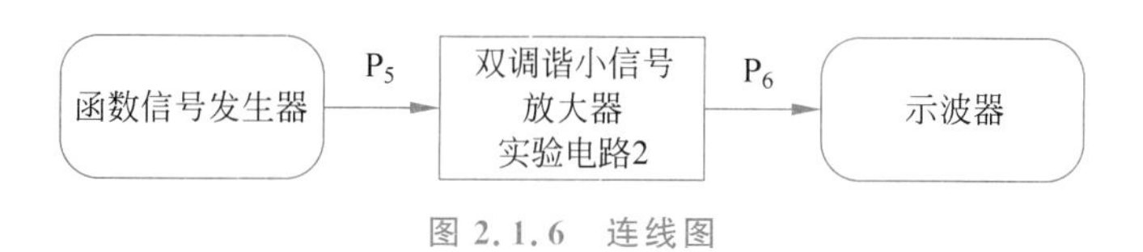


图 2.1.6 连线图

2）静态测试

用函数信号发生器产生峰-峰值为 150mV、频率为 465kHz 的正弦波信号，此信号接入实验电路 2 的 $P_5$ 端。用示波器测试实验电路 2 的 $P_6$ 端。

调整频率谐振。顺时针调节 $W_2$，反复调节中周 $T_2$ 和 $T_3$，使 $TP_7$ 幅度最大且波形稳定不失真。

测量并记录静态工作点，并将对应的实测值填入表 2.1.4 中。通过调整电位器 $W_2$，使放大器工作于放大状态。

表 2.1.4 静态工作点测量表

| 静态工作点/V | $V_{BQ}(TP_6)$ | $V_{CQ}(TP_{13})$ | $V_{EQ}(TP_{12})$ |
|---|---|---|---|
| 实际测量值/V | | | |

计算 $V_{BEQ}$、$V_{CBQ}$、$V_{CEQ}$、$I_{CQ}$，并且判断此时晶体管是否工作于放大区。

实验现象、数据和结论：

| |
|---|
| |

3）动态测试

保持输入信号频率不变，改变输入信号幅度。用示波器观察在不同幅度信号下 $TP_7$ 处的输出信号的峰-峰值电压，并将对应的实测值填入表 2.1.5 中，计算电压增益 $A_V$。在坐标轴中画出动态曲线。

表 2.1.5 动态测试表

| 输入信号 $f_s$/kHz | 465 | | | | | | |
|---|---|---|---|---|---|---|---|
| 输入信号 $V_{i(p-p)}$/mV $TP_6$ | | | 50 | 100 | 150 | 200 | |
| 输出信号 $V_{o(p-p)}$ $TP_7$ | | | | | | | |
| 增益 $A_V$ | | | | | | | |

实验现象、数据与结论：

| |
|---|
| |

4）通频带特性测试

保持输入信号幅度不变，改变输入信号的频率。用示波器观察在不同频率信号下 $TP_7$ 处的输出信号的峰-峰值电压，并将对应的实测值填入表 2.1.6 中，在坐标轴中画出幅度-频率特性曲线。或用扫频仪，观测回路谐振曲线。

表 2.1.6 幅度-频率特性测试表

| 输入信号 $V_{i(p\text{-}p)}$/mV $TP_6$ | 150 | | | | | | | | | | |
|---|---|---|---|---|---|---|---|---|---|---|---|
| 输入信号 $f_s$/kHz | … | … | 435 | 445 | 455 | 465 | 475 | 485 | 495 | 505 | … | … |
| 输出信号 $V_{o(p\text{-}p)}$ $TP_7$ | | | | | | | | | | | | |
| 增益 $A_V$ | | | | | | | | | | | | |

画出幅度-频率特性曲线、计算 $BW_{0.7}$、$BW_{0.1}$ 和矩形系数 $K_{0.1}$。

3. 注意事项

（1）调整、测量调谐放大器的静态工作点时，只接通直流电源，而不用外加高频信号。

（2）有关实验内容中提供输入信号幅度的大小只作为参考值，可根据实际实验情况进行调节，因为各实验电路元件指标参数有差异，可能电压增益不同，以免信号过大，引起输出信号失真。

（3）有关实验内容中的谐振中心频率，与每个电路模块的电感有关，实际并不等于 10.7MHz，在实验时根据具体的调试测试中心频率和调整输入频率。

实验报告

## 2.1.4 思考题与实验报告

1. 思考题

（1）说明静态工作点、谐振回路参数对电压增益和带宽的影响。

（2）输出若增加一级射极输出器，对结果有何影响。

（3）为什么高频小信号谐振放大器线性放大时输入电压有一定范围？不失真放大时输入信号的动态范围是什么？

（4）请深入思考后，至少提出一个问题。

2. 实验报告

按要求完成实验报告。简要叙述电路的工作原理，画出幅频特性分析，重点是分析实验结果，回答思考题。

3. 参考波形

1）单调谐小信号放大器

（1）静态工作点：$V_{BQ}=1.53V$，$V_{EQ}=0.9V$，$V_{CQ}=11.9V$，此时输出最大。

输入 200mV，频率 10.7MHz，输入输出波形如图 2.1.7 所示，上方幅值较小的信号是输入信号,下方幅值较大的信号是输出信号。

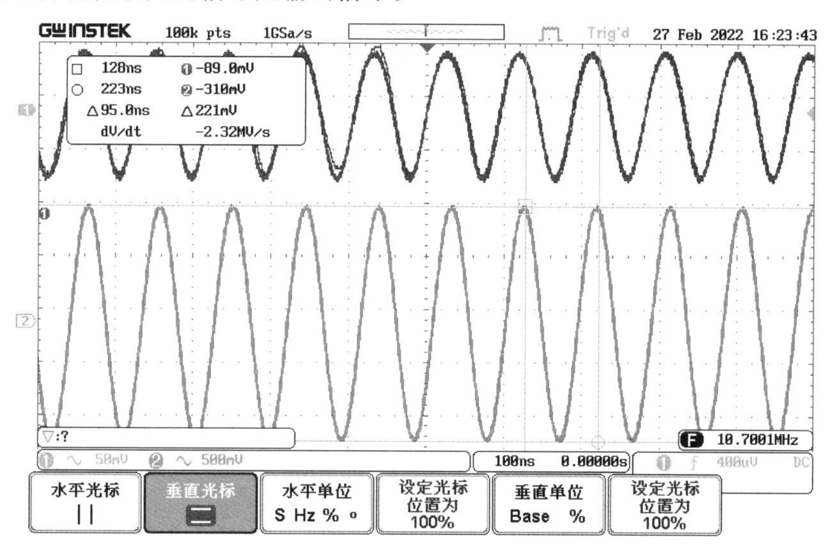


图 2.1.7 输入输出波形

(2) $V_{BQ}=0.7V$,$V_{EQ}=0.14V$,$V_{CQ}=12V$,输入信号峰-峰值 200mV,频率 10.7MHz,输入输出波形如图 2.1.8 所示,上方幅值较小的信号是输入信号,下方幅值较大的信号是输出信号。

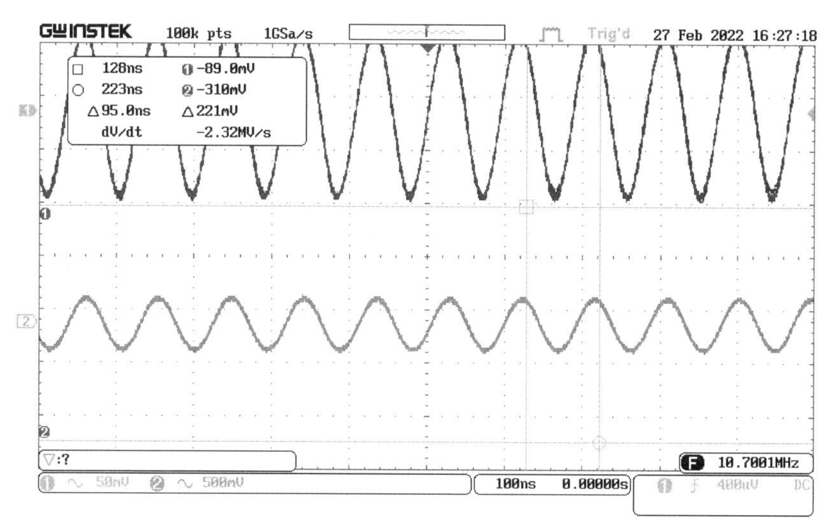


图 2.1.8 输入输出波形

2) 双调谐小信号放大器

(1) 静态工作点:$V_{BQ}=1.00V$,$V_{EQ}=0.45V$,$V_{CQ}=12V$,此时输出最大。

输入 150mV,频率 465kHz。输入输出波形如图 2.1.9 所示,上方幅值较小的信号是输入信号,下方幅值较大的信号是输出信号。

(2) 静态工作点:$V_{BQ}=0.60V$,$V_{EQ}=0.1V$,$V_{CQ}=12V$。

输入 150mV,频率 465kHz。输入输出波形如图 2.1.10 所示,上方幅值较小的信号是输入信号,下方幅值较大的信号是输出信号。

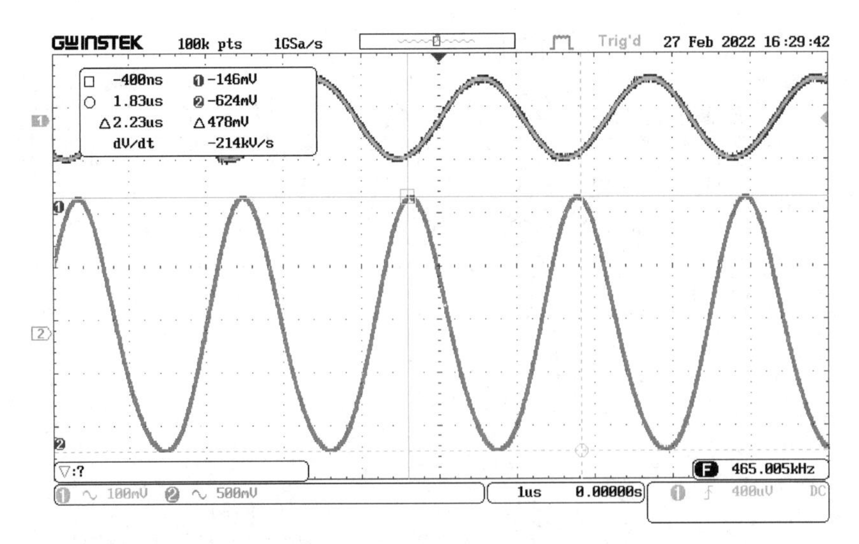


图 2.1.9 输入输出波形

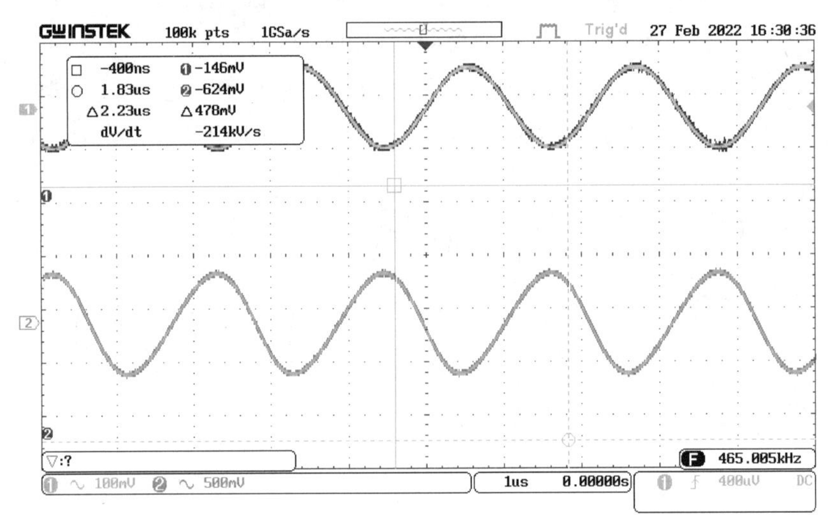


图 2.1.10 输入输出波形

微课视频

## 2.2 高频功率放大器与集电极调制电路

高频功率放大器是把小功率的高频输入信号放大成大功率的高频信号的电路，将直流电源能量转换为大功率的高频能量。其主要用于模拟无线通信系统中的发射装置。

### 2.2.1 实验目的

(1) 理解丙类高频功率放大器的电路组成和工作原理。

(2) 掌握丙类高频功率放大器的调谐特性以及负载改变时的动态特性。

(3) 掌握激励信号变化、负载电阻变化对丙类高频功率放大器工作状态的影响。

(4) 观测欠压、临界、过压工作状态下，集电极电流波形。

(5) 掌握丙类高频功率放大器的输出功率、效率计算方法。

(6) 掌握集电极调制特性的调试方法和集电极调幅电路的测试方法。

## 2.2.2　实验原理与电路

### 1. 电路原理

丙类高频功率放大器的原理图如图 2.2.1 所示。电路由输入回路、非线性器件和带通滤波器三部分组成。晶体管工作于非线性放大状态，其偏置电压 $V_{BB}$ 要比晶体管的截止电压 $U_{BZ}$ 低，使放大器静态低于截止状态，目的是提高放大器效率。要实现功率放大，输入信号的幅值必须足够大，使晶体管导通，集电极电流 $i_C$ 为脉冲状。利用带通滤波器的选频滤波作用，选取基波电流，在 LC 谐振回路两端建立基波电压。

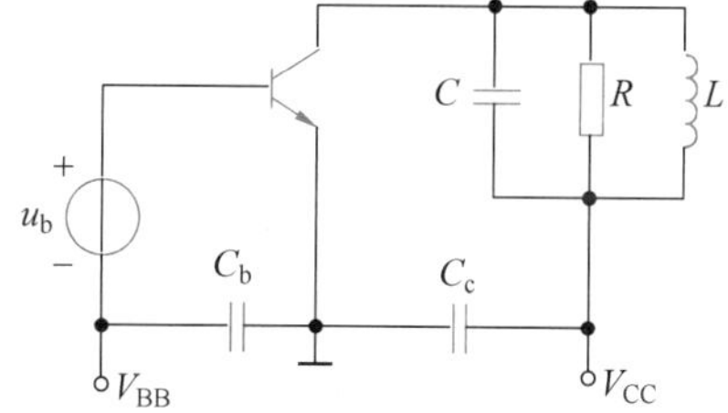


图 2.2.1　丙类高频功率放大器基本电路

丙类高频功率放大器的发射结在 $V_{BB}$ 的作用下处于负偏压状态，当无输入信号电压时，晶体管 T 处于截止状态，集电极电流 $i_C=0$。当输入信号电压 $u_b=U_{bm}\cos\omega t$ 时，基极与发射极之间的电压 $u_{BE}=V_{BB}+U_{bm}\cos\omega t$，由输入特性可得基极电流 $i_B$ 为脉冲形状。

$i_B$ 可用傅里叶级数展开为

$$i_B=I_{B0}+I_{b1m}\cos(\omega t)+I_{b2m}\cos(2\omega t)+\cdots+I_{bnm}\cos(n\omega t)$$

式中，$I_{B0}$ 为基极电流的直流分量；$I_{b1m}$ 为基极电流的基波电流振幅；$I_{b2m}, I_{b3m}, \cdots, I_{bnm}$ 分别为基极电流的 $2\sim n$ 次谐波电流振幅。同理，由正向传输特性可得集电极电流 $i_C$ 为脉冲状，$i_C$ 也可用傅里叶级数展开为

$$i_C=I_{C0}+I_{c1m}\cos(\omega t)+I_{c2m}\cos(2\omega t)+\cdots+I_{cnm}\cos(n\omega t)$$

式中，$I_{C0}$ 为集电极电流的直流分量；$I_{c1m}$ 为集电极电流的基波电流振幅；$I_{c2m}, I_{c3m}, \cdots, I_{cnm}$ 分别为集电极电流的 $2\sim n$ 次谐波电流振幅。

当集电极回路调谐于高频输入信号频率 $\omega$ 时，由于回路的选频作用，对集电极电流的基波分量来说，回路等效为纯电阻 $R_p$；对各次谐波来说，回路失谐，呈现很小的阻抗，可近似认为回路两端短路；而直流分量只能通过回路电感支路，其直流电阻很小，也可近似认为短路。这样，脉冲形状的集电极电流 $i_C$ 流经谐振回路时，只有基波电流才产生电压降，即回路两端只有基波电压，因此输出的高频电压信号的波形没有失真。回路两端的基波电压振幅 $U_{cm}$ 为

$$U_{cm}=I_{c1m}R_p$$

式中，$R_p$ 为谐振回路的有载谐振电阻。

输入电压、基波电流、集电极电流、输出电压的波形如图 2.2.2 所示。

### 2. 三种工作状态

高频功率放大器为丙类功放，放大器导通角 $\theta<90°$，效率 $\eta$ 可达到 80%。高频功率放大器有三个工作状态。当工作点落在输出特性的放大区时，为欠压状态；当工作点正好落在临界点上时，为临界状态；当工作点落在饱和区时，为过压状态。谐振功率放大器的工作状态可由集电极电源 $V_{CC}$、基极直流偏置电压 $V_{BB}$、输入交流信号 $U_{bm}$、谐振负载 $R_p$ 等参量决定，其中任何一个量的变化都会改变工作点所处的位置，工作状态就会相应地发生变化。工作状态如图 2.2.3 所示。

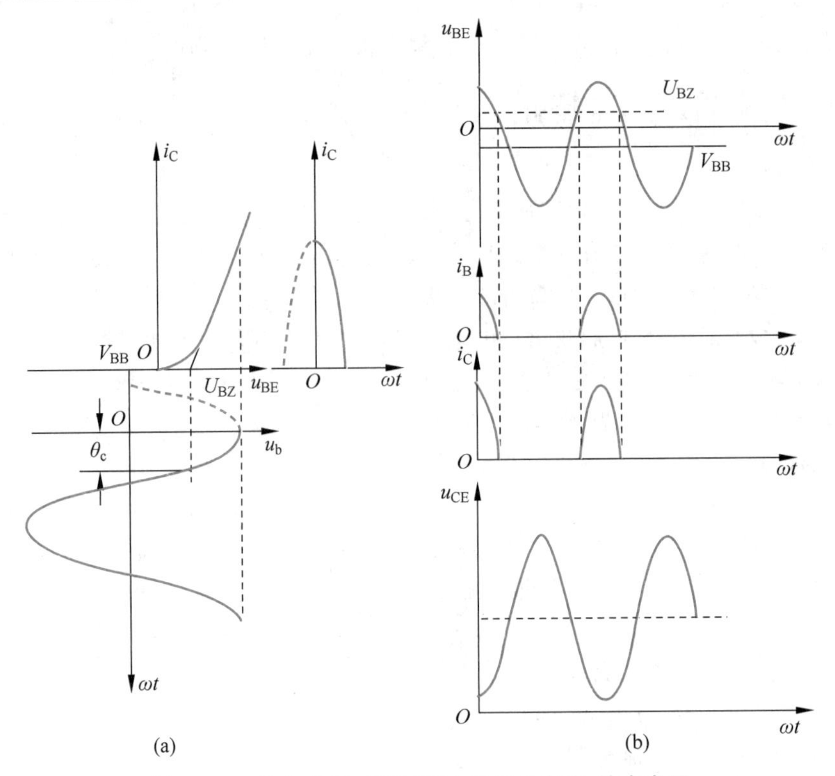


图 2.2.2　输入电压、基波电流、集电极电流、输出电压

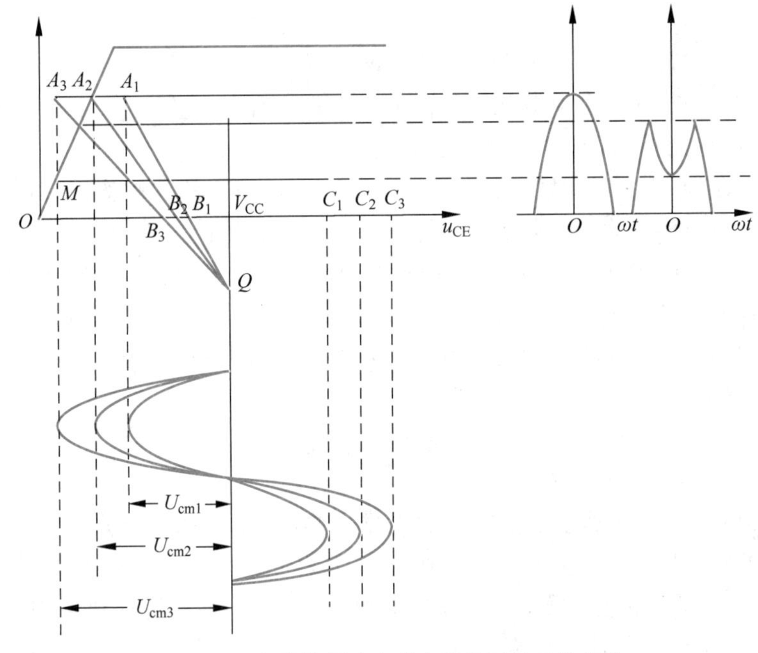


图 2.2.3　高频谐振功率放大器的三种工作状态

### 3. 四种特性

#### 1）负载特性

负载特性是指当保持 $V_{CC}$、$V_{BB}$、$U_{bm}$ 不变，而改变谐振负载 $R_p$ 时，谐振功率放大器工

作状态的变化，$R_p$ 由小到大，工作状态由欠压变到临界再进入过压，相应的集电极电流由余弦脉冲变成凹陷脉冲。负载特性如图 2.2.4 所示。

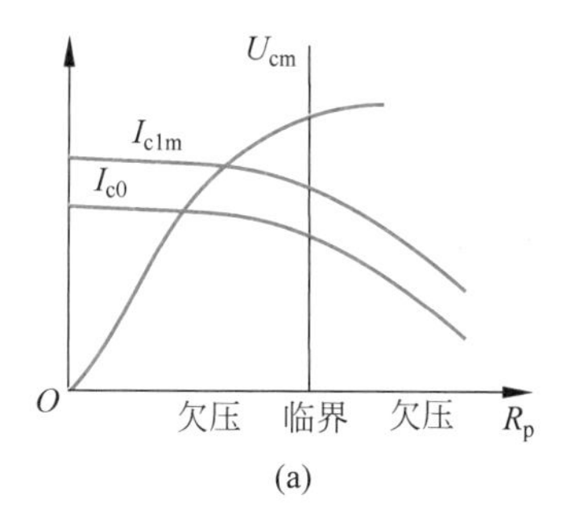

(a)

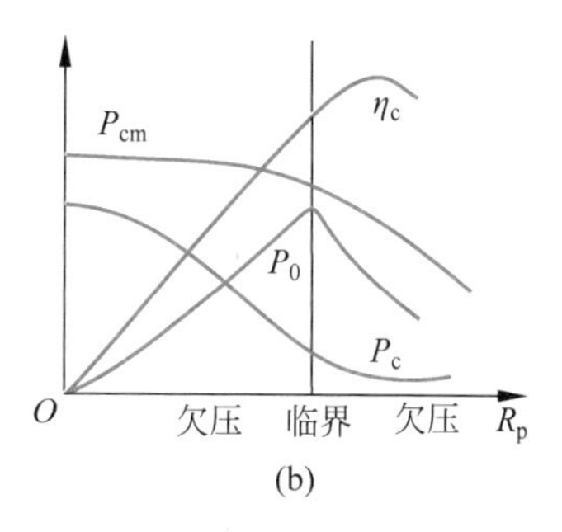

(b)

图 2.2.4 负载特性

2）集电极调制特性

集电极调制特性是指当保持 $V_{BB}$、$U_{bm}$、$R_p$ 不变，而改变 $V_{CC}$ 时，工作状态的变化。当 $V_{CC}$ 由小增大时，工作状态由过压变到临界再进入欠压，$i_C$ 波形由较小的凹陷脉冲变为较大的尖顶脉冲。由集电极调制特性可知，在过压区域，输出电压幅度 $V_{cm}$ 与 $V_{CC}$ 成正比。利用这一特点，可以通过控制 $V_{CC}$ 的变化，实现输出电压、电流、功率的相应变化，这种功能称为集电极调幅。集电极调制特性如图 2.2.5 所示。

3）基极调制特性

基极调制特性是指当保持 $V_{CC}$、$U_{bm}$、$R_p$ 不变，而改变 $V_{BB}$ 时，工作状态的变化。当 $V_{BB}$ 由小增大时，工作状态由欠压变到临界再进入过压，$i_C$ 波形由较小的尖顶脉冲变到较大的尖顶脉冲再变化到凹陷脉冲。由基极调制特性可知，在欠压区域，输出电压幅度 $V_{cm}$ 与 $V_{BB}$ 成正比。利用这一特点，可以通过控制 $V_{BB}$ 的变化，实现输出电压、电流、功率的相应变化，这种功能称为基极调幅。基极调制特性如图 2.2.6 所示。

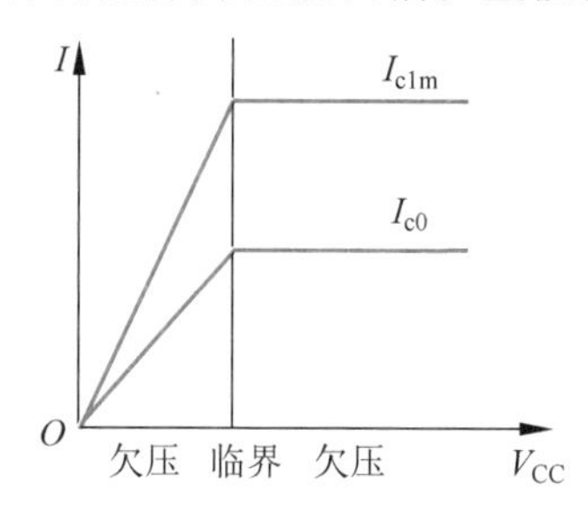

图 2.2.5 集电极调制特性

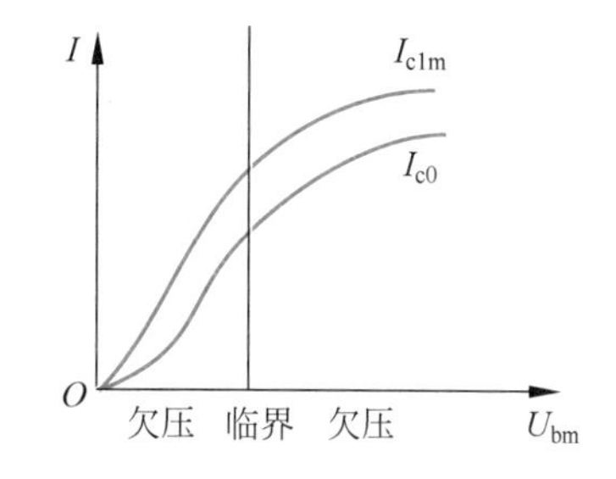

图 2.2.6 基极调制特性

4）放大特性

放大特性是指当保持 $V_{CC}$、$V_{BB}$、$R_p$ 不变，而改变 $U_{bm}$ 时，工作状态的变化。分析可知，在欠压区域，输出电压振幅与输入电压振幅基本成正比，即电压增益近似为常数。利用这一特点可将谐振功率放大器用作电压放大器。

**4. 主要技术指标**

1）输出功率

高频功率放大器的输出功率是指放大器的负载 $R_L$ 上得到的最大不失真信号功率。由于负载 $R_L$ 与丙类功率放大器的谐振回路之间采用变压器耦合方式，实现了阻抗匹配，则集电极回路的谐振阻抗 $R_p$ 上的功率等于负载 $R_L$ 上的功率，所以将集电极的输出功率视为高频谐振功率放大器的输出功率，即

$$P_o=\frac{1}{2}I_{c1m}V_{cm}=\frac{1}{2}I_{c1m}^2R_p=\frac{1}{2}\frac{V_{cm}^2}{R_p}$$

实验中高频功率放大器的输出功率可以计算：$P_o=\frac{V_L^2}{R_L}$，式中，$V_L$ 为负载电阻 $R_L$ 上测量得到的高频信号电压的有效值。

2）效率

高频功率放大器的能量转换效率主要由高频功率放大器集电极的效率决定，所以常将高频功率放大器集电极的效率视为高频功率放大器的效率，用 $\eta$ 表示，即

$$\eta=\frac{P_o}{P_D}$$

通过测量来计算功率放大器的效率，集电极回路谐振时，$\eta$ 的值由下式计算：

$$\eta=\frac{P_o}{P_D}=\frac{V_L^2/R_L}{I_{C0}V_{CC}}$$

式中，$V_L$ 为负载电阻 $R_L$ 上测量得到的高频电压有效值；$I_{C0}$ 为直流电流表在直流电源输出回路上测量得到的直流电流值。

**5. 实验电路**

电路原理图如图 2.2.7 所示，该实验电路由两级功率放大器组成。其中 $N_3$、$T_5$ 组成甲类功率放大器，工作在线性放大状态，其中 $R_{14}$、$R_{15}$、$R_{16}$ 组成第一级的静态偏置电路。$N_4$、$T_6$ 组成丙类高频功率放大器。$R_{18}$ 为射极反馈电阻，$T_6$ 初级和 $C_{19}$ 为谐振回路，甲类功率放大器的输出信号通过 $R_{17}$ 送到 $N_4$ 基极作为丙类高频功率放大器的输入信号，此时只有当甲类放大器输出信号大于丙类放大器 $N_4$ 基极-射极间的负偏压值时，$N_4$ 才导通工作。与拨码开关相连的电阻为负载回路外接电阻，改变 $S_1$ 拨码开关的位置可改变并联电阻值，即改变回路 $Q$ 值。

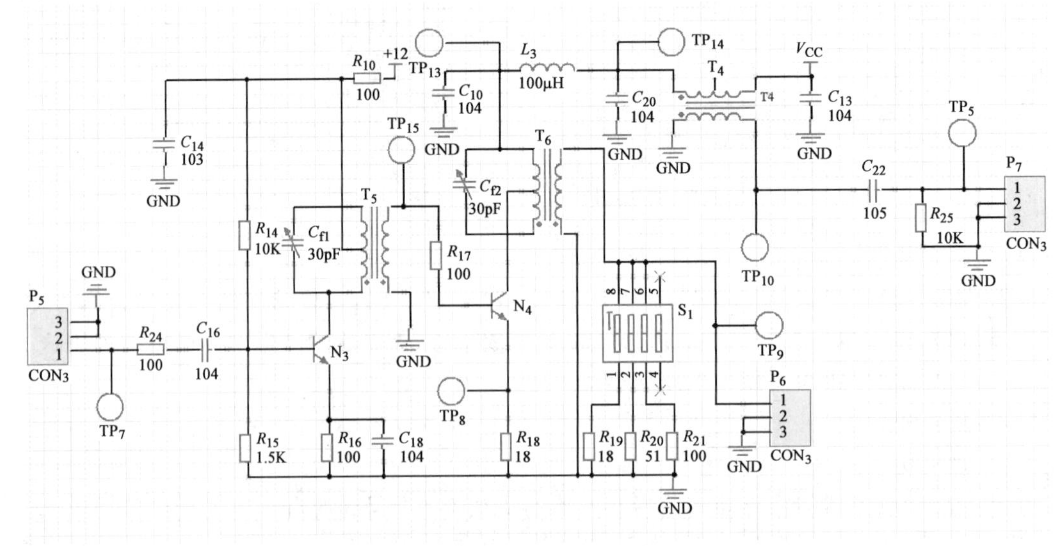


图 2.2.7　丙类功率放大器

## 2.2.3 实验内容与步骤

### 1. 高频功率放大器

1）硬件连接

断电状态下，连接函数信号发生器、实验电路 8、示波器，连线图如图 2.2.8 所示。连接好线路，确定没有问题，接通电源。若指示灯亮，则开始下一步实验。

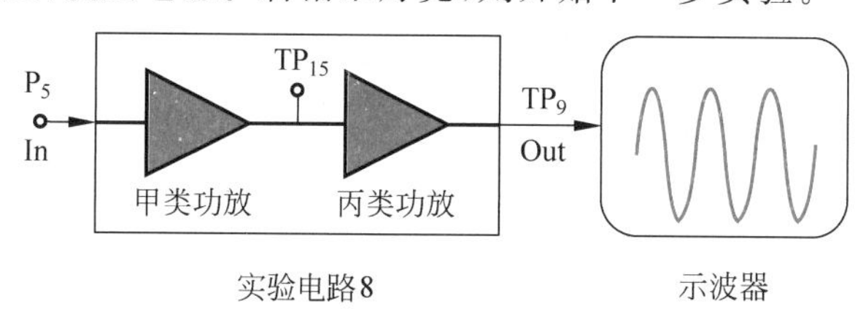


图 2.2.8 连线图

2）静态测试

用函数信号发生器产生峰-峰值为 300mV、频率为 10.7MHz 正弦波信号，此信号接入实验电路 8 的 $P_5$ 端。用示波器测试实验电路 8 的 $TP_9$ 端。调节中周 $T_5$，使 $TP_{15}$ 处信号峰-峰值约为 3.5V。调节 $T_6$，使 $TP_9$ 幅度最大。

实验现象、数据和结论：

3）调谐特性测试

将 $S_1$ 设为“0000”，以 0.5MHz 为步进从 9～15MHz 改变输入信号频率，记录 $TP_9$ 处的输出幅度，填入表 2.2.1 中。

表 2.2.1 调谐特性测试数据记载表

| $f_i$ | 9MHz | 9.5MHz | 10MHz | 10.5MHz | 11MHz | 11.5MHz | 12MHz |
|---|---|---|---|---|---|---|---|
| $V_{o(p\text{-}p)}$ | | | | | | | |
| 输出信号波形 | | | | | | | |

实验现象、数据和结论：

4）负载特性测试

先将输入信号调至10.7MHz，峰-峰值300mV。

实验电路8的负载电阻转换开关$S_1$（第4位没用到）依次拨为“1110”、“0110”和“0100”，用示波器观测相应的$V_c$（$TP_9$处观测）值和$V_e$（$TP_8$处观测）值，描绘相应的$i_e$波形，分析负载对工作状态的影响。请把数值和波形画在表2.2.2中。表2.2.2中的$R_{19}=18\Omega$，$R_{20}=51\Omega$，$R_{21}=100\Omega$。

表2.2.2 负载特性测试数据记载表（$f=10.7\text{MHz}$，$V_{CC}=5\text{V}$）

| 等效负载 | $R_{19}//R_{20}//R_{21}$ | $R_{20}//R_{21}$ | $R_{20}$ |
|---|---|---|---|
| $R_L/\Omega$ | | | |
| $V_{c(p\text{-}p)}/V$ | | | |
| $V_{e(p\text{-}p)}/V$ | | | |
| $i_e$的波形 | | | |

请根据以上数据或者测试更多数据，绘制负载特性曲线：

5）放大特性测试

先改变信号源的信号幅值，使$TP_8$为近似对称的凹陷波形。

然后由大到小或者从小到大地改变输入信号的幅度，用示波器观察$TP_8$，即$i_e$波形的变化（观测$i_e$波形即观测$v_e$波形，$I_e=V_e/R_{18}$）。请把数值和波形画在表2.2.3中。

表2.2.3 激励电压变化对工作状态的测试数据记载表

| $V_{i(p\text{-}p)}$ | | | | | | | |
|---|---|---|---|---|---|---|---|
| $i_e$的波形 | | | | | | | |
| 输出信号波形 | | | | | | | |

请根据以上数据或者测试的更多数据，绘制放大特性曲线：

**2. 集电极调幅电路**

1）硬件连接

断电状态下，连接函数信号发生器、实验电路8、示波器，连线图如图2.2.9所示。连接好线路，确定没有问题，接通电源。若指示灯亮，则开始下一步实验。

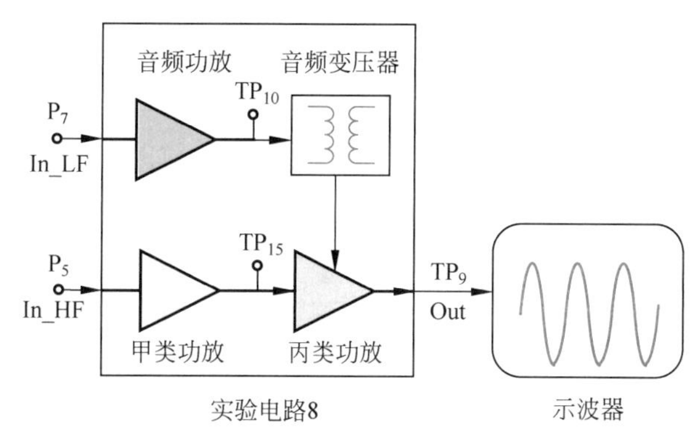


图 2.2.9 集电极调制连线图

2）静态测试

用函数信号发生器产生高频信号，峰-峰值为 500mV、频率为 10.7MHz 正弦波信号，此信号接入实验电路 8 的 $P_5$ 端。(在 $TP_7$ 处观察)，首先调节 $T_5$ 使 $TP_{15}$ 处波形最大，再调节 $T_6$ 使 $TP_9$ 输出波形最大。

用函数信号发生器产生低频信号，峰-峰值为 100mV、频率为 2kHz 正弦波信号，此信号接入实验电路 8 的 $P_7$ 端。将拨码开关 $S_1$ 拨为“0100”，从 $TP_9$ 处观察输出波形。

实验现象、数据和结论：

3）调幅信号测试

使 $N_4$ 管分别处于欠压状态($S_1$ 拨为“1110”)和过压状态($S_1$ 拨为“0000”)，在 $TP_9$ 处观察调幅波形，并计算过压状态下的调幅度。

实验现象、数据和结论：

4）输入信号对输出调幅信号的影响

分别改变音频信号的幅值和频率，观察调幅波变化。

实验现象、数据和结论：

3. 注意事项

(1) 观察放大器的三种工作状态，示波器观测下凹的电流波形并不是两边完全对称的，且有许多杂波，为正常实验现象。

(2) 对于具体电路调试时，可能在改变负载的条件下，难以获得三种工作状态，可通过同时改变两个参数，实现工作状态的调试。

(3) 观察电流波形时，分别把示波器探头设成×1挡和×10挡。

实验报告

## 2.2.4 思考题与实验报告

1. 思考题

(1) 如何进行丙类谐振功率放大器的调谐与调整？调谐与调整时应注意什么问题？

(2) 如何验证功放工作于丙类？输入是什么波形？输出是什么波形？集电极电流是什么波形？

(3) 如何调整功率放大器工作于临界状态？

(4) 说明负载电阻、输入信号幅值、集电极电压变化时，集电极电流的变化规律。

(5) 实现集电极调制时，丙类谐振功率放大器工作状态是什么？

(6) 实现集电极调制时，请画出集电极电流波形和输出电压波形，并计算调制度。

(7) 请深入思考后，至少提出一个问题。

2. 实验报告

按要求完成实验报告。简要叙述电路的工作原理，画出输入电压、输入基极电流、输出集电极电流和输出电压波形；计算功率放大器临界工作状态时的功率与效率。重点是分析实验结果，回答思考题。

3. 参考波形

1）功率放大器

(1) 当输入信号幅度为300mV，频率为10.7MHz，$S_1$=1000时，输入电压波形、发射极电压波形如图2.2.10所示，上方为输入电压、下方为发射极电压；发射极频谱如图2.2.11所示；输入电压与输出电压波形如图2.2.12所示。

(2) 当输入信号幅度为300mV，频率为10.7MHz，$S_1$=0000时，输入电压波形与发射极电压波形如图2.2.13所示，上方为输入电压、下方为发射极电压；输入电压与输出电压波形如图2.2.14所示。

2）集电极调制电路

(1) 当输入信号幅度为300mV，频率为10.7MHz，音频峰-峰值为60mV，频率为2kHz，$S_1$=0000时，发射极电压与输出电压波形如图2.2.15所示；输出电压频谱如图2.2.16所示。

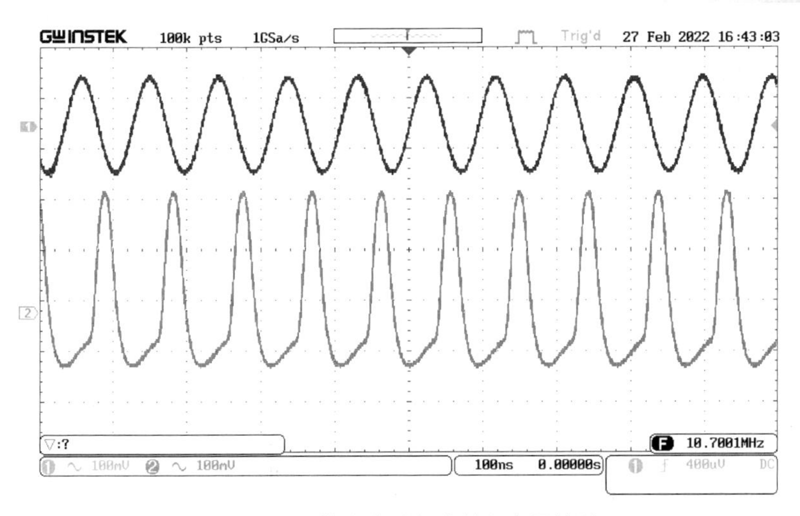

图 2.2.10 输入电压与发射极电压波形

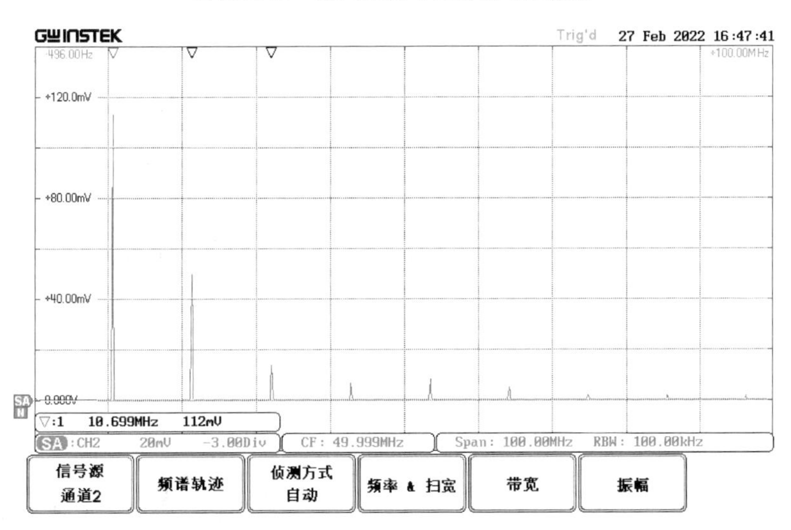

图 2.2.11 发射极频谱

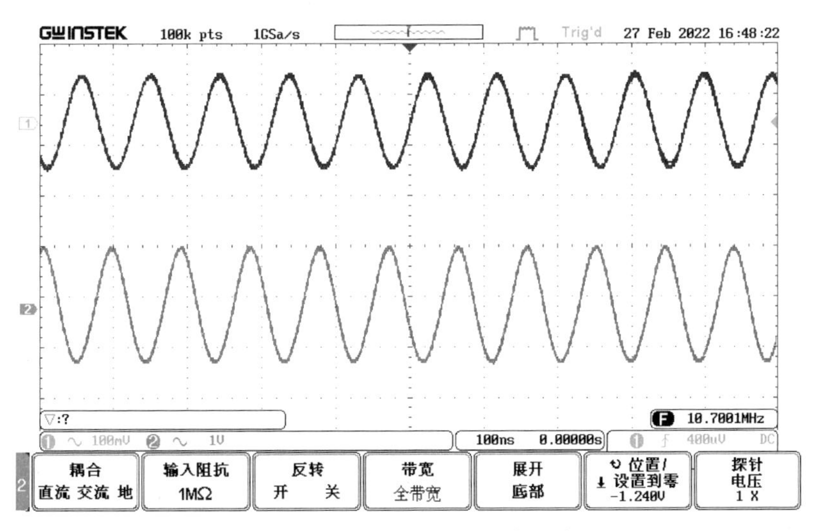

图 2.2.12 输入电压与输出电压波形

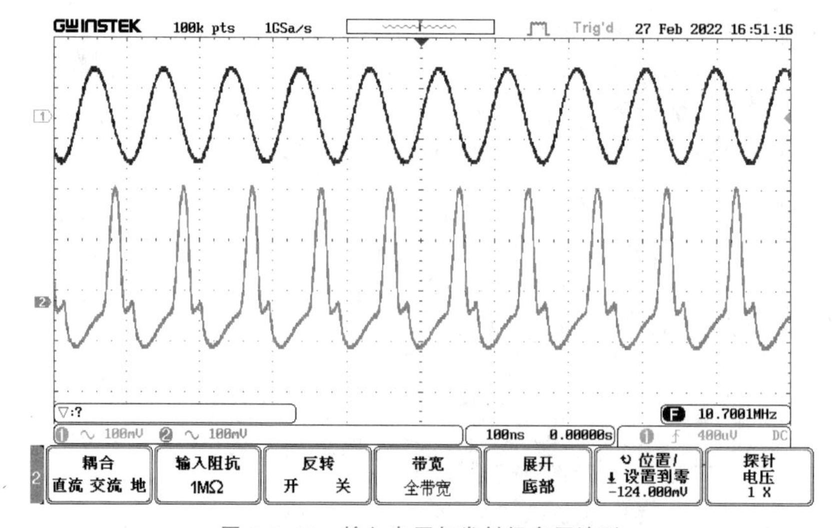


图 2.2.13　输入电压与发射极电压波形

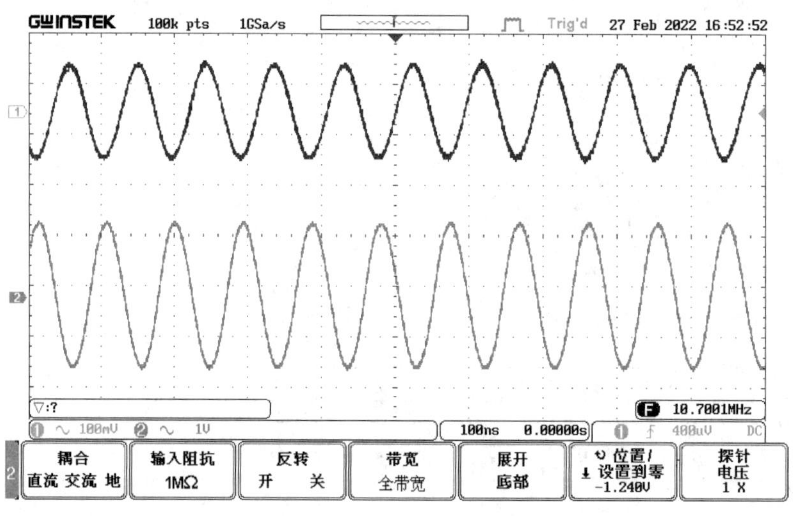


图 2.2.14　输入电压与输出电压波形

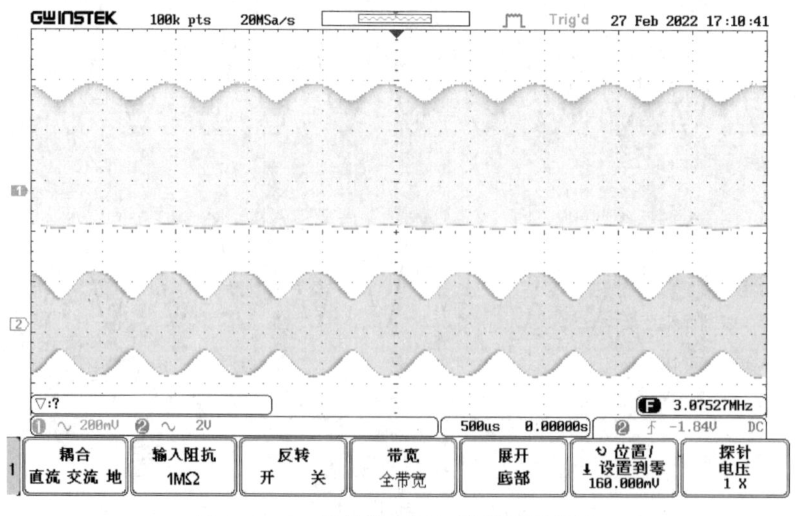


图 2.2.15　发射极电压与输出电压波形

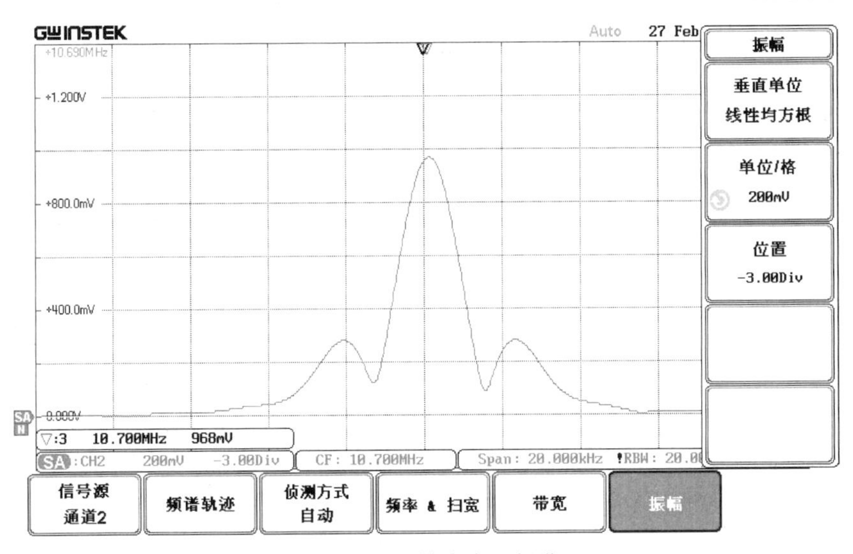


图 2.2.16 输出电压频谱

(2) 当输入信号幅度为 300mV，频率为 10.7MHz，音频峰-峰值为 60mV，频率为 2kHz，$S_1$ = 1110 时，发射极电压与输出电压波形如图 2.2.17 所示。

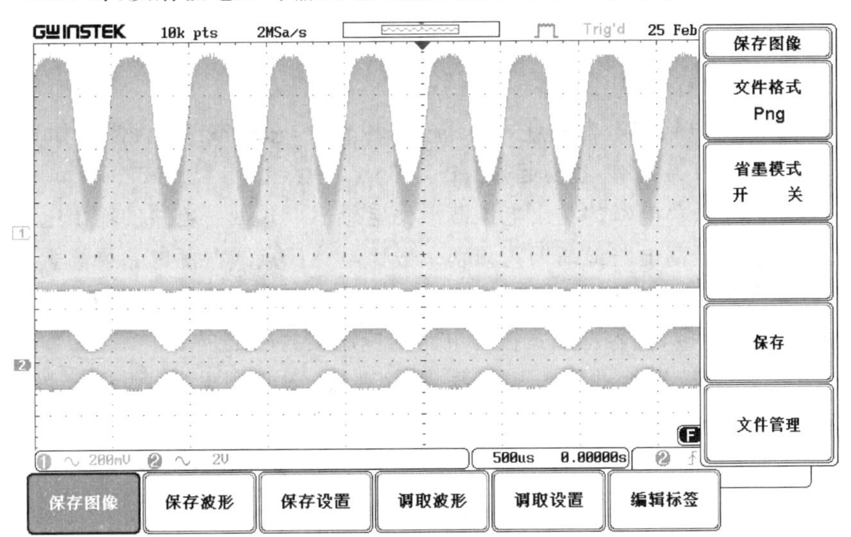


图 2.2.17 发射极电压与输出电压波形

## 2.3 LC 振荡器与晶体振荡器

微课视频

正弦波振荡器的功能是在没有外加输入信号的条件下，电路自动将直流电源提供的能量转换为具有一定频率、一定振幅正弦波的信号输出。在无线通信系统中，振荡器用来产生发射机所需的载波和接收机所需的本地振荡信号。

### 2.3.1 实验目的

(1) 掌握三点式正弦波振荡器基本原理、起振条件、振荡电路设计及频率计算。

(2) 掌握静态工作点、反馈系数大小、负载变化对起振时间和振荡幅度影响。

(3) 研究外界条件(温度、电源电压、负载变化)对振荡器频率稳定度的影响。

## 2.3.2 实验原理与电路

### 1. 三点式振荡电路

产生正弦波的振荡电路主要有环形振荡器、LC 振荡器、RC 振荡器和晶体振荡器。其中正弦波振荡器中应用最广泛的是三点式 LC 振荡器和晶体振荡器。

三点式 LC 振荡器的等效电路如图 2.3.1 所示。

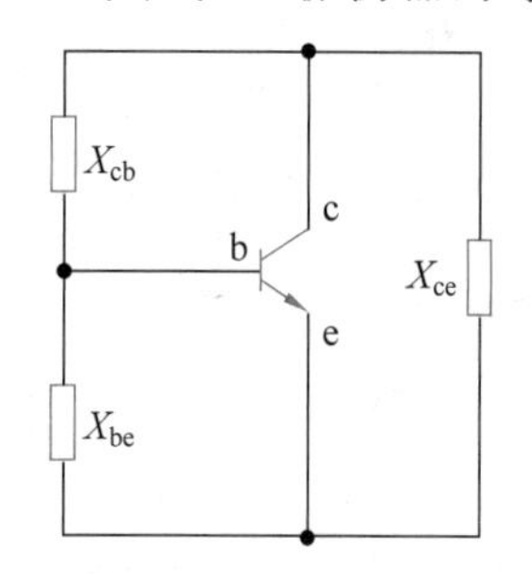


图 2.3.1 三点式 LC 振荡器回路等效

不论电感三点式振荡电路，还是电容三点式振荡电路，其晶体管的集电极-发射极之间和基极-发射极之间回路元件的电抗性质都是相同的，而与集电极-基极之间回路元件的电抗性质总是相反的。这一规律是用来判断三点式振荡器是否满足相位平衡条件的基本准则。

这一规律可归纳为：

(1) $X_{ce}$ 与 $X_{be}$ 的电抗性质相同。

(2) $X_{cb}$ 与 $X_{ce}$、$X_{be}$ 的电抗性质相反。

(3) 对于振荡频率，满足 $X_{ce}+X_{be}+X_{cb}=0$。

在判断三点式振荡器是否可能振荡时，采用这一准则进行判断是非常容易的，也是最常用的判断三点式振荡器的方法。

电感三点式振荡电路与电容三点式振荡电路相比较，它们各自的优缺点如下：

(1) 两种电路都较为简单，容易起振。

(2) 电容三点式振荡电路的输出电压波形比电感三点式振荡电路的输出电压波形好。

(3) 电容三点式振荡电路最高振荡频率一般比电感三点式振荡电路要高。

(4) 电容三点式振荡电路的频率稳定度要比电感三点式振荡电路的频率稳定度高。

因此，在电路应用中，电容三点式振荡电路的应用较为广泛。

对于三点式振荡器若要进一步提高振荡频率，还需改进电路，如克拉泼振荡器(见图 2.3.2)和西勒振荡器(见图 2.3.3)。

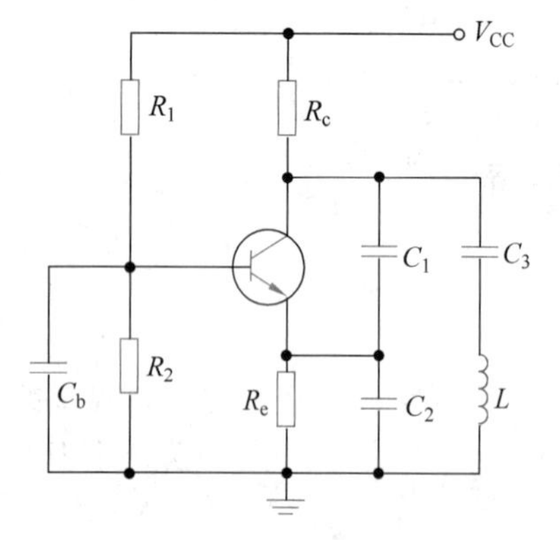


图 2.3.2 克拉泼振荡器

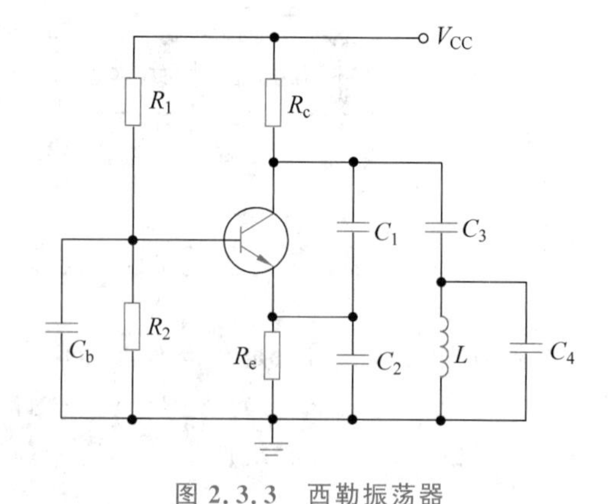


图 2.3.3 西勒振荡器

若需要更进一步提高稳定度，则需采用晶体振荡器。

2. 晶体振荡器

晶体振荡电路可分为两大类：一种是晶体工作在它的串联谐振频率上，作为高 $Q$ 的串联谐振元件串接于正反馈支路中，称为串联型晶体振荡器；另一种是晶体工作在振荡电路中，称为并联型晶体振荡器。

并联型晶体振荡器的工作原理和一般三点式 LC 振荡器相似，只将其中的一个电感元件用晶体等效，通常将晶体接在晶体三极管的 c-b 之间或 b-e 之间，如图 2.3.4 所示，构成皮尔斯晶体振荡器和密勒晶体振荡器。

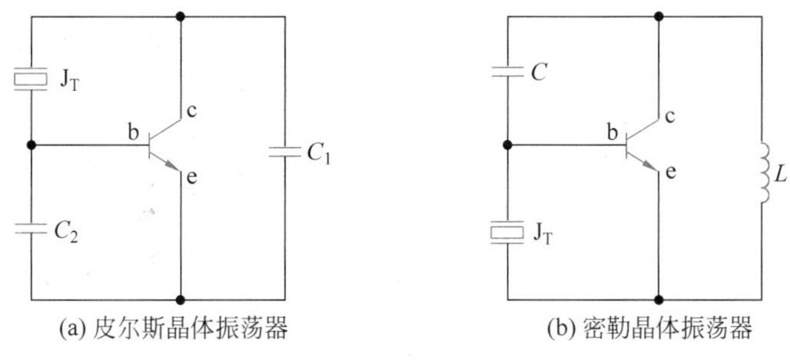


图 2.3.4 并联型晶体振荡器的两种基本类型

串联型晶体振荡器的晶体工作在串联谐振频率上并作为短路元件串接在三点式振荡电路的反馈支路中。某晶体振荡器的原理电路和等效电路如图 2.3.5 所示。

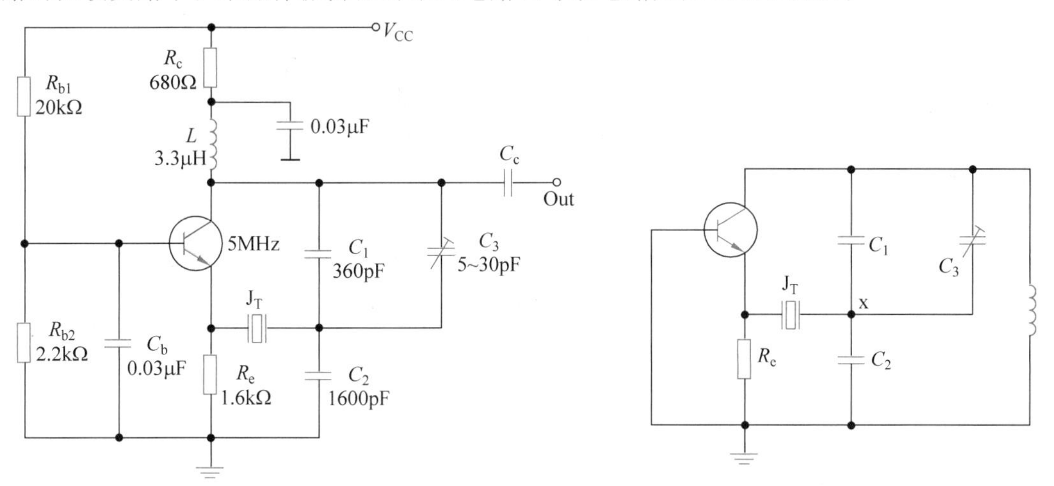


图 2.3.5 串联型晶体振荡电路

3. LC 正弦波振荡器实验电路

实验电路如图 2.3.6 所示。

将开关 $S_1$ 的 1 拨下 2 拨上，$S_2$ 全部断开，由晶体管 $N_1$ 和 $C_3$、$C_{11}$、$C_4$、$CC_1$、$L_1$ 构成电容反馈三点式振荡器的改进型振荡器——西勒振荡器，电容 $CC_1$ 可用来改变振荡频率。

$$f_0 \approx \frac{1}{2\pi\sqrt{L_1(C_4 + CC_1)}}$$

振荡器的频率约为 4.5MHz（计算振荡频率可调范围）

振荡电路反馈系数

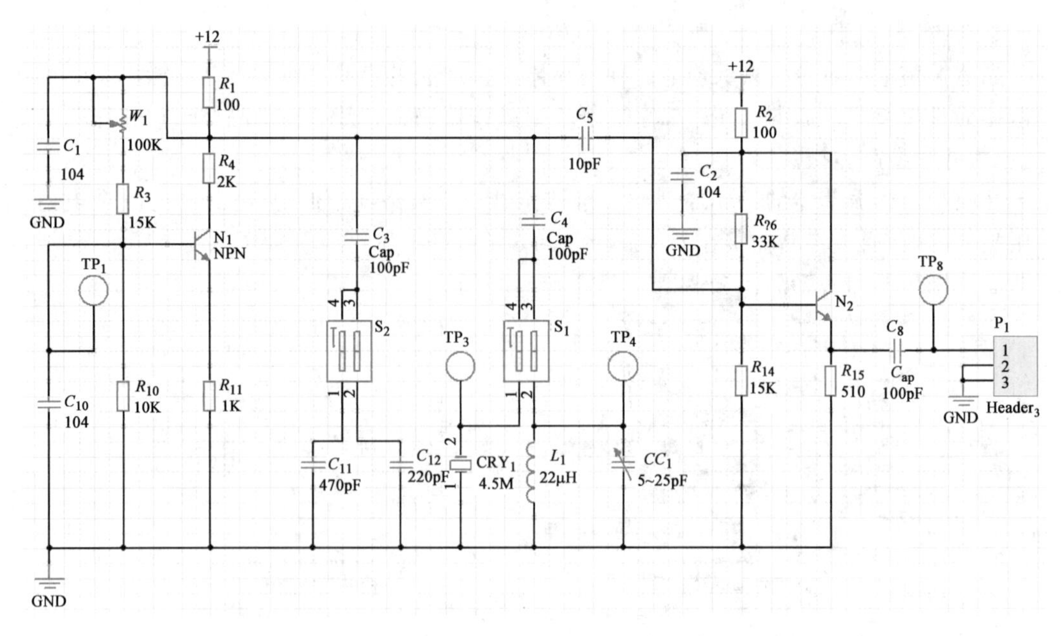


图 2.3.6 正弦波振荡器(4.5MHz)

$$F=\frac{C_3}{C_3+C_{11}}=\frac{220}{220+470}\approx 0.32$$

振荡器输出通过耦合电容 $C_5$(10pF)加到由 $N_2$ 组成的射极跟随器的输入端,因 $C_5$ 容量很小,再加上射随器的输入阻抗很高,可以减小负载对振荡器的影响。射随器输出信号经 $N_3$ 调谐放大,再经变压器耦合从 $P_1$ 输出。

**4. 晶体振荡器实验电路**

实验电路如图 2.3.6 所示。

将开关 $S_1$ 拨为“10”,$S_2$ 拨为“00”,由晶体管 $N_1$ 和 $C_3$、$C_{11}$、$C_4$ 和晶体 $CRY_1$,构成晶体振荡器,也称为皮尔斯振荡器,此电路中晶体等效为电感。

## 2.3.3 实验内容与步骤

**1. LC 正弦波振荡器**

1) 硬件连接

断电状态下,连接实验电路 3、示波器,连线图如图 2.3.7 所示。将开关 $S_1$ 拨为“01”,$S_2$ 拨为“00”,构成 LC 振荡器。连接好线路,确定没有问题,接通电源。若指示灯亮,则开始下一步实验。

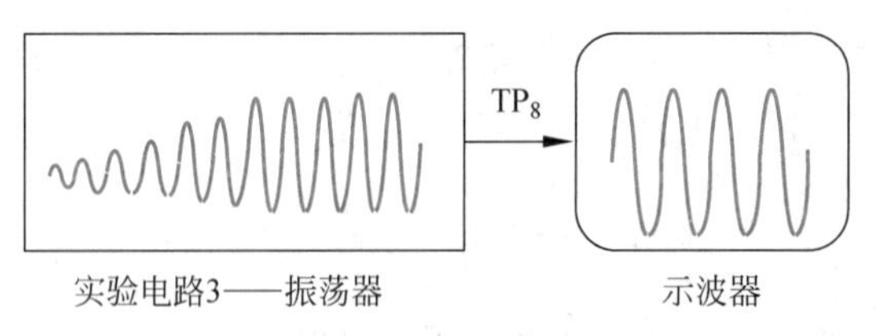


图 2.3.7 LC 振荡器连线图

2）静态测试

通过调整电位器 $W_1$，使放大器工作于放大器状态，测量并记录静态工作点。数值和波形填入表 2.3.1 中。

表 2.3.1　静态工作点与振荡情况

| 静态工作点/V | $V_{BQ}$(TP$_1$)、$V_{CQ}$(TP$_5$)、$V_{EQ}$(TP$_2$) | 振荡状态(起振、停振、正常振荡等) | 振荡波形 |
|---|---|---|---|
| 实际测量值/V | | | |
| | | | |
| | | | |

注意：静态电流 $I_{CQ}$ 会影响晶体管跨导 $g_m$，而增益和 $g_m$ 是有关系的。在饱和状态下($I_{CQ}$ 过大)，管子电压增益 $A_V$ 会下降，一般取 $I_{CQ}=1\sim2.5$mA 为宜。

3）输出信号频率范围测试

改变 $CC_1$，用示波器从 $TP_8$ 观察波形及输出频率的变化情况，记录最高频率和最低频率填入表 2.3.2 中。

表 2.3.2　频率数据记载表

| | |
|---|---|
| $f_{max}$ | |
| $f_{min}$ | |

4）温度对频率的影响

将加热的电烙铁(或者其他的热源)靠近振荡管 $N_1$，每隔 1min 记下频率的变化值。并将数据填入表 2.3.3 中。

表 2.3.3　温度对 LC 振荡器的影响

| 温度时间变化 | 室温 | 1min | 2min | 3min | 4min | |
|---|---|---|---|---|---|---|
| LC 振荡器($f$) | | | | | | |
| 幅度($V_{cm}$) | | | | | | |

2. 晶体振荡器

1）硬件连接

断电状态下，连接实验电路 3、示波器，连线图如图 2.3.8 所示。将开关 $S_1$ 拨为“10”，$S_2$ 拨为“00”，由 $N_1$、$C_3$、$C_{10}$、$C_{11}$、晶体 $CRY_1$ 与 $C_4$ 构成晶体振荡器(皮尔斯振荡电路)，在振荡频率上晶体等效为电感。连接好线路，确定没有问题，接通电源。若指示灯亮，则开始下一步实验。

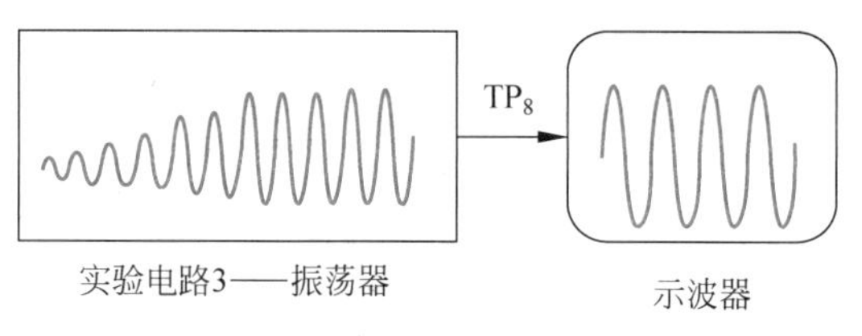


图 2.3.8　晶体振荡器连线图

2）静态测试

通过调整电位器 $W_1$，使放大器工作于放大器状态，测量并记录静态工作点。数值和波形填入表 2.3.4 中。

表 2.3.4 静态工作点与振荡情况

| 静态工作点/V | $V_{BQ}(TP_1)$、$V_{CQ}(TP_5)$、$V_{EQ}(TP_2)$ | 振荡状态(起振、停振、正常振荡等) | 振荡波形 |
|---|---|---|---|
| 实际测量值/V | | | |
| | | | |
| | | | |

注意：一般取 $I_{CQ}=1\sim5\text{mA}$ 为宜。

3）输出信号频率范围测试

用示波器从 $TP_8$ 观察波形及输出频率的变化情况，记录频率和幅值填入表 2.3.5 中。

表 2.3.5 频率数据记载表

| 频 率 | 幅 值 |
|---|---|
| | |
| | |
| | |
| | |
| | |

4）温度对频率的影响

将加热的电烙铁(或者其他的热源)靠近振荡管 $N_1$，每隔 1min 记下频率的变化值。并将数据填入表 2.3.6 中。

表 2.3.6 温度对晶体振荡器的影响

| 温度时间变化 | 室温 | 1min | 2min | 3min | 4min | 5min |
|---|---|---|---|---|---|---|
| 晶体振荡器($f$) | | | | | | |
| 幅度($V_{cm}$) | | | | | | |

**3. 注意事项**

(1) 调节静态工作点，用示波器观测输出振荡波形失真状况时，示波器扫描时间应扩展×5 或×10。

(2) 基本 LC 振荡器和晶体振荡器电路变换是拨码开关 $S_1$ 和 $S_2$ 完成的。

实验报告

## 2.3.4 思考题与实验报告

**1. 思考题**

(1) 静态工作点对振荡器起振条件和输出波形振幅有什么影响?

(2) 反馈系数 $F$ 对振荡器起振条件和输出波形振幅有什么影响?

(3) 分别计算实验电路的振荡频率 $f_0$，并与实测结果比较。

(4) 简述晶体振荡器和 LC 振荡器的特点和优点。

(5) 请深入思考后，至少提出一个问题。

**2. 实验报告**

按要求完成实验报告。简要叙述电路的工作原理，重点是分析实验结果，回答思考题。

3. 参考波形

1) LC 振荡器

设置 $S_1=01$，$S_2=00$，静态工作点 $V_{BQ}=3.4V$，$V_{EQ}=3.1V$，$V_{CQ}=5.7V$；输出信号电压波形如图 2.3.9 所示，输出信号频谱如图 2.3.10 所示。

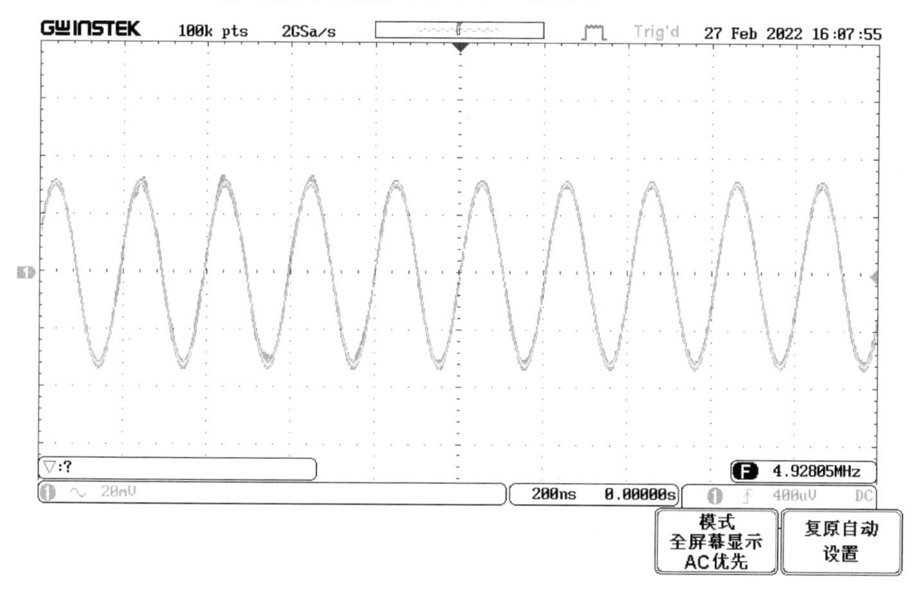


图 2.3.9 输出信号电压波形

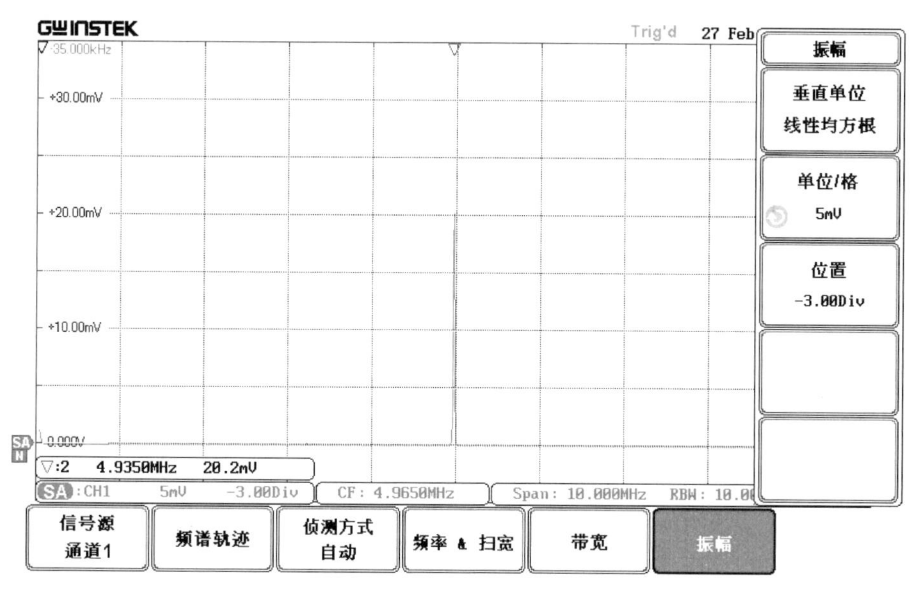


图 2.3.10 输出信号频谱

2) 晶体振荡器

设置 $S_1=10$，$S_2=00$，静态工作点 $V_{BQ}=3.4V$，$V_{EQ}=3.0V$，$V_{CQ}=5.9V$，输出信号电压波形如图 2.3.11 所示。

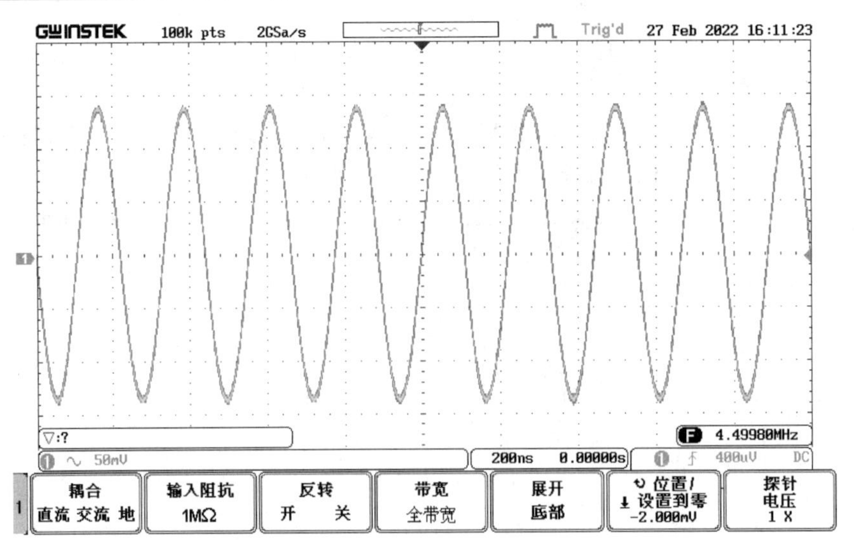


图 2.3.11 输出信号电压波形

## 2.4 模拟乘法器振幅调制电路

调制是通信系统中的重要环节，使用调制方式传输能较好地实现多路，有选择性地远距离通信。

### 2.4.1 实验目的

(1) 掌握实现 AM、DSB、SSB 三种调幅信号的基本框图。

(2) 理解模拟乘法器的工作原理，掌握用集成模拟乘法器实现 AM 调幅、DSB 调幅和 SSB 调幅信号的时域和频域的测试方法。

(3) 掌握调幅系数的测量与计算方法。

### 2.4.2 实验原理与电路

振幅调制是指高频载波的幅度随低频调制信号的规律变化，产生高频调幅波的过程，简称调幅(AM)。

1. 普通调幅波

设调制信号为单一频率的余弦波：

$$v_{\Omega}=V_{\Omega m}\cos\Omega t$$

载波信号为

$$v_{c}=V_{cm}\cos\omega_{c}t$$

普通调幅波(AM)的表达式为

$$v_{AM}=v_{AM}(t)\cos\omega_{c}t=V_{cm}(1+m_{a}\cos\Omega t)\cos\omega_{c}t$$

普通调幅波如图 2.4.1 所示，调幅波的包络反映调制信号的变化规律，$m_a$ 称为调幅系数或调幅度。调幅系数 $m_a$ 与调制电压的振幅成正比，一般 $m_a\leqslant1$，如果 $m_a>1$，调幅波产生失真，称为过调幅。

从图 2.4.1 中可以看到，已调波的包络形状与调制信号一样，称为不失真调制。从调幅波的波形上可以看出包络的最大值 $U_{mmax}$ 和最小值 $U_{mmin}$ 分别为

$$U_{\mathrm{mmax}}=U_{\mathrm{cm}}(1+m_{\mathrm{a}})$$
$$U_{\mathrm{mmin}}=U_{\mathrm{cm}}(1-m_{\mathrm{a}})$$
$$m_{\mathrm{a}}=\frac{U_{\mathrm{mmax}}-U_{\mathrm{mmin}}}{U_{\mathrm{mmax}}+U_{\mathrm{mmin}}}$$

实现 AM 调幅的电路框图如图 2.4.2 所示。

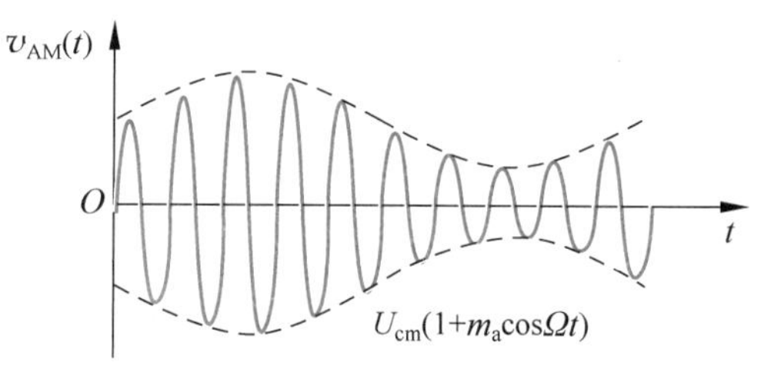


图 2.4.1 普通调幅波的波形

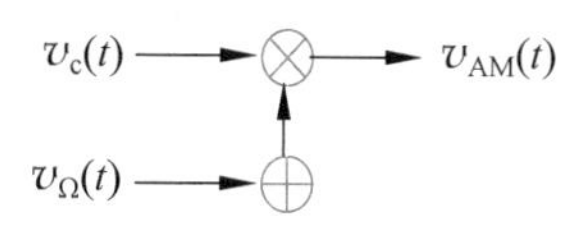


图 2.4.2 AM 调幅电路框图

2. 双边带调幅波

将普通调幅波的表达式展开得

$$v_{\mathrm{AM}}=V_{\mathrm{cm}}\cos\omega_{\mathrm{c}}t+\frac{1}{2}m_{\mathrm{a}}V_{\mathrm{cm}}\cos(\omega_{\mathrm{c}}+\Omega)t+\frac{1}{2}m_{\mathrm{a}}V_{\mathrm{cm}}\cos(\omega_{\mathrm{c}}-\Omega)t$$

由于载波不携带低频调制信号的信息,因此,为了节省发射功率,可以只发射含有信息的上、下两个边带,而不发射载波,这种调制方式称为抑制载波的双边带调幅,简称双边带调幅,用 DSB 表示。可将调制信号 $v_{\Omega}$ 和载波信号 $v_{\mathrm{c}}$ 直接加到乘法器或平衡调幅器电路得到。双边带调幅信号写成

$$v_{\mathrm{DSB}}=Av_{\Omega}v_{\mathrm{c}}=AV_{\Omega\mathrm{m}}\cos\Omega tV_{\mathrm{cm}}\cos\omega_{\mathrm{c}}t=\frac{1}{2}AV_{\Omega\mathrm{m}}V_{\mathrm{cm}}[\cos(\omega_{\mathrm{c}}+\Omega)t+\cos(\omega_{\mathrm{c}}-\Omega)t]$$

式中,$A$ 为由调幅电路决定的系数;$AV_{\Omega\mathrm{m}}V_{\mathrm{cm}}\cos\Omega t$ 是双边带高频信号的振幅,它与调制信号成正比。双边带调幅波形如图 2.4.3 所示。由图可见双边带调幅波的包络已不再反映调制信号的变化规律,在调制信号的正负半周,载波的相位反相,即高频振荡的相位在 $f(t)=0$ 瞬间有 180°的突变。

实现 DSB 信号的电路框图如图 2.4.4 所示。

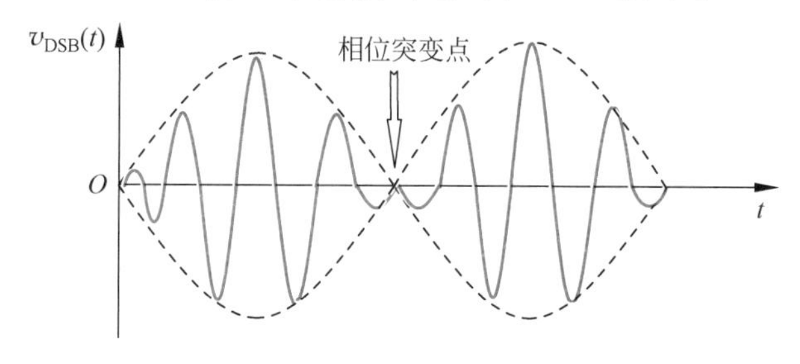


图 2.4.3 双边带调幅波波形

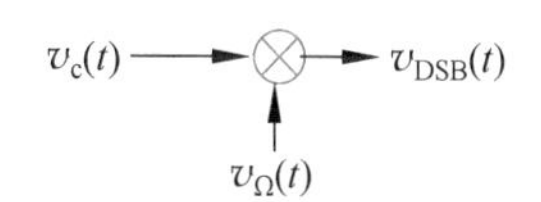


图 2.4.4 DSB 调幅电路框图

3. 单边带调幅波

因为两个边带的任何一个边带已经包含调制信号的全部信息,所以可以进一步把其中的一个边带抑制掉,而只发射一个边带,这就是单边带调幅波,用 SSB 表示。SSB 信号的数学表达式为

$$u(t)=\frac{1}{2}U_{\Omega m}U_{cm}\cos(\omega_c+\Omega)t \quad 或 \quad u(t)=\frac{1}{2}U_{\Omega m}U_{cm}\cos(\omega_c-\Omega)t$$

从数学表达式可知，SSB 信号是一个等幅的余弦信号。波形如图 2.2.5 所示。

实现 SSB 信号的电路框图如图 2.4.6 所示。

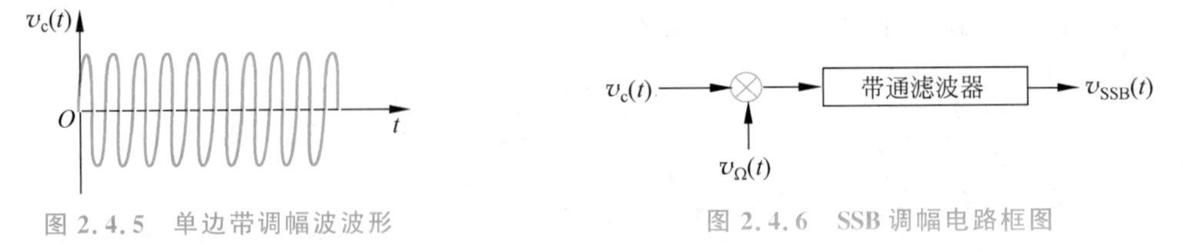


图 2.4.5 单边带调幅波波形

图 2.4.6 SSB 调幅电路框图

从 AM、DSB、SSB 信号的电路框图可知，其核心单元是乘法器，乘法器能完成两个模拟信号（电压或电流）相乘作用。

**4. 集成模拟乘法器调幅实验电路**

用 MC1496 集成电路构成的调幅器电路图如图 2.4.7 所示。图 2.4.7 中 $W_1$ 用来调节引脚 1、4 之间的平衡，器件采用双电源方式供电（+12V，−12V），所以引脚 5 偏置电阻 $R_{15}$ 接地。电阻 $R_1$、$R_2$、$R_4$、$R_5$、$R_6$ 为器件提供静态偏置电压，保证器件内部的各个晶体管工作在放大状态。载波信号加在 $V_1$、$V_4$ 的输入端，即引脚 8、10 之间；载波信号 $V_c$ 经高频耦合电容 $C_1$ 从引脚 10 输入，$C_2$ 为高频旁路电容，使引脚 8 交流接地。调制信号加在差动放大器 $V_5$、$V_6$ 的输入端，即引脚 1、4 之间，调制信号 $v_\Omega$ 经低频耦合电容 $C_5$ 从引脚 1 输入。引脚 2、3 外接 1kΩ 电阻，以扩大调制信号动态范围。当电阻增大，线性范围增大，但乘法器的增益随之减小。已调制信号取自双差动放大器的两集电极（即引脚 6、12 之间）输出。

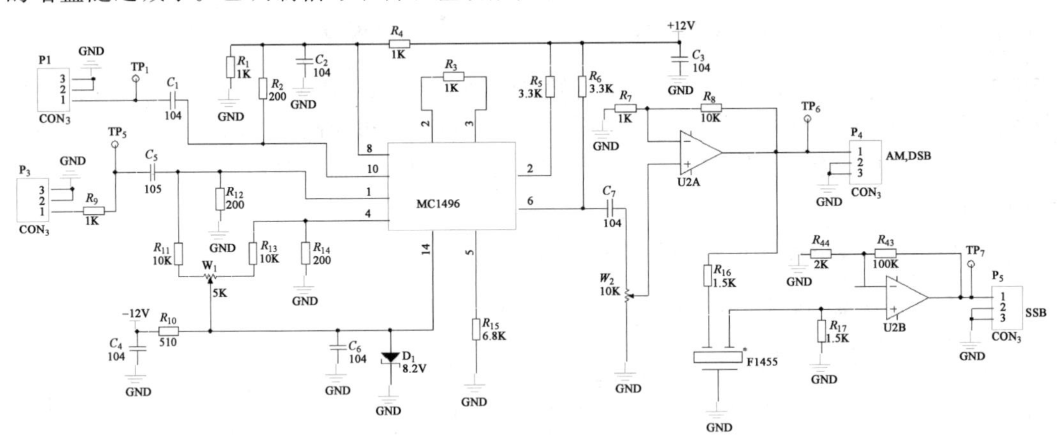


图 2.4.7 模拟乘法器调幅器电路

## 2.4.3 实验内容与步骤

**1. DSB 振幅调制**

1）硬件连接

断电状态下，连接信号源、实验电路 4、示波器。连线图如图 2.4.8 所示。

用函数信号发生器产生载波信号，峰-峰值为 600mV、频率为 465kHz 正弦波信号，此信号接入实验电路 4 的 $P_1$ 端。

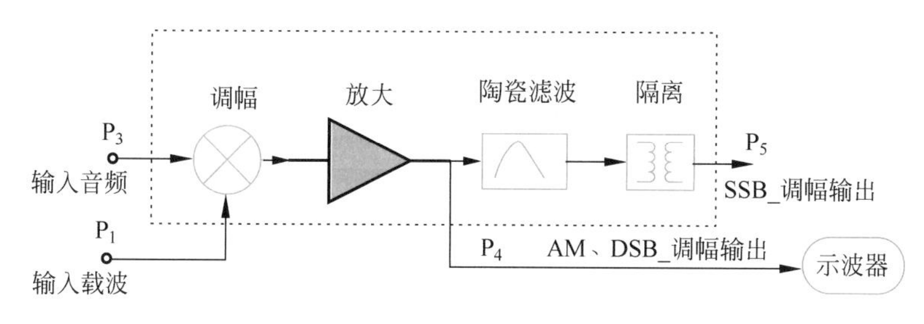


图 2.4.8 DSB、AM 幅度调制连线图

用函数信号发生器产生调制(音频)信号,峰-峰值为 100mV、频率为 2kHz 正弦波信号,此信号接入实验电路 4 的 $P_3$ 端。

连接好线路,确定没有问题,接通电源。若指示灯亮,则开始下一步实验。

2) DSB 调制

(1) 先从 $P_1$ 端输入载波信号,(注意:此时音频输入 $P_3$ 端口暂不输入音频信号)调节平衡电位器 $W_1$,使输出信号 $v_o(t)$($TP_6$)的载波输出幅度最小(此时表明载波已被抑制,乘法器 MC1496 的引脚 1、4 电压相等)。

实验现象、数据和结论:

(2) 再从 $P_3$ 端输入音频信号(正弦波),观察 $TP_6$ 处输出的抑制载波的调幅信号。适当调节 $W_2$ 改变 $TP_6$ 输出波形的幅度。将音频信号的频率调至最大,观察输出信号。

实验现象、数据和结论:

用示波器的频谱分析仪,从频域角度观测输出信号的频谱。

实验现象、数据和结论:请画出输入音频、输入载波、输出信号的频谱。

**2. AM 振幅调制**

1）硬件连接

断电状态下，连接信号源、实验电路 4、示波器。线路连接如图 2.4.8 所示。

用函数信号发生器产生载波信号，峰-峰值为 600mV、频率为 465kHz 正弦波信号，此信号接入实验电路 4 的 $P_1$ 端。

用函数信号发生器产生调制（音频）信号，峰-峰值为 100mV、频率为 2kHz 正弦波信号，此信号接入实验电路 4 的 $P_3$ 端。

连接好线路，确定没有问题，接通电源。若指示灯亮，开始下一步实验。

2）AM 调制

(1) 先将 $P_1$ 端输入载波信号，调节电位器 $W_1$，使输出信号 $v_o(t)$（$TP_6$）中有载波输出（此时 $V_1$ 与 $V_4$ 不相等，即 MC1496 的引脚 1、4 电压差不为 0）。

实验现象、数据和结论：

用示波器的频谱分析仪，从频域角度观测输出信号的频谱。

实验现象、数据和结论：请画出输入音频、输入载波、输出信号的频谱。

(2) 再从 $P_3$ 端输入音频信号（正弦波），观测 $TP_6$，记下 AM 波对应 $V_{max}$ 和 $V_{min}$，并计算调幅度 $m_a$。适当调节电位器 $W_1$ 改变调制度，观察 $TP_6$ 输出波形的变化情况，再记录 AM 波对应的 $V_{max}$ 和 $V_{min}$，并计算调幅度 $m_a$。适当改变音频信号的幅度，观察调幅信号的变化。

实验现象、数据和结论：请画出不同调幅度的输入音频、输入载波、输出信号波形。

用示波器的频谱分析仪，从频域角度观测输出信号的频谱。

实验现象、数据和结论：请画出输入音频、输入载波、输出信号的频谱。

**3. SSB 振幅调制**

1）硬件连接

断电状态下，连接信号源、实验电路 4、示波器。线路连接如图 2.4.9 所示。

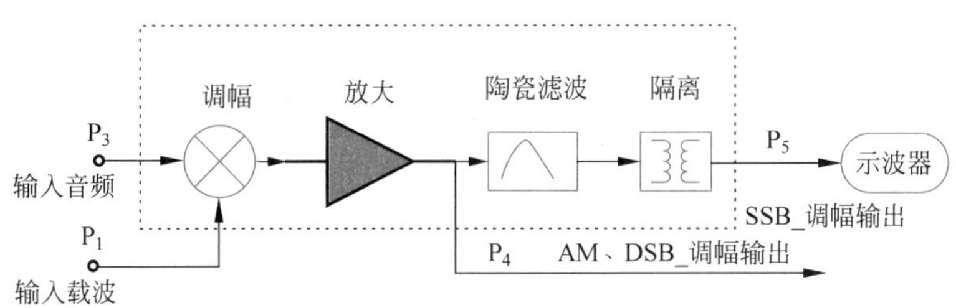


图 2.4.9　SSB 幅度调制连线图

用函数信号发生器产生载波信号，峰-峰值为 600mV、频率为 465kHz 正弦波信号，此信号接入实验电路 4 的 $P_1$ 端。

用函数信号发生器产生调制(音频)信号，峰-峰值为 100mV、频率为 2kHz 正弦波信号，此信号接入实验电路 4 的 $P_3$ 端。

连接好线路，确定没有问题，接通电源。若指示灯亮，则开始下一步实验。

2）SSB 调制

(1) 先调节电位器 $W_1$，使 $TP_6$ 处输出抑制载波调幅信号，再将音频信号频率调到 10kHz 左右，从 $P_5$($TP_7$)处观察输出。

实验现象、数据和结论：请画出不同调幅度的输入音频、输入载波、输出信号波形。

用示波器的频谱分析仪，从频域角度观测输出信号的频谱。

实验现象、数据和结论：请画出输入音频、输入载波、输出信号的频谱。

（2）比较 AM、DSB 和 SSB 调幅的波形特点。

实验现象、数据和结论：

4. 注意事项

（1）模拟乘法器 MC1496 用作近似理想相乘器时，输入 $v_x$ 端加入的载波信号幅度应较小，否则相乘不是线性关系，会产生失真。

（2）示波器观察调幅波时，扫描速度约为 0.2mS/DIV。

（3）输出端获得波形难以确定是 AM 或 DSB 时，可通过频谱分析仪观察频谱。调试 DSB 信号时，既可以在时域观测其明显特征，也可以在频域观察其频谱。

实验报告

## 2.4.4 思考题与实验报告

1. 思考题

（1）根据调幅电路所测数据及波形，说明各波形的特点。

（2）乘法器能实现什么功能？

（3）本实验所用的调制电路是高电平调制还是低电平调制？

（4）还有其他电路能获得 AM 信号吗，电路名称是什么？

（5）还有其他电路能获得 DSB 信号吗，电路名称是什么？

（6）请深入思考后，至少提出一个问题。

2. 实验报告

按要求完成实验报告。简要叙述电路的工作原理，画出调幅信号的时域波形和频域频谱，重点是分析实验结果，回答思考题。

3. 参考波形

（1）不加音频信号；加载载波信号，频率为 465kHz，幅值为 600mV，输出最小，如图 2.4.10 所示。

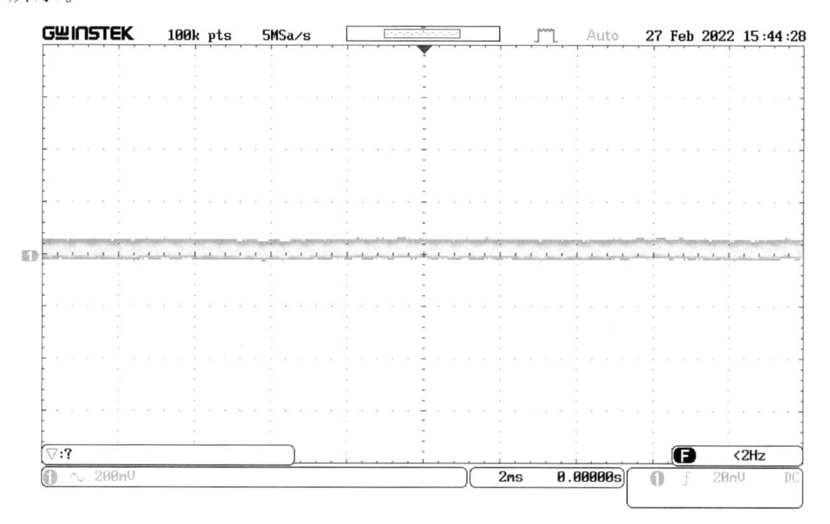


图 2.4.10 最小输出波形

（2）同时加载音频信号和载波信号。音频信号频率为 2kHz，幅值为 100mV，载波频率为 465kHz，幅值为 600mV，DSB 端口输出信号的时域波形如图 2.4.11 所示，频域频谱如图 2.4.12 所示。

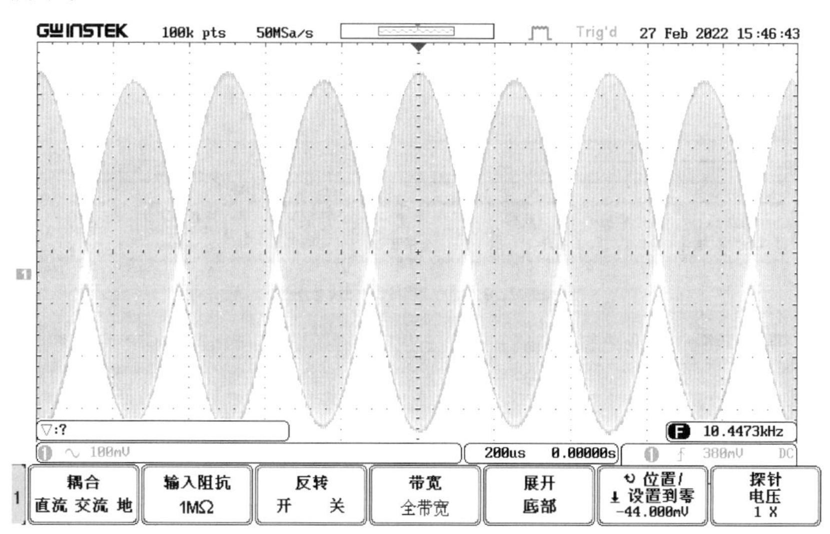


图 2.4.11 DSB 输出波形

（3）同时加载音频信号和载波信号。音频信号频率为 10kHz，幅值为 100mV，载波频率为 465kHz，幅值为 600mV，SSB 端口输出信号的时域波形如图 2.4.13 所示，频域频谱如图 2.4.14 所示。

（4）同时加载音频信号和载波信号。音频信号频率为 2kHz，幅值为 100mV，载波频率为 465kHz，幅值为 600mV，AM 端口输出信号的时域波形如图 2.4.15 所示，频域频谱如图 2.4.16 所示，各频谱与对应幅值的数值如图 2.4.17 所示。

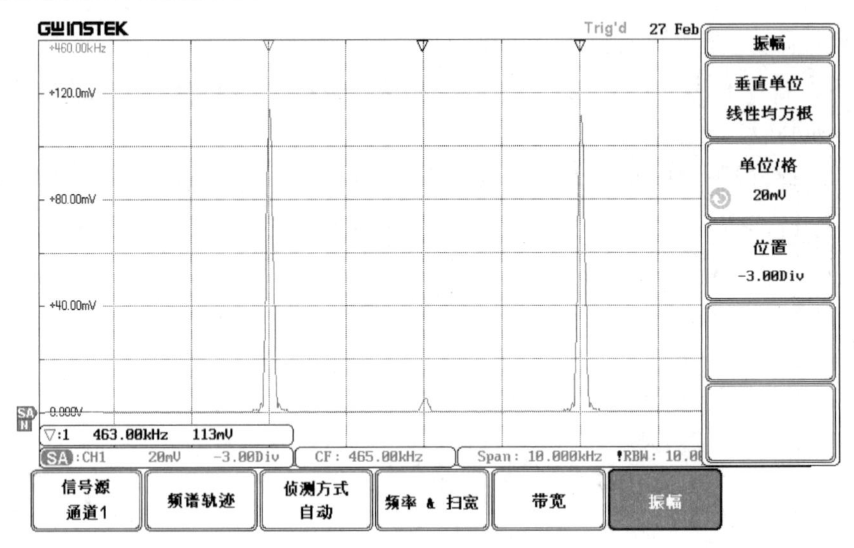

图 2.4.12 DSB 输出频谱

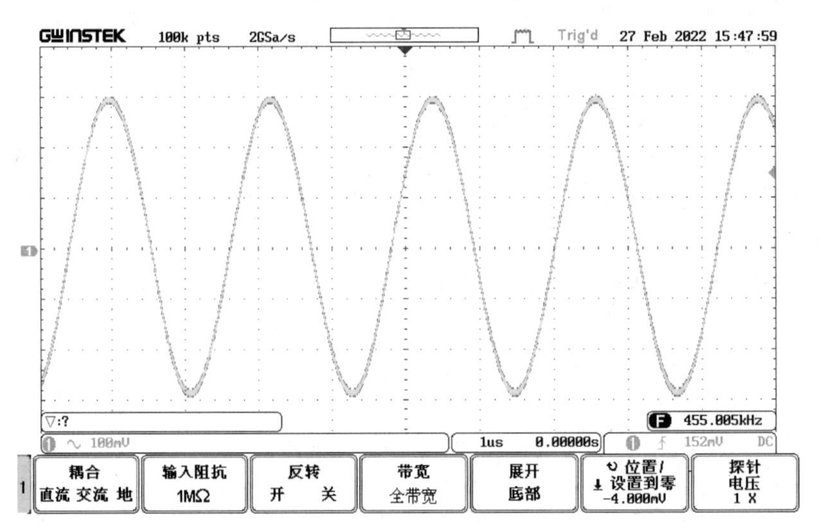

图 2.4.13 SSB 输出波形

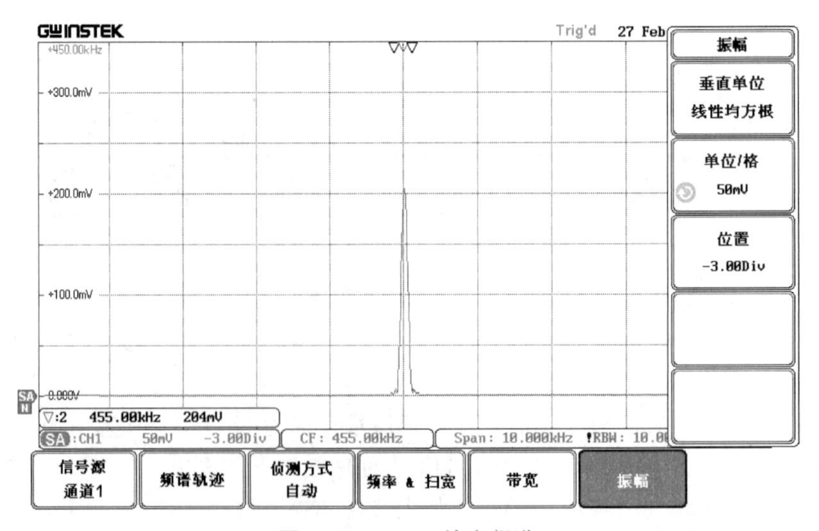

图 2.4.14 SSB 输出频谱

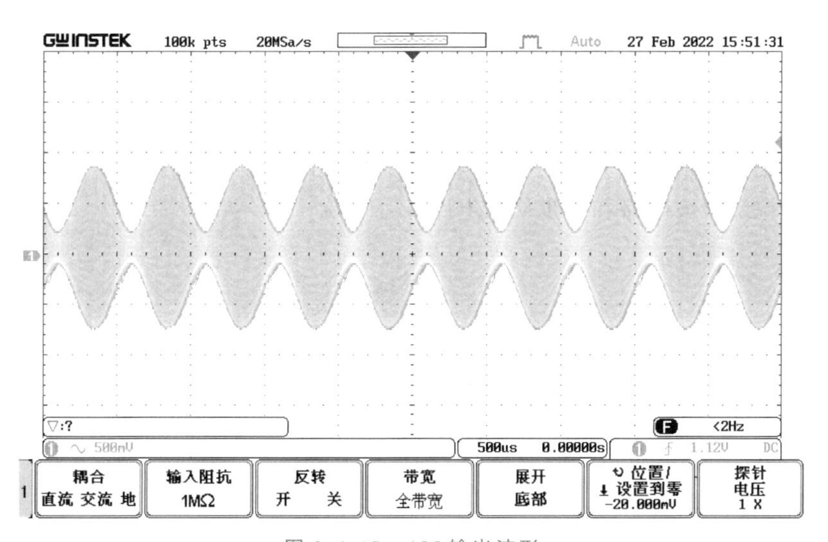


图 2.4.15 AM 输出波形

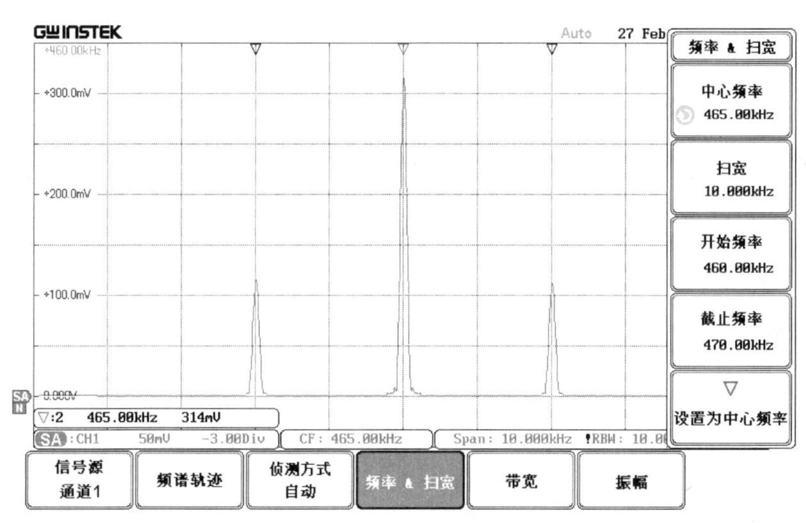


图 2.4.16 AM 输出频谱

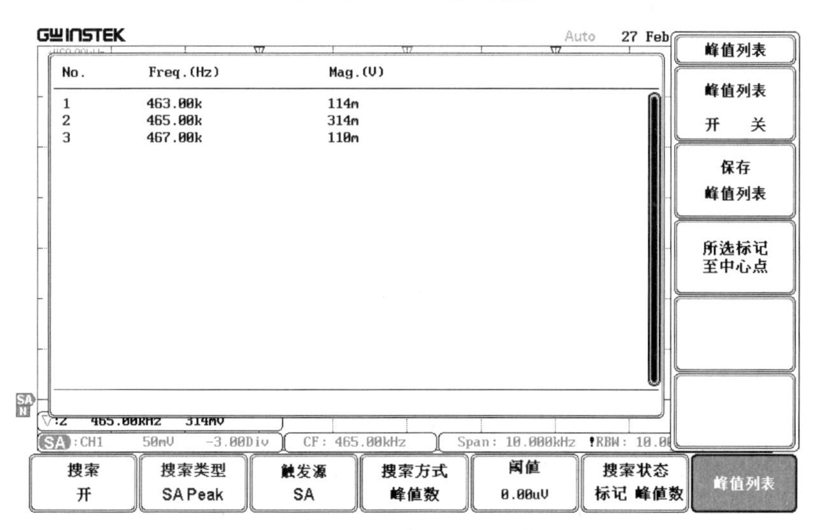


图 2.4.17 AM 输出频谱的频率与幅值

微课视频

## 2.5 包络检波电路与同步检波电路

振幅解调是从振幅信号中不失真地取出调制信号的过程，根据输入振幅信号的特点，解调电路可分为包络检波电路和同步检波电路。

### 2.5.1 实验目的

（1）理解二极管包络检波电路和同步检波电路的原理。

（2）掌握二极管包络检波电路两种失真的调试测试方法和克服失真的方法。

（3）研究电路参数或输入信号频率幅值对检波电路输出失真（惰性失真和负峰切割失真）的影响。

（4）分析二极管包络检波电路和同步检波电路的适用范围。

### 2.5.2 实验原理

#### 1. 二极管包络检波原理

二极管包络检波又称峰值包络检波，其原理是利用二极管单向导电性控制电容充、放电，从而完成高频调幅波到低频调制信号电压变换。二极管包络检波主要实现普通调幅波的检波。二极管包络检波电路是利用二极管两端加正向电压时导通，通过二极管对电容 $C$ 充电，加反向电压时截止，电容 $C$ 上电压对电阻 $R$ 放电这一特性实现检波的。

二极管包络检波原理电路如图 2.5.1 所示，它是由输入回路、二极管 D 和 RC 低通滤波器组成的。它的输入输出波形如图 2.5.2 所示。

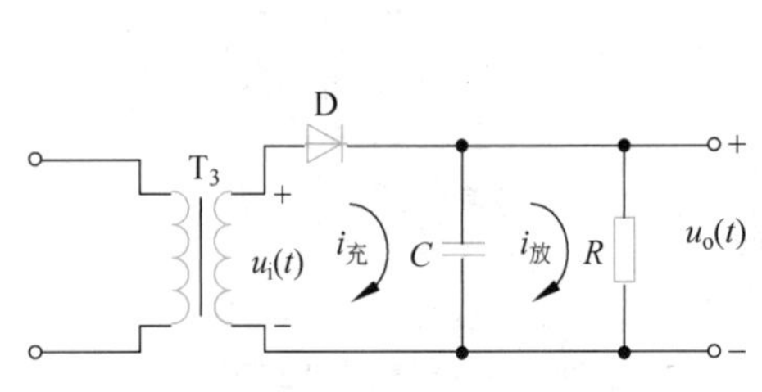

图 2.5.1 二极管检波原理电路

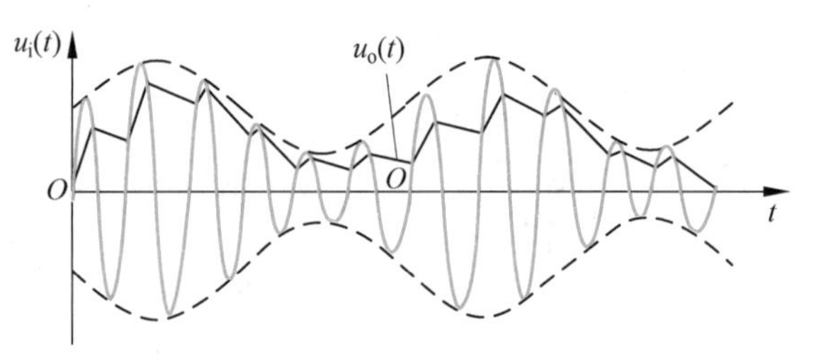

图 2.5.2 二极管包络检波原理电路输入输出波形

包络检波器的输出波形应与调幅波包络线的形状完全相同。但实际上二者之间总会有一差距，即检波器输波形有失真。该检波器有两种特有失真：即惰性失真和负峰切割失真。

惰性失真是由于负载电容 $C$ 与负载电阻 $R_L$ 选得不合适，使放电时间常数 $R_LC$ 过大引起的失真，如图 2.5.3 所示。

负峰切割失真是由于检波器直流负载电阻 $R_L$ 与交流负载电阻 $R_\Omega$ 相差太大引起的一种失真，如图 2.5.4 所示。

#### 2. 同步检波原理

同步检波器主要用于对载波被抑制的双边带或单边带信号进行解调。它的特点是必须外加一个频率和相位都与被抑制的载波相同的同步信号，其原理框图如图 2.5.5 所示。

设输入的已调波为载波分量被抑制的双边带信号 $v_1$，

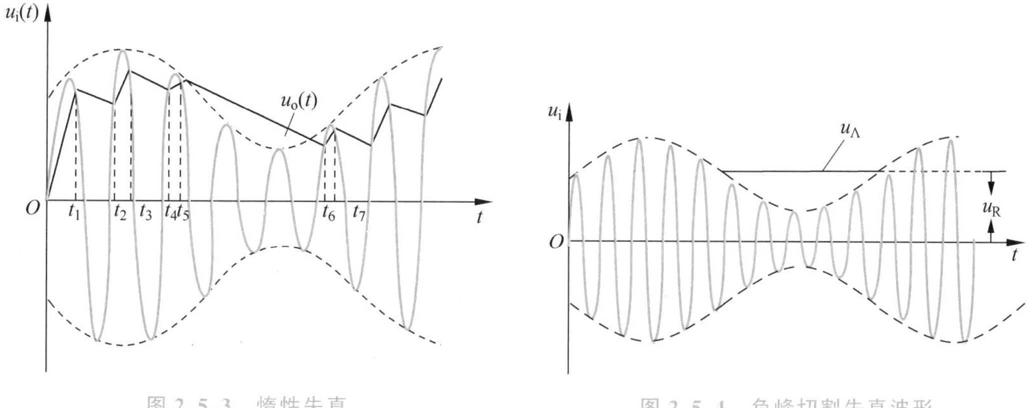


图 2.5.3 惰性失真　　　　图 2.5.4 负峰切割失真波形

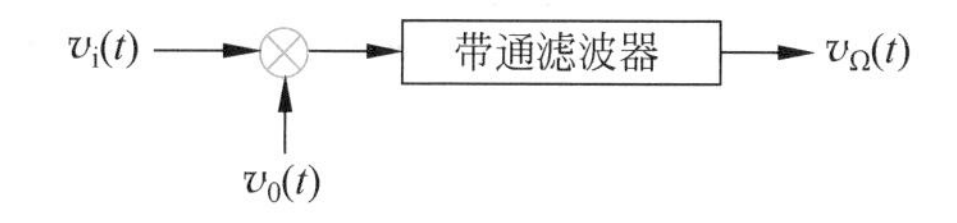


图 2.5.5 同步检波器框图

$$v_1 = V_1 \cos\Omega t \cos\omega_1 t$$

本地载波电压

$$v_0 = V_0 \cos(\omega_0 t + \varphi)$$

本地载波的角频率 $\omega_0$ 等于输入信号载波的角频率 $\omega_1$，即 $\omega_1 = \omega_0$，$\varphi$ 表示它们的相位差。

通过乘法器相乘输出（假定相乘器传输系数为 1）

$$\begin{aligned} v_2 &= V_1 V_0 (\cos\Omega t \cos\omega_1 t)\cos(\omega_2 t + \varphi) \\ &= \frac{1}{2}V_1 V_0 \cos\varphi \cos\Omega t + \frac{1}{4}V_1 V_0 \cos[(2\omega_1 + \Omega)t + \varphi] + \frac{1}{4}V_1 V_0 \cos[(2\omega_1 - \Omega)t + \varphi] \end{aligned}$$

低通滤波器滤除 $2\omega_1$ 附近的频率分量后，就得到频率为 $\Omega$ 的低频信号

$$v_\Omega = \frac{1}{2}V_1 V_0 \cos\varphi \cos\Omega t$$

由此可见，低频信号的输出幅度与 $\varphi$ 有关。当 $\varphi = 0$ 时，低频信号电压最大，随着相位差 $\varphi$ 加大，输出电压减弱。因此，在理想情况下，除本地载波与输入信号载波的角频率必须相等外，希望二者的相位也相同。同步检波时，要求本地载波与输入信号载波严格“同频同相”。

### 3. 二极管包络检波实验电路

实验电路如图 2.5.6 所示，主要由二极管 D 及 RC 低通滤波器组成，利用二极管的单向导电特性和检波负载 RC 的充放电过程实现检波。

### 4. 同步检波实验电路

实验电路如图 2.5.7 所示，采用 MC1496 集成电路构成解调器，载波信号从 $P_7$ 经相位调节网络 $W_3$、$C_{13}$、U3A 加在引脚 8、10 之间，调幅信号 $v(t)$ 从 $P_8$ 经 $C_{14}$ 加在引脚 1、4 之间，相乘后信号由引脚 12 输出，经低通滤波器、同相放大器输出。

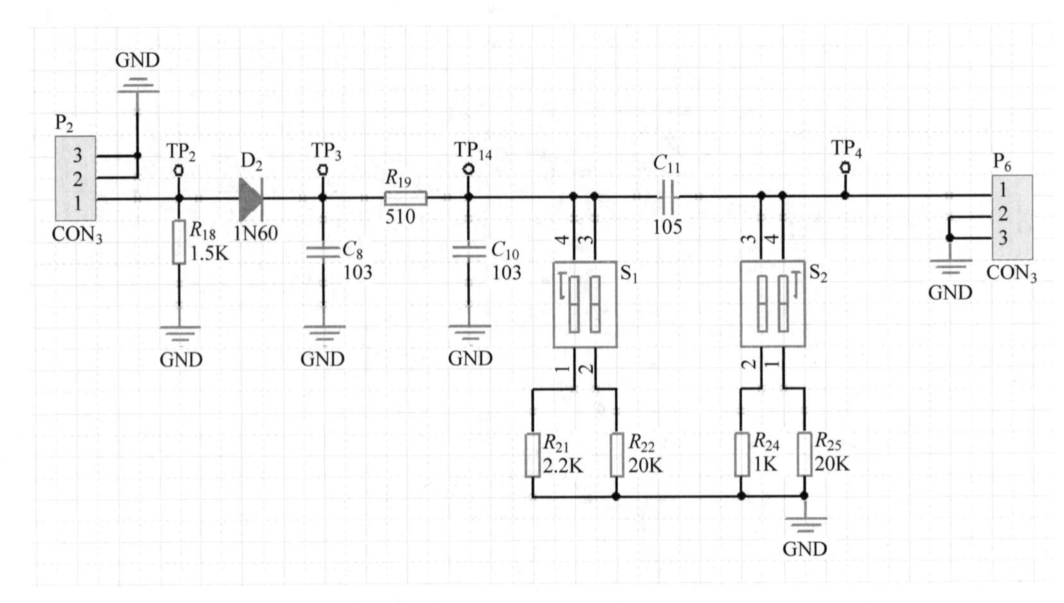


图 2.5.6　二极管包络检波电路(465kHz)

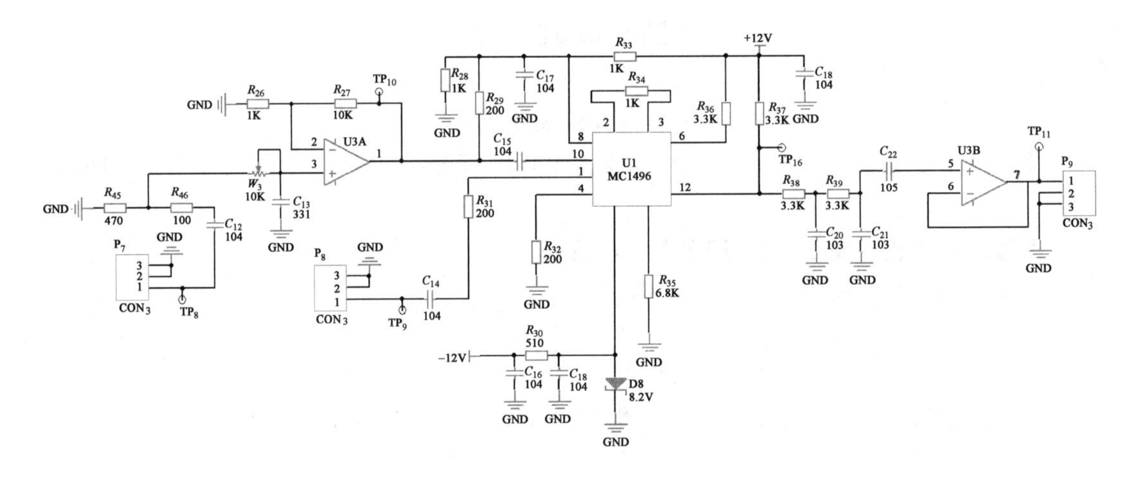


图 2.5.7　同步检波电路图

## 2.5.3　实验内容和步骤

### 1. 二极管包络检波电路

1) 硬件连接

断电状态下,连接信号源、实验电路 4、示波器。连线图如图 2.5.8 所示。

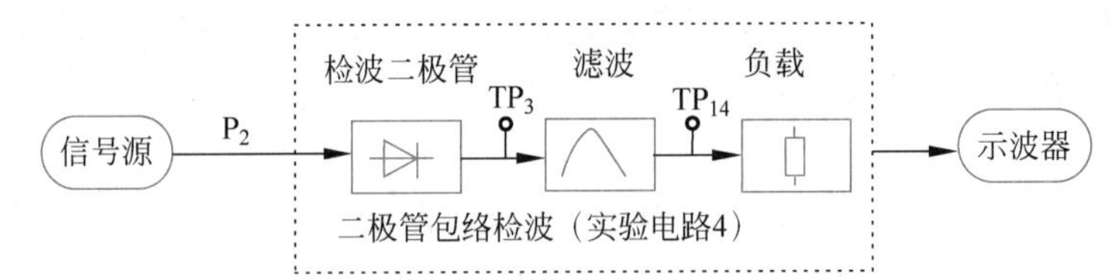


图 2.5.8　二极管包络检波连线示意图

用函数信号发生器产生载波频率为465kHz,调制信号频率为1kHz,峰-峰值至少大于1V的不同调制度的AM信号,此信号接入实验电路4的$P_2$端。用示波器观测实验电路4的$TP_4$输出波形。

连接好线路,确定没有问题,接通电源。若指示灯亮,开始下一步实验。

2)不同调幅度AM信号的检波

设置不同调制的已调波(如$m_a=30\%$、$m_a=70\%$和$m_a=100\%$)。将实验电路4的开关$S_1$拨为“10”,$S_2$拨为“00”,观察$TP_4$处输出波形。

请画出输入信号、输出信号的波形:

| 不同调幅度 | 输入信号波形 | 输出信号波形 |
|---|---|---|
| | | |
| | | |
| | | |

实验现象、数据和结论:

3)惰性失真

在上面步骤后,适当调节调制信号的幅度使$TP_4$处检波输出波形刚好不失真,再将开关$S_1$拨为“01”,$S_2$拨为“00”,检波负载电阻由2.2kΩ变为20kΩ,在$TP_4$处用示波器观察波形并记录,与上述波形进行比较。

请画出输入信号、输出信号的波形:

| 调幅度 | | |
|---|---|---|
| 检波负载电阻 | 输入信号波形 | 输出信号波形 |
| | | |
| | | |
| | | |

实验现象、数据和结论:

4）负峰切割失真

将开关 $S_2$ 拨为“10”，$S_1$ 仍为“01”，在 $TP_4$ 处观察波形，记录并与正常解调波形进行比较。

请画出输入信号、输出信号的波形：

| 调幅度 | | |
|---|---|---|
| 下一级输入电阻 | 输入信号波形 | 输出信号波形 |
| | | |
| | | |
| | | |

实验现象、数据和结论：

2. 同步检波电路

1）硬件连接

断电状态下，连接信号源、实验电路 4、示波器。连线图如图 2.5.9 所示。

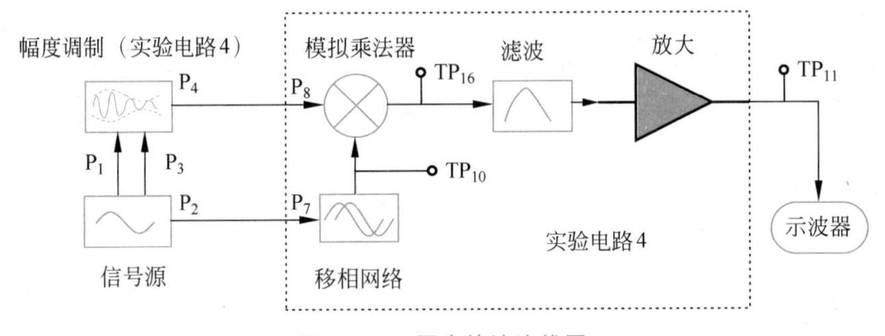


图 2.5.9　同步检波连线图

用函数信号发生器产生高频信号，峰-峰值为 600mV、频率为 465kHz 正弦波信号，此信号接入到实验电路 4 的 $P_1$ 端。

用函数信号发生器产生调制（音频）信号，峰-峰值为 100mV、频率为 2kHz 正弦波信号，此信号接入实验电路 4 的 $P_3$ 端。

连接好线路，确定没有问题，接通电源。若指示灯亮，开始下一步实验。

2）AM 信号解调

用信号源分别产生调制度分别为 30%、100%及>100%的调幅波。将它们依次加至 $P_8$ 端，并在 $P_7$ 端加上与调幅信号相同的载波信号，分别记录解调输出波形，并与调制信号对比（注意：示波器用交流耦合）。

实验现象、数据和结论：

3）DSB 信号解调

用信号源产生 DSB 调幅波，加至解调器调制信号输入端 $P_8$，并在解调器的载波输入端 $P_7$ 加上与调幅信号相同的载波信号，观察记录解调输出波形，并与调制信号相比较（注意示波器用交流耦合）。

实验现象、数据和结论：

**3. 注意事项**

（1）二极管包络检波是大信号检波，输入信号要足够大。

（2）用万用表测量检波器的负载电阻时，一定要断电、断线，否则误差大。

（3）通过改变负载观察失真时，若失真不明显，可增加输入信号的调制深度。

## 2.5.4 思考题与实验报告

实验报告

**1. 思考题**

（1）根据包络检波器检波效率测试数据，说明 $\eta_d$ 与 $U_{AM}$ 的关系。根据电路参数估算电路的输入电路和检波效率。

（2）根据电路参数估算，分析惰性失真和负峰切割失真产生的原因，说明如何减小这些失真。

（3）如何设计二极管包络检波电路的元器件参数？

（4）二极管包络检波实验电路的输入信号幅值至少为多少？是大信号检波还是小信号检波？

（5）实现 DSB 信号解调，使用哪个电路？

（6）请深入思考后，分别针对包络检波电路与同步检波电路至少提出一个问题。

**2. 实验报告**

按要求完成实验报告。简要叙述电路的工作原理，画出输入输出波形，以及失真波形，重点是分析实验结果，回答思考题。

**3. 参考波形**

1）二极管包络检波

（1）输入 AM 信号，设置 $m_a=30\%$，当 $S_1=10$，$S_2=00$ 时，输入输出时域波形如图 2.5.10 所示（上方为输入波形，下方是输出波形）。

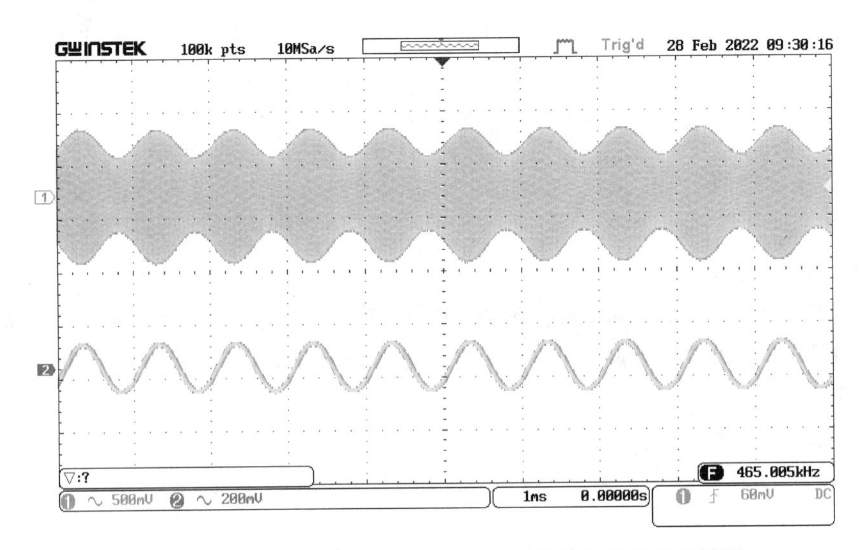


图 2.5.10 $m_a=30\%$, $S_1=10$, $S_2=00$ 时的输入输出电压波形

(2) 输入 AM 信号，设置 $m_a=50\%$，当 $S_1=10$，$S_2=00$ 时，输入输出时域波形如图 2.5.11 所示(上方为输入波形，下方是输出波形)。

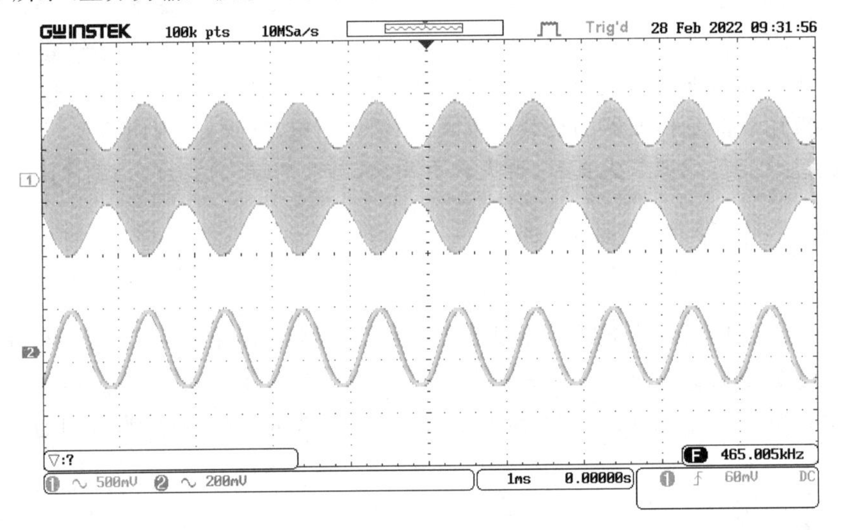


图 2.5.11 $m_a=50\%$, $S_1=10$, $S_2=00$ 时的输入输出时域波形

(3) 输入 AM 信号，设置 $m_a=70\%$，当 $S_1=10$，$S_2=00$ 时，输入输出时域波形如图 2.5.12 所示(上方为输入波形，下方是输出波形)。

(4) 输入 AM 信号，设置 $m_a=100\%$，当 $S_1=10$，$S_2=00$ 时，输入输出时域波形如图 2.5.13 所示(上方为输入波形，下方是输出波形)。

(5) 输入 AM 信号，设置 $m_a=50\%$，当 $S_1=01$，$S_2=00$ 时，输入输出时域波形如图 2.5.14 所示(上方为输入波形，下方是输出波形)。

(6) 输入 AM 信号，设置 $m_a=50\%$，当 $S_1=01$，$S_2=10$ 时，输入输出时域波形如图 2.5.15 所示(上方为输入波形，下方是输出波形)。

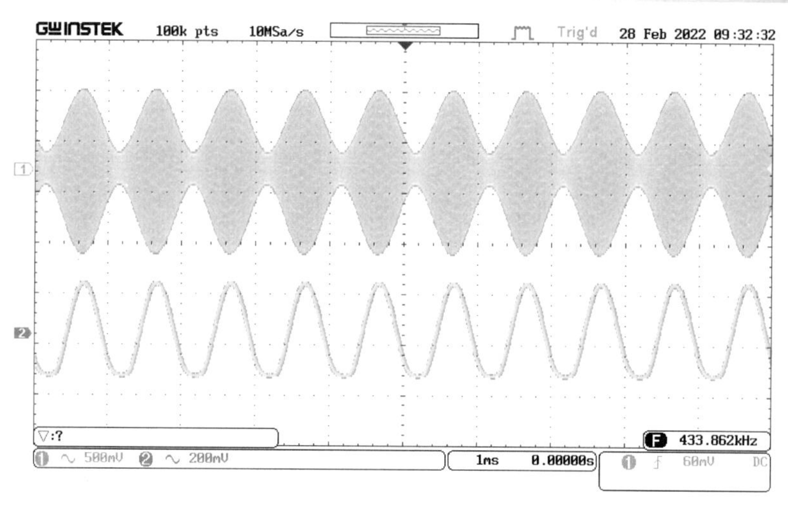


图 2.5.12　$m_a=70\%$时的输入输出时域波形

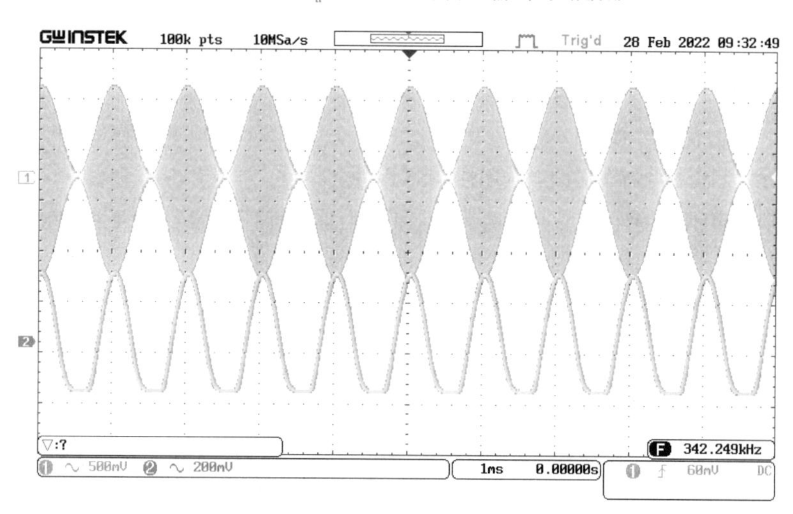


图 2.5.13　$m_a=100\%$、$S_1=10$、$S_2=00$ 时的输入输出时域波形

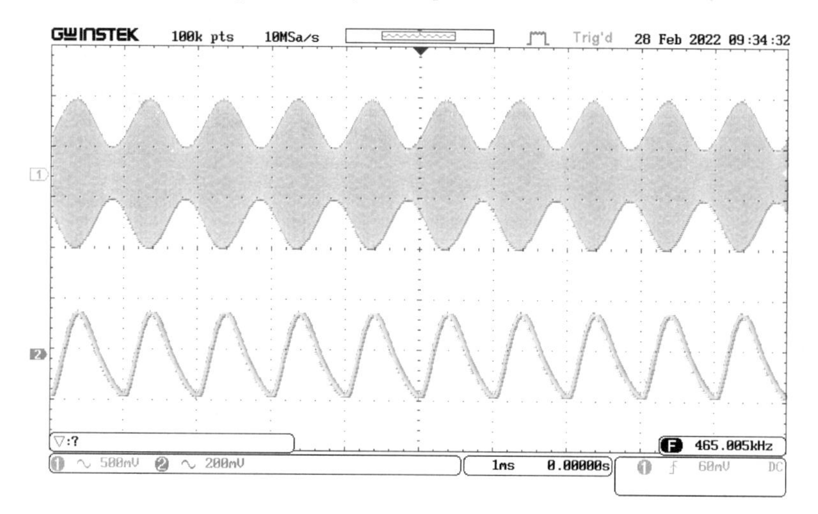


图 2.5.14　$m_a=50\%$、$S_1=01$、$S_2=00$ 时的输入输出时域波形

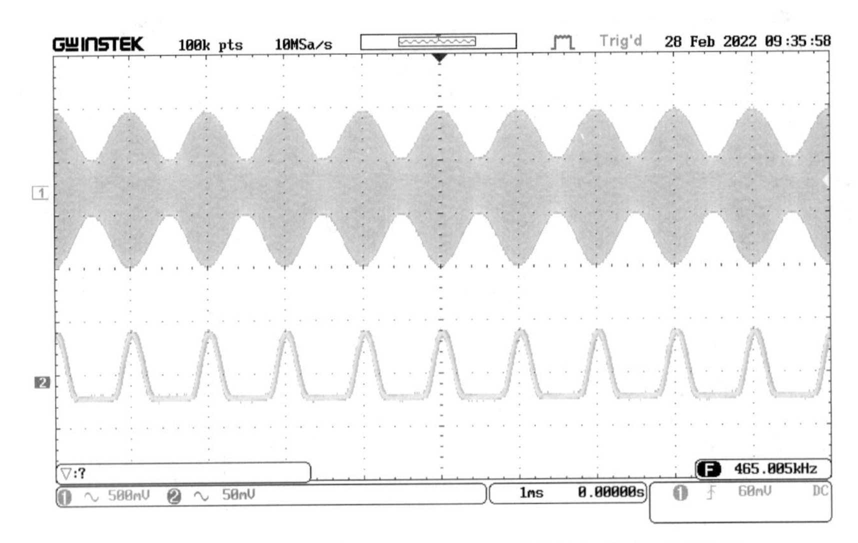


图 2.5.15 $m_a=50\%$，$S_1=01$，$S_2=10$ 时的输入输出时域波形

2）同步检波

（1）输入 AM 信号，设置 $m_a=30\%$，当 $S_1=01$，$S_2=00$ 时，输入输出时域波形如图 2.5.16 所示(上方为输出波形，下方为输入波形)。

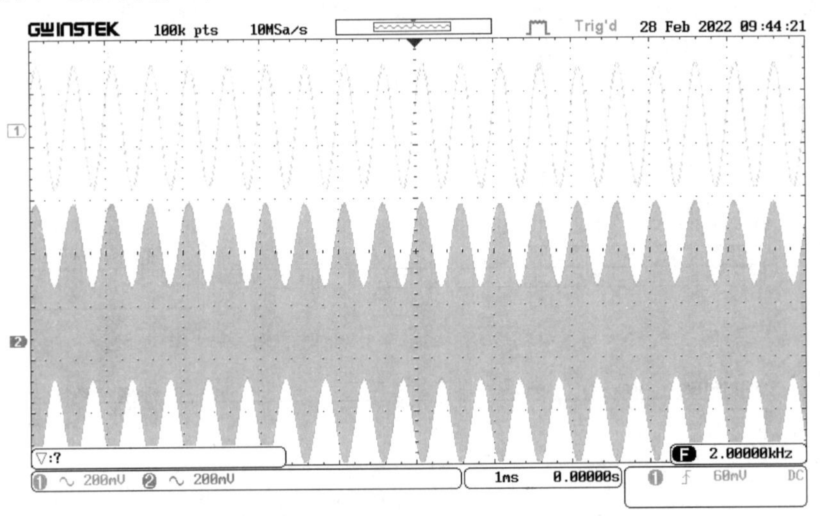


图 2.5.16 输入 AM 信号($m_a=30\%$)时的输出电压

（2）输入 AM 信号，设置 $m_a=70\%$，当 $S_1=01$，$S_2=00$ 时，输入输出时域波形如图 2.5.17 所示(上方为输出波形，下方是输入波形)。

（3）输入 AM 信号，设置 $m_a=100\%$，当 $S_1=01$，$S_2=00$ 时，输入输出时域波形如图 2.5.18 所示(上方为输出波形，下方是输入波形)。

（4）输入 AM 信号，设置 $m_a>100\%$，当 $S_1=01$，$S_2=00$ 时，输入输出时域波形如图 2.5.19 所示(上方为输出波形，下方是输入波形)。

（5）输入 DSB，当 $S_1=01$，$S_2=00$ 时，输入输出时域波形如图 2.5.20 所示(上方为输出波形，下方是输入波形)。

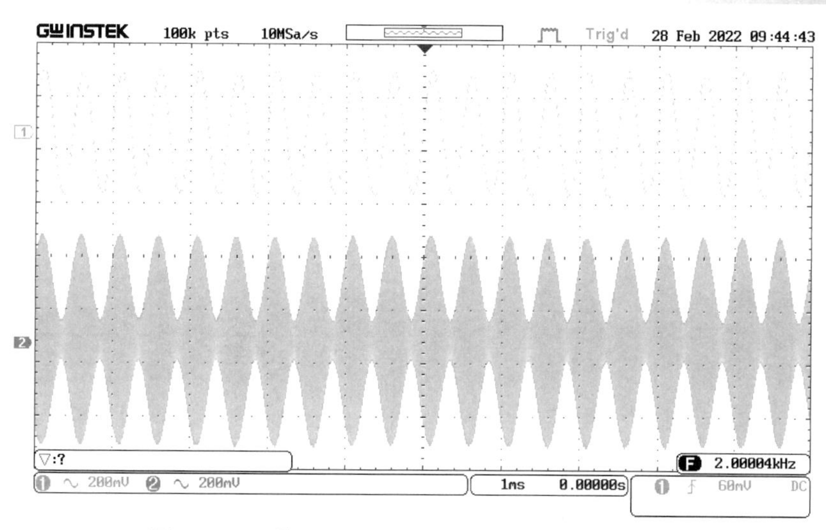


图 2.5.17　输入 AM 信号($m_a=70\%$)时的输出电压

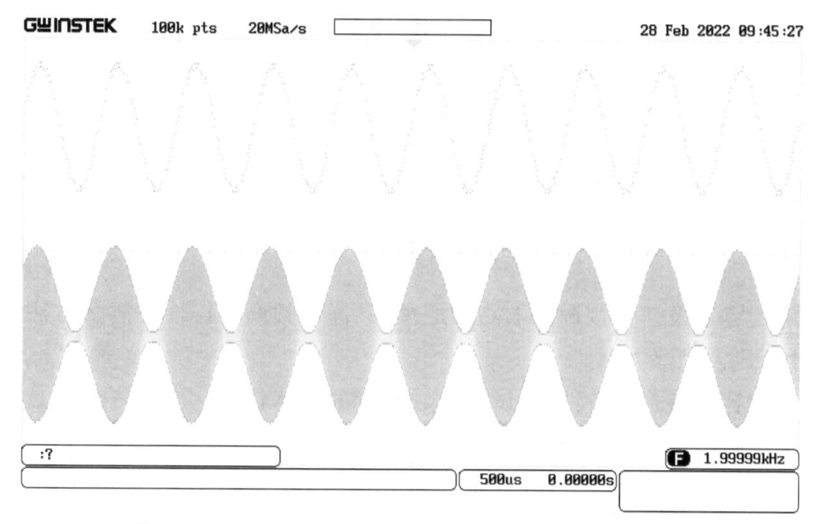


图 2.5.18　输入 AM 信号($m_a=100\%$)时的输出电压

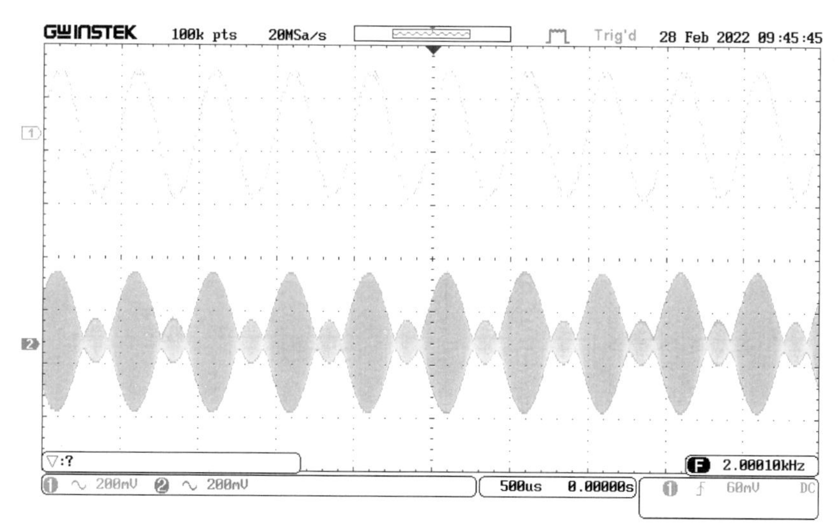


图 2.5.19　输入 AM 信号($m_a>100\%$)时的输出电压

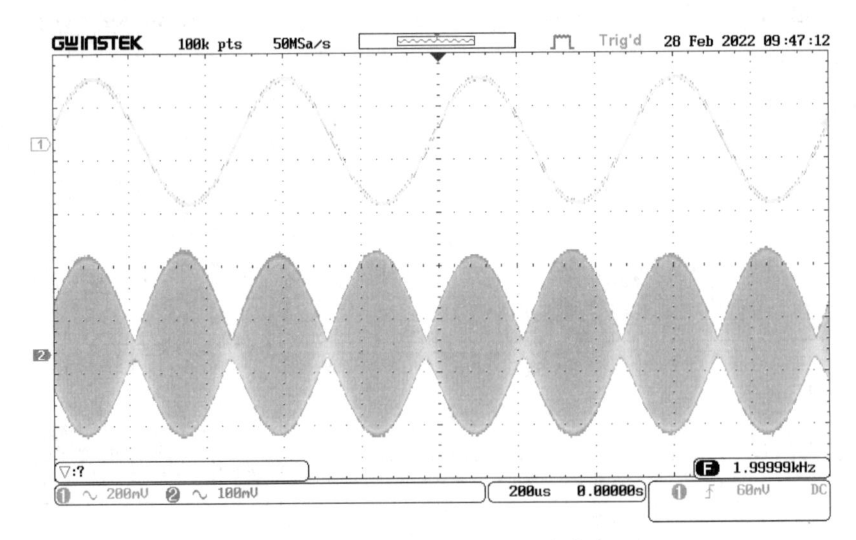


图 2.5.20 输入 DSB 信号时的输出电压

微课视频

## 2.6 变容二极管直接调频电路

调频主要应用于调频广播、电视、通信及遥测等，与调幅相比，具有抗干扰性强的优点。

### 2.6.1 实验目的

(1) 理解变容二极管直接调频电路的原理，掌握调频调制特性及测量方法，理解寄生调幅现象、产生原因及消除方法。

(2) 了解变容二极管的特性，测试变容二极管的静态特性。

(3) 掌握调频电路输出信号的时域和频域测试方法。

### 2.6.2 实验原理与电路

1. 实验原理

直接调频的基本原理是利用调制信号直接控制振荡器的振荡频率，使其不失真地反映调制信号变化规律。一般来说，要用调制信号去控制载波振荡器的振荡频率，即用调制信号控制决定载波振荡器振荡频率的可变元件的电抗值，从而使载波振荡器的瞬时频率按调制信号的变化规律线性地改变，这样就能实现直接调频。可变电抗调频示意图如图 2.6.1 所示。

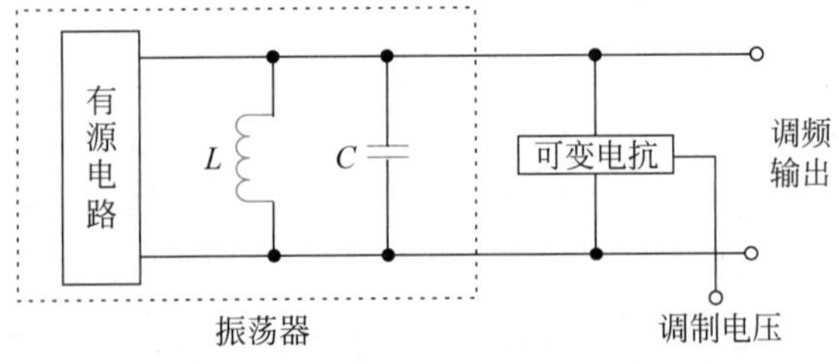


图 2.6.1 可变电抗调频示意图

可变电抗元件可以采用变容二极管或电抗管电路。目前，最常用的是变容二极管。

变容二极管是利用 PN 结在反偏电压作用下呈现一定的结电容(势垒电容)，而且结电容能灵敏地随着反偏电压在一定范围内变化，其关系曲线称 $C_j$-$V_R$ 曲线，如图 2.6.2 所示。

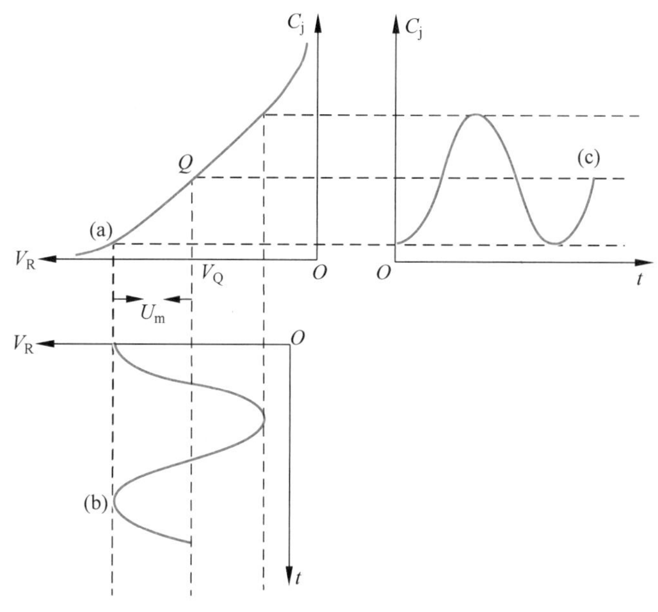


图 2.6.2 变容二极管结电容 $C_j$-$V_R$ 曲线

调频就是把要传送的信号作为调制信号去控制载波(高频振荡)的瞬时频率，使高频振荡的频率按调制信号的规律变化。利用变容二极管的特性可产生调频波，其原理电路如图 2.6.3 所示。

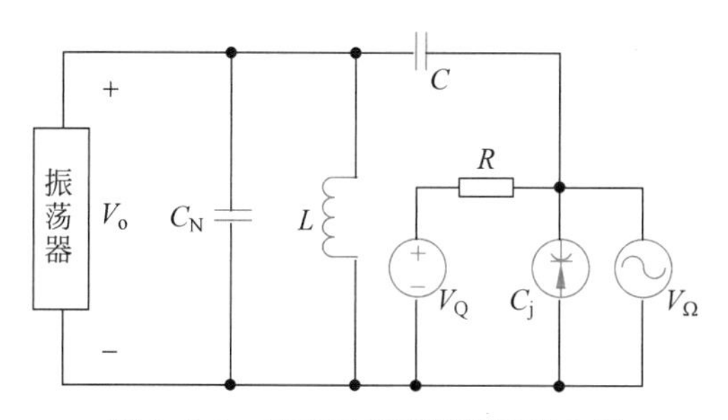


图 2.6.3 变容二极管调频原理电路

变容二极管 $C_j$ 通过耦合电容 $C$ 并接在 $LC_N$ 回路的两端，形成振荡回路总电容的一部分。因而，振荡回路的总电容 $C$ 为 $C=C_N+C_j$。

振荡频率为

$$f=\frac{1}{2\pi\sqrt{LC}}=\frac{1}{2\pi\sqrt{L(C_N+C_j)}}$$

加在变容二极管上的反向偏压 $V_R$ 为

$$V_R=V_Q(\text{直流反偏})+V_\Omega(\text{调制电压})+V_o(\text{高频振荡,可忽略})$$

未加调制电压时，直流反偏 $V_Q$ 所对应的结电容为 $C_{j\Omega}$；当反偏增加时，$C_j$ 减小；反偏减小时，$C_j$ 增大，其变化具有一定的非线性。当调制电压较小时，近似为工作在 $C_j$-$V_R$ 曲线的线性段，$C_j$ 将随调制电压线性变化，当调制电压较大时，曲线的非线性不可忽略，它将给调频带来一定的非线性失真。为了减小失真，调制电压不宜过大，一般取调制电压比偏压小一半多。

2. 实验电路

变容二极管调频实验电路如图 2.6.4 所示。从 $P_2$ 处加入调制信号，使变容二极管的瞬时反向偏置电压在静态反向偏置电压的基础上按调制信号的规律变化，从而使振荡频率也随调制电压的规律变化，此时从 $P_1$ 处输出为调频波(FM)。$C_{12}$ 为变容二极管的高频通路，$L_2$ 为音频信号提供低频通路，$L_2$ 可阻止外部的高频信号进入振荡回路。

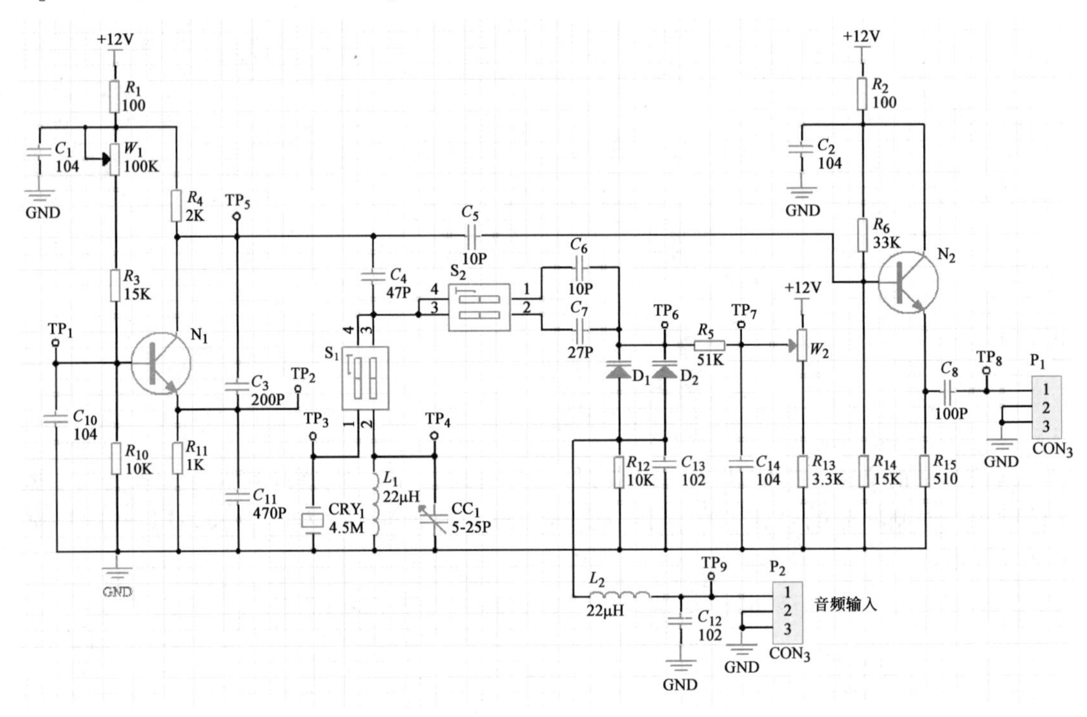


图 2.6.4 变容二极管调频

## 2.6.3 实验内容与步骤

1. LC 正弦波振荡器直接调频

1) 硬件连接

断电状态下，连接信号源、实验电路 3、示波器。连线图如图 2.6.5 所示。将开关 $S_1$ 拨为“01”，$S_2$ 拨为“10”，构成 LC 振荡器。连接好线路，确定没有问题，接通电源。若指示灯亮，开始下一步实验。

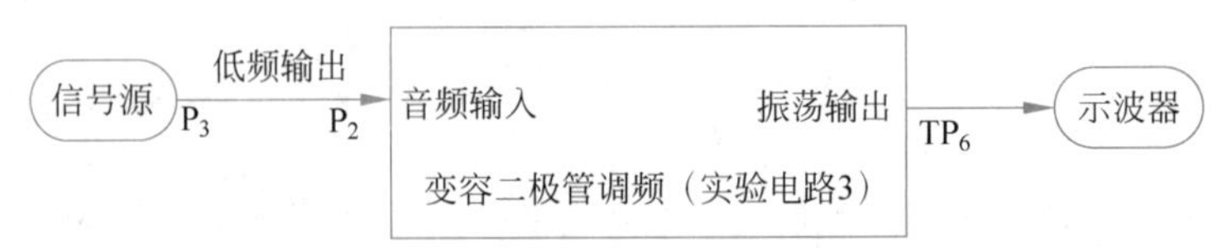


图 2.6.5 变容二极管调频接线图

2）静态测试

将实验电路3的$S_1$拨置“01”（“LC”），$S_2$拨置“10”，$P_2$端先不接音频信号，将示波器接于$P_1$端。将$W_2$的旋钮旋至中间位置，调节$CC_1$，使$P_1$端输出信号频率为4.5MHz。调节电位器$W_2$，记下变容二极管测试点$TP_6$直流电压和$P_1$端的频率，并填入表2.6.1中。

表2.6.1 静态调制特性测量数据记载表

| $V_{TP6}$/V | | | | | | | | | |
|---|---|---|---|---|---|---|---|---|---|
| $f_0$/MHz | | | | | | | | | |

请根据上述表格的数据与频率计算公式，画出静态调制特性曲线。

实验现象、数据和结论：

3）动态测试

（1）将电位器$W_2$置于某一中值位置，将峰-峰值为4V，频率为2kHz左右的音频信号（正弦波）从$P_2$端输入。

（2）在$TP_8$处用示波器观察，可以看到调频信号特有的疏密波。将示波器时间轴靠拢，可以看到有寄生调幅现象。

实验现象、数据和结论：请画出输出信号波形（至少画三个周期）。

（3）在$TP_8$处用示波器的频谱分析仪观察输出信号的频谱。

实验现象、数据和结论：请画出输出信号波形。

2. 晶体振荡器直接调频

1）硬件连接

断电状态下，连接信号源、实验电路3、示波器。连线图如图2.6.5所示。将开关$S_2$拨为“00”，$S_1$拨为“10”，构成晶体振荡器。连接好线路，确定没有问题，接通电源。若指示灯亮，开始下一步实验。

2）静态测试

将实验电路3的开关$S_2$拨为“10”，$S_1$拨为“10”，$P_2$端先不接音频信号，将示波器接于$P_1$端。将$W_2$的旋钮旋至中间位置，调节$CC_1$，使$P_1$端输出信号频率为4.5MHz。调节电位器$W_2$，记下变容二极管测试点$TP_6$处的直流电压和$P_1$端的频率，并填入表2.6.2中。

表2.6.2 静态调制特性测量数据记载表

| $V_{TP_6}$/V | | | | | | | | | |
|---|---|---|---|---|---|---|---|---|---|
| $f_0$/MHz | | | | | | | | | |

请根据上述表格的数据与频率计算公式，画出静态调制特性曲线。

实验现象、数据和结论：

3）动态测试

(1) 将电位器$W_2$置于某一中值位置，将峰-峰值为4V，频率为2kHz左右的音频信号（正弦波）从$P_2$端输入。

(2) 在$TP_8$处用示波器观察，可以看到调频信号特有的疏密波。将示波器时间轴靠拢，可以看到有寄生调幅现象。

实验现象、数据和结论：请画出输出信号波形（至少画三个周期）。

(3) 在$TP_8$处用示波器的频谱分析仪观察输出信号的频谱。

实验现象、数据和结论：请画出输出信号波形。

3. 注意事项

(1) 静态工作点不合适，可能导致没有输出。

(2) 用示波器观察振荡调频波时，实际输出可能存在寄生调幅，其频谱不是单纯的调频信号频谱。

## 2.6.4 思考题与实验报告

实验报告

1. 思考题

(1) 画出变容二极管的静态调制特性曲线。

(2) 在动态测试步骤中，改变调制信号幅值，实际观察到的FM波形并画出波形，说明频偏变化与调制信号振幅的关系。

(3) 此电路中的变容二极管是正偏还是反偏？

(4) 本电路中振荡电路的$TP_1$、$TP_2$、$TP_5$三点的电压值对输出有什么影响？

(5) 此电路的调制信号频率和幅值可以设置任何值吗？

(6) 请深入思考后，针对调频电路至少提出一个问题。

2. 实验报告

按要求完成实验报告。简要叙述电路的工作原理，画出变容二极管的静态调制特性曲线，重点是分析实验结果，回答思考题。

3. 参考波形

输入音频信号，频率为2kHz，幅值4V。输出的带状波形如图2.6.6所示，输出的疏密波形如图2.6.7所示，寄生调幅现象如图2.6.8所示，输出信号的频谱如图2.6.9所示。

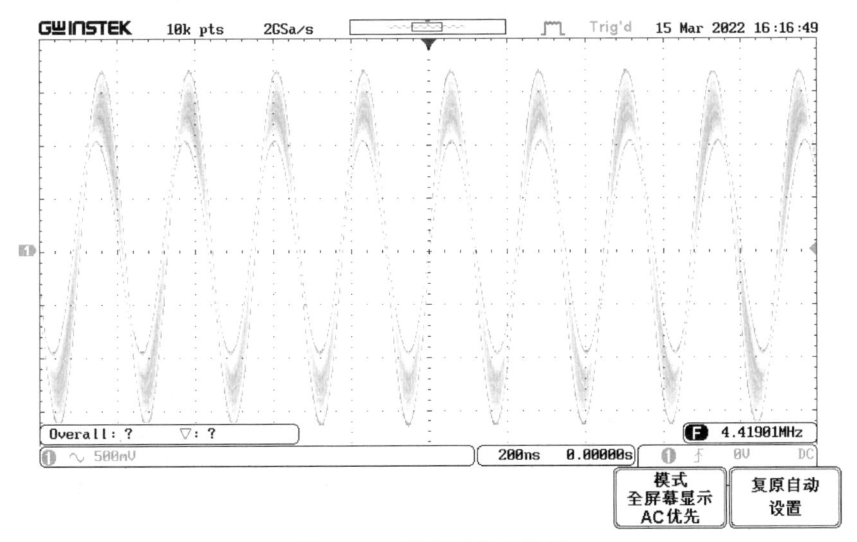


图2.6.6 输出的带状波形

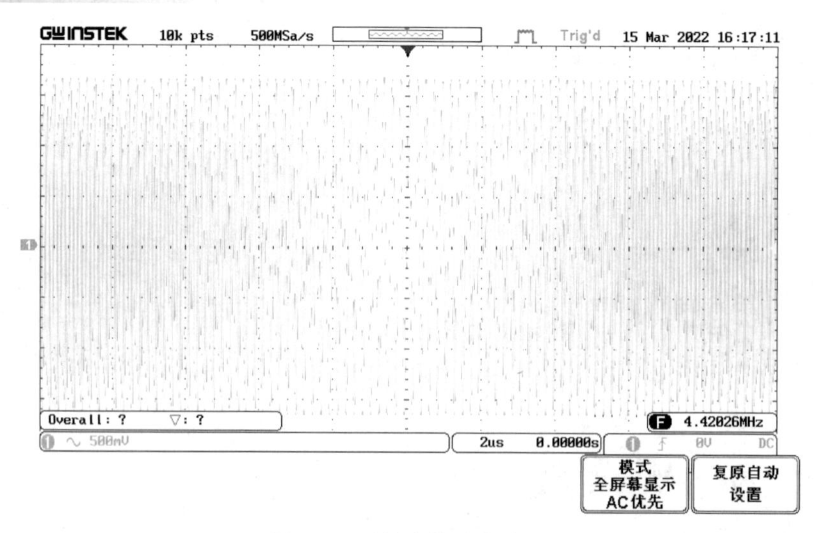


图 2.6.7 输出的疏密波形

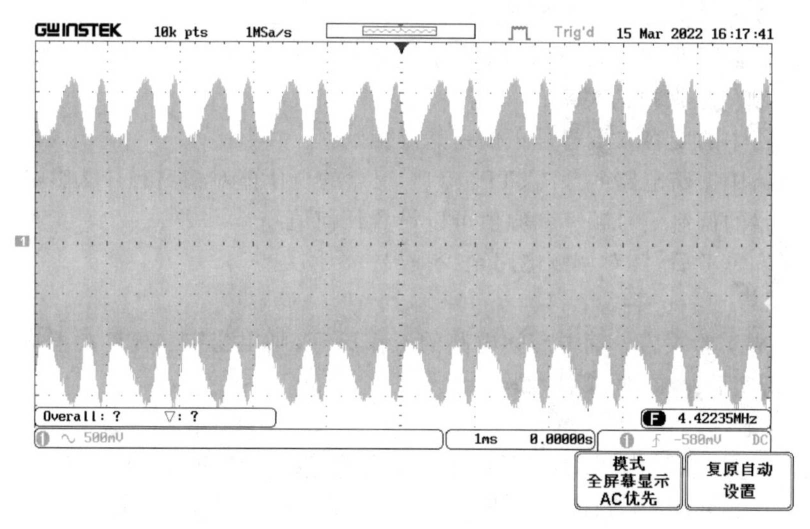


图 2.6.8 寄生调幅现象

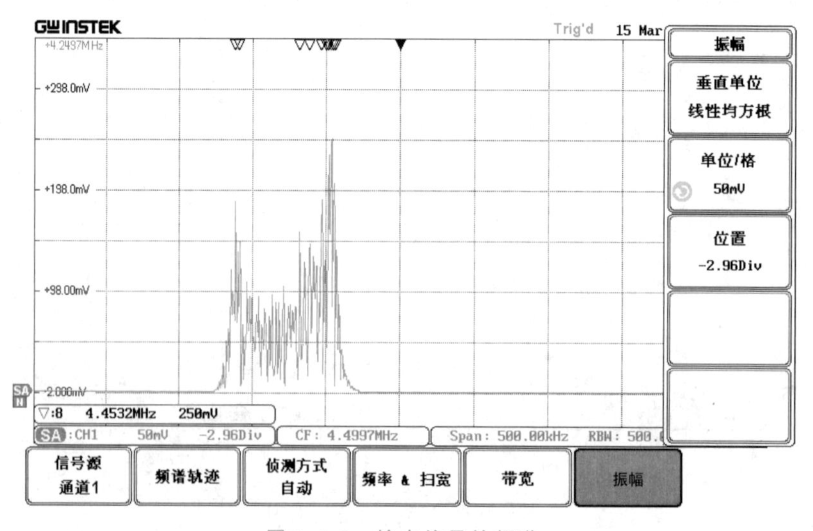


图 2.6.9 输出信号的频谱

## 2.7 斜率鉴频与正交鉴频电路

频率解调是调频接收机的核心模块，主要是从频率变化量中获取原调制信号。

### 2.7.1 实验目的

(1) 理解频率解调的方法和特点。

(2) 掌握斜率鉴频器和正交鉴频器的电路结构和工作原理。

(3) 理解鉴频特性曲线的测试方法。

### 2.7.2 实验原理与电路

#### 1. 斜率鉴频器工作原理

调频信号是等幅波，其瞬时角频率随调制信号 $u_{\Omega}(t)$ 呈线性关系变化。

斜率鉴频器先通过线性网络把等幅调频波变换成振幅与调频波瞬时频率成正比的调幅调频波，然后再经包络检波器输出反映振幅变化的解调电压，如图 2.7.1 所示。通常采用谐振回路幅频特性的失谐段的斜边实现频率-振幅变换。斜率鉴频器主要包含单失谐回路鉴频器和双失谐回路鉴频器等。

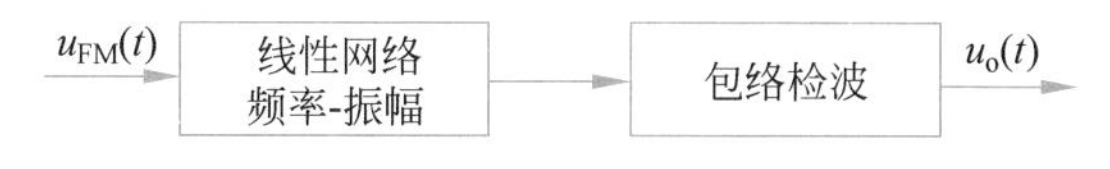


图 2.7.1 斜率鉴频原理方框图

双失谐回路鉴频器的原理图如图 2.7.2 所示，它是由三个调谐回路组成的调频-调幅调频变换电路和上下对称的两个振幅检波器组成的。一次侧回路谐振于调频信号的中心频率 $\omega_c$，其通带较宽。二次侧两个回路的谐振频率分别为 $\omega_{o1}$，$\omega_{o2}$，并使 $\omega_{o1}$ 和 $\omega_{o2}$ 与 $\omega_c$ 呈对称失谐，即 $\omega_c-\omega_{o1}=\omega_{o2}-\omega_c$。

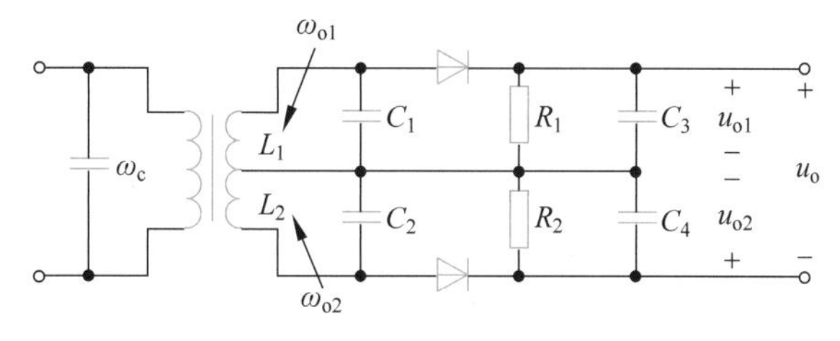


图 2.7.2 双失谐回路鉴频器的原理图

图 2.7.3 左边是双失谐回路鉴频器的幅频特性，其中实线表示二次侧第一个回路的幅频特性，虚线表示二次侧第二个回路的幅频特性，这两个幅频特性对于 $\omega_c$ 是对称的。当输入调频信号的频率为 $\omega_c$ 时，二次侧两个回路输出电压幅度相等，经检波后输出电压 $u_o=u_{o1}-u_{o2}$，故 $u_o=0$。当输入调频信号的频率由 $\omega_c$ 向增大的方向偏离时，$L_2C_2$ 回路输出电压大，而 $L_1C_1$ 回路输出电压小，经检波后 $u_{o1}<u_{o2}$，则 $u_o=u_{o1}-u_{o2}<0$。当输入调频波信号的频率由 $\omega_c$ 向减小方向偏离时，$L_1C_1$ 回路输出电压大，$L_2C_2$ 回路输出电压小，经检波后 $u_{o1}>u_{o2}$，则 $u_o=u_{o1}-u_{o2}>0$。其总鉴频特性如图 2.7.3 的右下角所示。

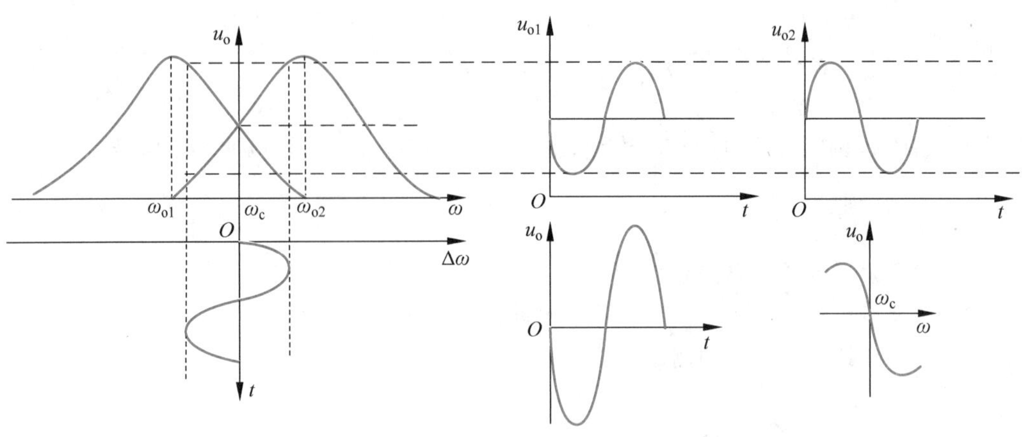

图 2.7.3 双失谐回路鉴频器的特性

2. 乘积型鉴频器

相位鉴频器的鉴频原理是：先将调频波经过一个线性移相网络变换成调频调相波，再与原调频波一起加到一个相位检波器进行鉴频。因此，实现鉴频的核心部件是相位检波器。

相位检波又分为叠加型相位检波和乘积型相位检波，利用模拟乘法器的相乘原理可实现乘积型相位检波，其基本原理是：在乘法器的一个输入端输入调频波 $v_s(t)$，设其表达式为

$$v_s(t)=V_{sm}\cos[\omega_c+m_f\sin\Omega t]$$

式中，$m_f$ 为调频系数，$m_f=\Delta\omega/\Omega$ 或 $m_f=\Delta f/f$，其中 $\Delta\omega$ 为调制信号产生的频偏。另一输入端输入经线性移相网络移相后的调频调相波 $v_s'(t)$，设其表达式为

$$\begin{aligned}v_s'(t)&=V_{sm}'\cos\left\{\omega_c+m_f\sin\Omega t+\left[\frac{\pi}{2}+\varphi(\omega)\right]\right\}\\&=V_{sm}'\sin[\omega_c+m_f\sin\Omega t+\varphi(\omega)]\end{aligned}$$

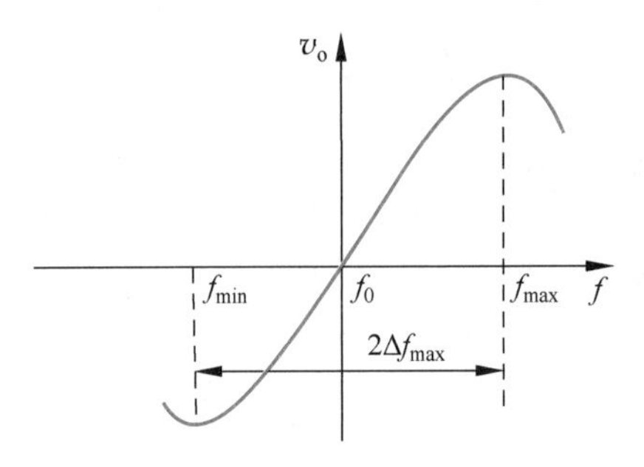

图 2.7.4 相位鉴频特性

式中，第一项为高频分量，可以被滤波器滤掉。第二项是所需要的频率分量，只要线性移相网络的相频特性 $\varphi(\omega)$ 在调频波的频率变化范围内是线性的，当 $|\phi(\omega)|\leqslant 0.4\text{rad}$ 时，$\sin\varphi(\omega)\approx\varphi(\omega)$。因此鉴频器的输出电压 $v_o(t)$ 的变化规律与调频波瞬时频率的变化规律相同，从而实现了相位鉴频。所以相位鉴频器的线性鉴频范围受到移相网络相频特性的线性范围的限制。

相位鉴频器的输出电压 $v_o(t)$ 与调频波瞬时频率 $f$ 的关系称为鉴频特性，其特性曲线(或称 S 曲线)如图 2.7.4 所示。鉴频器的主要性能指标是鉴频灵敏度 $S_d$ 和线性鉴频范围 $2\Delta f_{max}$。$S_d$ 定义为鉴频器输入调频波单位频率变化所引起的输出电压的变化量，通常用鉴频特性曲线 $v_o$-$f$ 在中心频率 $f_o$ 处的斜率来表示，即 $S_d=v_o(t)/\Delta f$，$2\Delta f_{max}$ 定义为鉴频器不失真解调调频波时所允许的最大频率线性变化范围，$2\Delta f_{max}$ 可在鉴频特性曲线上求出。

3. 斜率鉴频器实验电路

实验用斜率鉴频器如图 2.7.5 所示，其中心工作频率为 4.5MHz，工作频宽为 ±100kHz。

图 2.7.5 中鉴频输出电压不是取自 $TP_2$、$TP_8$，而是取自 $R_{11}$ 和 $R_{12}$ 中间对地点。

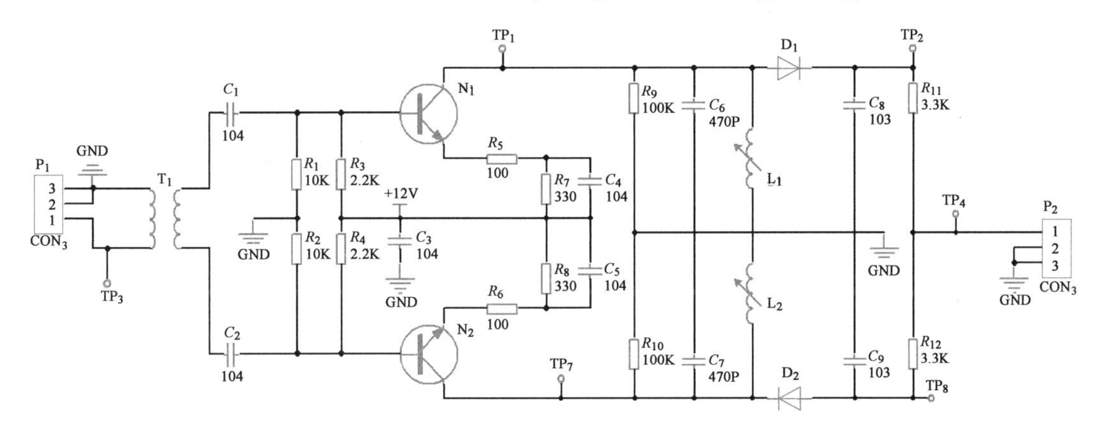


图 2.7.5 双失谐回路斜率鉴频器电路图

4. 正交鉴频实验电路

用 MC1496 构成的乘积型相位鉴频器实验电路如图 2.7.6 所示。其中 $C_6$ 与并联谐振回路 $T_1$、$C_{30}$ 共同组成线性移相网络，将调频波的瞬时频率的变化转变成瞬时相位的变化。

分析表明，该网络的传输函数的相频特性 $\phi(\omega)$ 的表达式为

$$\phi(\omega)=\frac{\pi}{2}-\arctan\left[Q\left(\frac{\omega^2}{\omega_0^2}-1\right)\right]$$

当 $\dfrac{\Delta\omega}{\omega_0}\ll 1$ 时，上式可近似表示为

$$\phi(\omega)=\frac{\pi}{2}-\arctan\left(Q\left(\frac{2\Delta\omega}{\omega_0}\right)\right)$$

式中，$f_0$ 为回路的谐振频率，与调频波的中心频率相等；$Q$ 为回路品质因数；$\Delta f$ 为瞬时频率偏移。

相移 $\phi$ 与频偏 $\Delta f$ 的特性曲线如图 2.7.7 所示。

由图 2.7.7 可见：在 $f=f_0$ 即 $\Delta f=0$ 时相位等于 $\dfrac{\pi}{2}$，在 $\Delta f$ 范围内，相位随频偏呈线性变化，从而实现线性移相。MC1496 的作用是将调频波与调频调相波相乘，其输出经 RC 滤波网络输出。

## 2.7.3 实验内容与步骤

1. 斜率鉴频器

1）硬件连接

断电状态下，连接信号源、实验电路 11、示波器，连线图如图 2.7.8 所示。连接好线路，确定没有问题，接通电源。若指示灯亮，开始下一步实验。

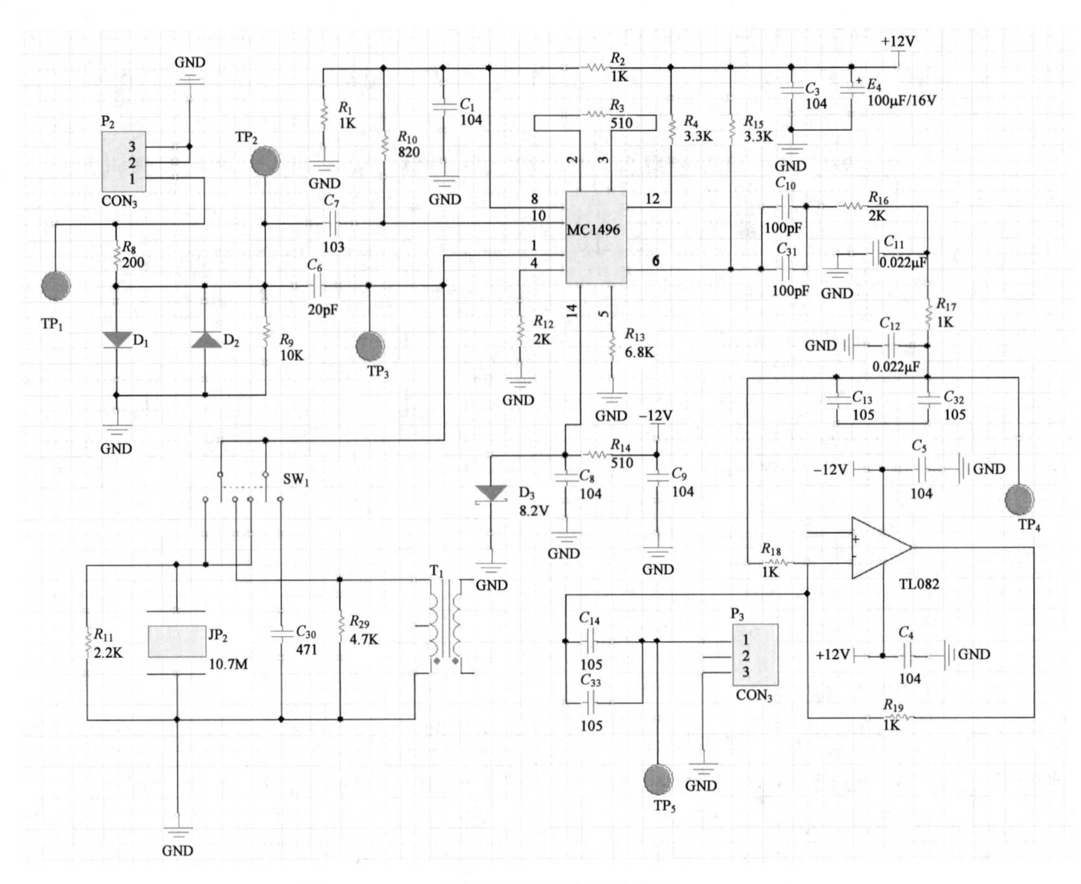


图 2.7.6　正交鉴频(乘积型相位鉴频)(4.5MHz)

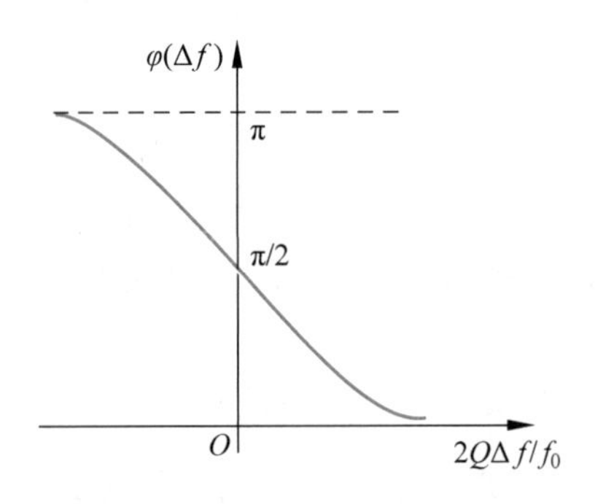


图 2.7.7　移相网络的相频特性

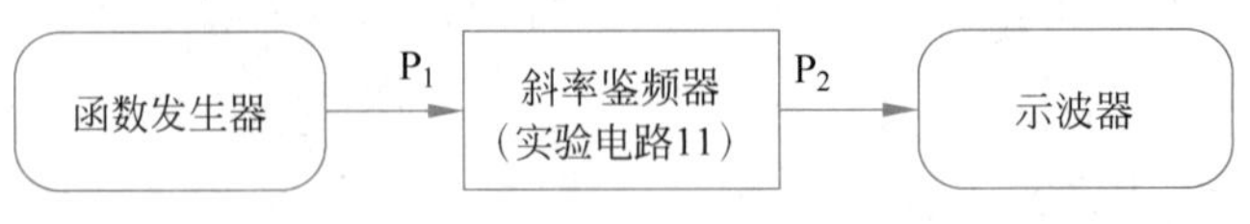


图 2.7.8　斜率鉴频器连线图

2) 鉴频输出

将中心频率为 4.5MHz,频偏为 15kHz 的调频信号(由高频信号源输出)加到输入端 $P_1$,观察 FM 波形。用示波器观察 $P_2$($TP_4$)端的输出波形,测试输出信号频率和幅值。请画出波形。

实验现象、数据和结论：

3）鉴频特性曲线绘制

改变输入信号频率，其频率为 4.5MHz±15kHz（间隔 5kHz）。测出输出电压（$TP_4$ 处），填入表 2.7.1 中，并画出鉴频特性曲线 $V_o$-$f$（标明中心频率）。

表 2.7.1 鉴频特性曲线数据记载表

| $f$/kHz | … | 4490 | 4495 | 4500 | 4505 | 4510 | … |
|---|---|---|---|---|---|---|---|
| $V_o$ | | | | | | | |

实验现象、数据和结论：

2. 正交鉴频器

1）硬件连接

断电状态下，连接信号源、实验电路 5、示波器。连线图如图 2.7.9 所示。连接好线路，确定没有问题，接通电源。若指示灯亮，开始下一步实验。

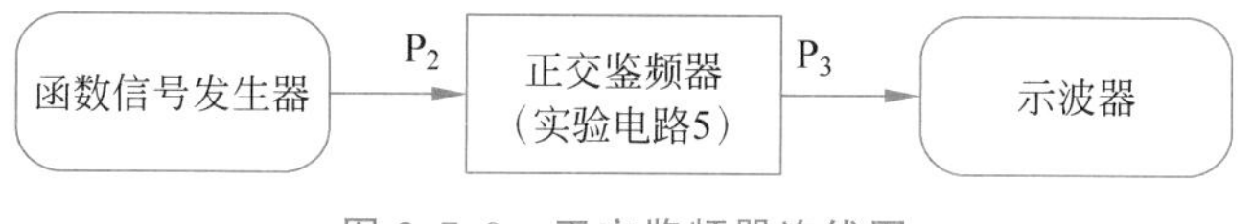


图 2.7.9 正交鉴频器连线图

2）鉴频

设置实验电路 5 的 $SW_1$ 位置，拨至 4.5MHz。

用函数信号发生器产生调频信号：$V_{p\text{-}p}=500\text{mV}$，$f_c=4.5\text{MHz}$，调制信号的频率 $f_\Omega=1\text{kHz}$，频偏设置不同的值，如 20kHz、30kHz、50kHz、100kHz 等。从实验电路 5 的 $P_2$ 端输入，用示波器观测 $TP_5$，适当调节谐振回路电感 $T_1$ 使输出端获得的低频调制信号 $v_o(t)$ 的波形失真最小，幅度最大。

实验现象、数据和结论：

3）鉴频特性曲线绘制

4）鉴频特性曲线（S 曲线）的测量

测量鉴频特性曲线的常用方法有逐点描迹法和扫频测量法。

（1）测量鉴频器的输出端 $v_o$ 的电压，用数字万用表（置于“直流电压”挡）测量 $TP_4$ 处输出电压值 $U_o$。

（2）改变高频信号发生器的输出频率（维持幅度不变），记下对应的输出电压值，并填入表 2.7.2 中；最后根据表中测量值描绘 S 曲线。

表 2.7.2　鉴频特性曲线的测量值

| $f$/MHz | 4.0 | 4.1 | 4.2 | 4.3 | 4.4 | 4.5 | 4.6 | 4.7 | 4.8 | 4.9 | 5.0 |
|---|---|---|---|---|---|---|---|---|---|---|---|
| $U_o$/V | | | | | | | | | | | |

实验现象、数据和结论：

3. 注意事项

根据波形画出的鉴频特性曲线不过零时，可调整两个失谐回路的电感。

实验报告

## 2.7.4 思考题与实验报告

1. 思考题

（1）绘制的鉴频特性曲线？如何评价？越陡越好吗？鉴频特性曲线的线性范围与输入信号有什么关系？若要求较高的鉴频灵敏度，对鉴频特性曲线有什么要求？

（2）斜率鉴频器中，若一个二极管损坏，还能实现鉴频吗？为什么？

（3）你遇到失真了吗？若有，请画出来。

（4）分析斜率鉴频器和正交鉴频器的优缺点。

（5）请深入思考后，至少提出一个问题。

2. 实验报告

按要求完成实验报告。简要叙述电路的工作原理，重点是分析实验结果，回答思考题。

3. 参考波形

1）斜率鉴频部分波形

输入调频信号，载波频率为 4.5MHz，幅值为 500mV，调制信号频率为 1kHz。

当频偏为 20kHz 时，输入调频信号和输出调制信号如图 2.7.10 所示。

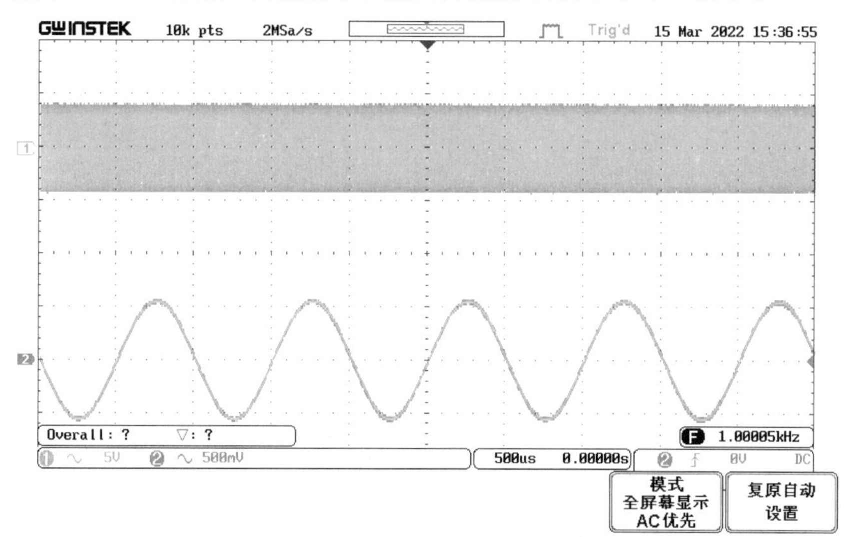


图 2.7.10 频偏为 20kHz 时的输入调频信号和输出调制信号

当频偏为 100kHz 时，输入调频信号和输出调制信号如图 2.7.11 所示。

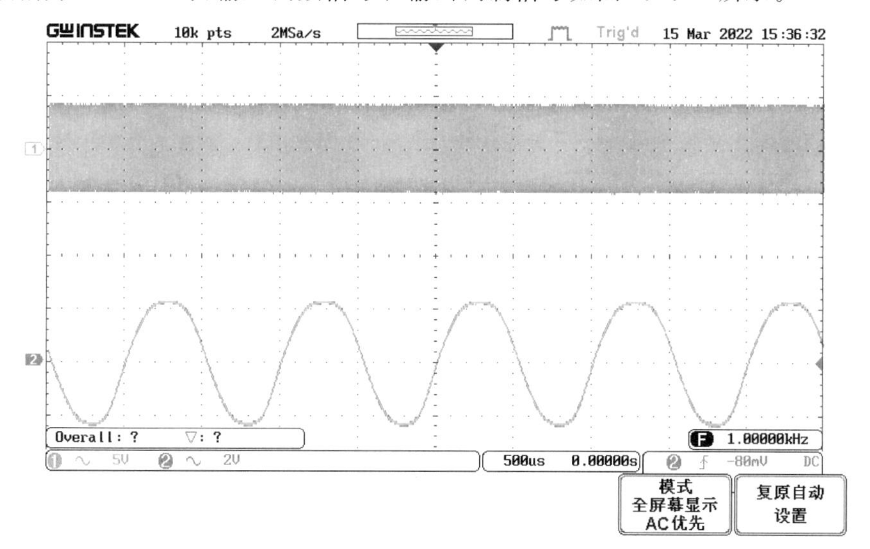


图 2.7.11 频偏为 100kHz 时的输入调频信号和输出调制信号

当频偏为 200kHz 时，输入调频信号和输出调制信号如图 2.7.12 所示。

2）正交鉴频

输入调频信号，载波频率为 4.5MHz，幅值为 500mV，调制信号频率为 1kHz。

当频偏为 20kHz 时，输入调频信号和输出调制信号如图 2.7.13 所示。

当频偏为 50kHz 时，输入调频信号和输出调制信号如图 2.7.14 所示。

当频偏为 100kHz 时，输入调频信号和输出调制信号如图 2.7.15 所示。

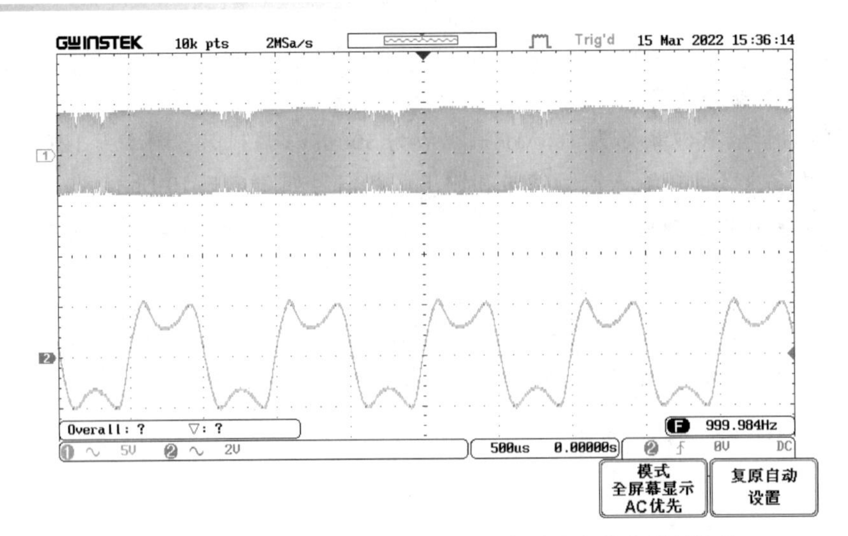


图 2.7.12　频偏为 200kHz 时的输入调频信号和输出调制信号

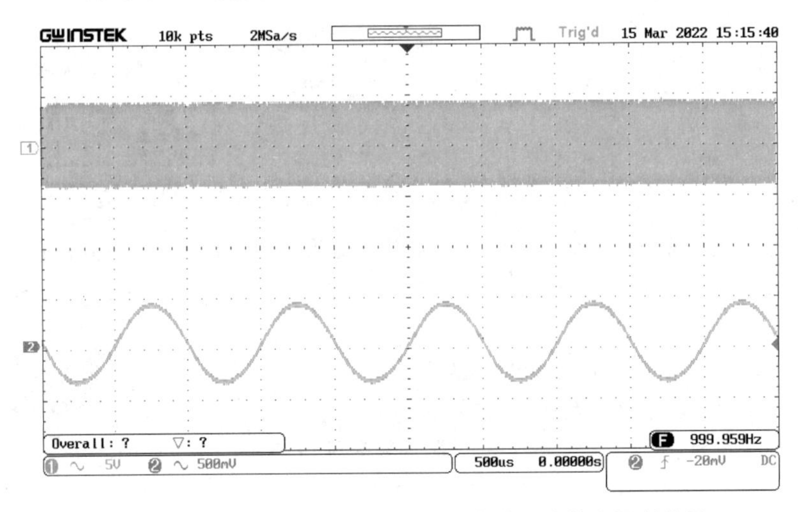


图 2.7.13　频偏为 20kHz 时的输入调频信号和输出调制信号

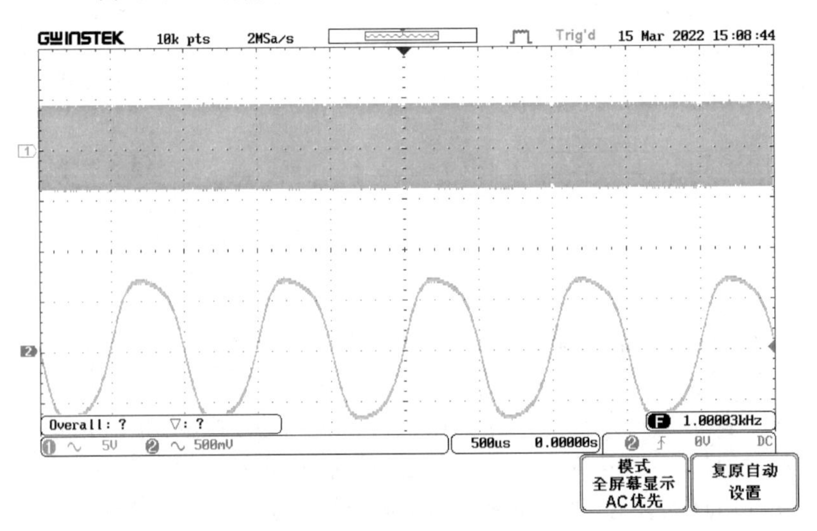


图 2.7.14　频偏为 50kHz 时的输入调频信号和输出调制信号

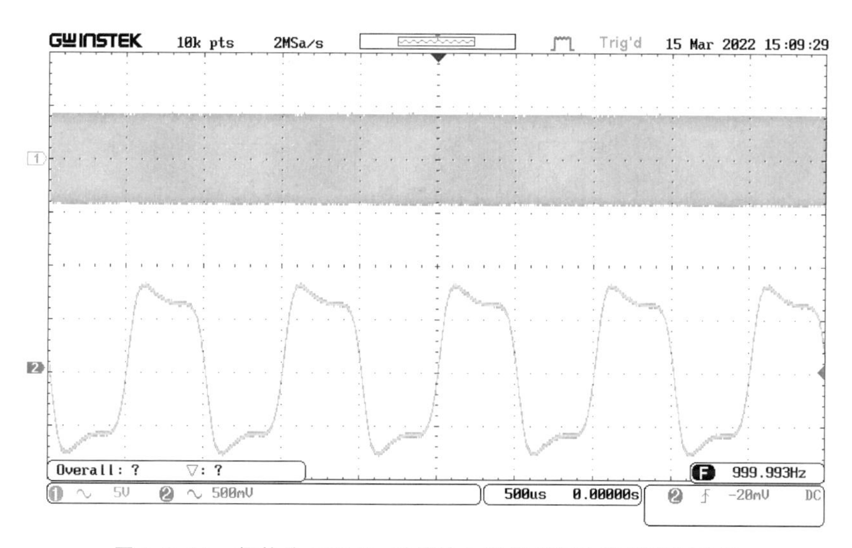


图 2.7.15 频偏为 100kHz 时的输入调频信号和输出调制信号

## 2.8 二极管混频电路与乘法器混频电路

混频器是超外差接收机中的核心模块，主要功能是将接收到的高频已调信号变换为固定的中频信号。

### 2.8.1 实验目的

(1) 理解混频的概念和实现混频的方式。

(2) 理解二极管环形混频器和乘法器混频器的工作原理和电路特点。

(3) 掌握混频器输入、输出信号的时域、频域测试方法。

(4) 了解混频失真。

### 2.8.2 实验原理与电路

混频器具有两个输入信号，即已调信号频率 $f_S$ 和本振信号频率 $f_L$，输出信号频率 $f_I$ 是两输入信号的和频($f_I=f_L+f_S$)或差频($f_I=f_L-f_S$)(说明，本书中主要指下混频)。

1. 二极管环形混频器

晶体二极管平衡混频器与晶体三极管混频器相比，具有电路结构简单、噪声低、动态范围大、组合频率分量少等优点，在通信设备中得到广泛的应用。二极管平衡混频器如图 2.8.1 所示。

高频输入信号 $u_S$ 由输入变压器 $TR_1$ 输入，混频后的中频信号 $u_I$ 由输出变压器 $TR_2$ 输出。$TR_1$ 和 $TR_2$ 均为高频宽带变压器。本振电压 $u_L$ 由 $TR_1$ 的二次侧的中心抽头和 $TR_2$ 的一次侧的中心抽头输入。为了减少混频产生的组合频率分量，选取本振电压 $u_L$ 足够大，使晶体二极管工作在受 $u_L$ 控制的开关状态。

流过上、下两个晶体二极管的电流分别为

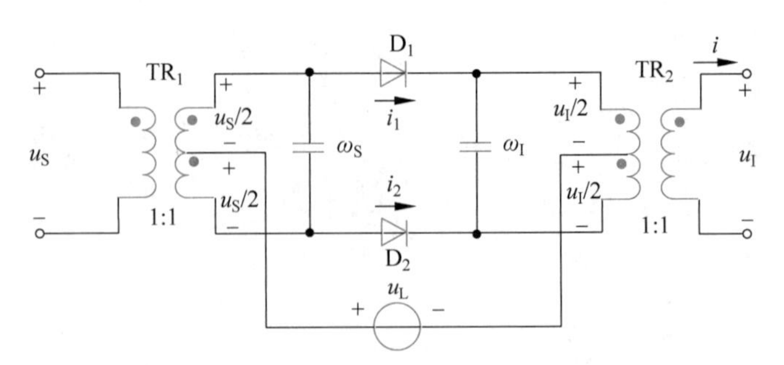


图 2.8.1 平衡混频器原理电路

$$i_1 = g_d K(\omega_L t)\left[u_L + \frac{u_S - u_I}{2}\right]$$

$$i_2 = g_d K(\omega_L t)\left[u_L - \frac{u_S - u_I}{2}\right]$$

因而,在无滤波的条件下,通过输出回路的电流为

$$i_I = i_1 - i_2 = g_d K(\omega_L t)[u_S - u_I]$$

设 $u_S = U_{Sm}\cos\omega_S t$,$u_I = U_{Im}\cos\omega_I t$,则由于输出回路调谐于中频频率 $\omega_I = \omega_L - \omega_S$,则经滤波后,选出中频电流 $i_I$ 为

$$\begin{aligned}
i_I &= i_1 - i_2 = g_d K(\omega_L t)[u_S - u_I] \\
&= g_d\left(\frac{1}{2} + \frac{2}{\pi}\cos\omega_L t - \frac{2}{3\pi}\cos 3\omega_L t + \cdots\right)(U_{Sm}\cos\omega_S t - U_{Im}\cos\omega_I t) \\
&= \frac{1}{2}g_d U_{Sm}\cos\omega_S t - \frac{1}{2}g_d U_{Im}\cos\omega_I t + \frac{1}{\pi}g_d U_{Sm}\cos(\omega_L + \omega_S)t + \frac{1}{\pi}g_d U_{Sm}\cos(\omega_L - \omega_S)t - \\
&\quad \frac{1}{\pi}g_d U_{Im}\cos(\omega_L + \omega_I)t - \frac{1}{\pi}g_d U_{Im}\cos(\omega_L - \omega_I)t - \frac{1}{3\pi}g_d U_{Sm}\cos(3\omega_L + \omega_S)t - \\
&\quad \frac{1}{3\pi}g_d U_{Sm}\cos(3\omega_L - \omega_S)t + \frac{1}{3\pi}g_d U_{Im}\cos(3\omega_L + \omega_I)t + \frac{1}{3\pi}g_d U_{Im}\cos(3\omega_L - \omega_I)t + \cdots
\end{aligned}$$

由两个二极管平衡混频器组成双平衡混频器,即二极管环形混频器,如图 2.8.2 所示。本振电压 $u_L$ 由 $TR_1$ 的二次侧的中心抽头和 $TR_2$ 的一次侧的中心抽头输入。本振电压 $u_L$ 足够大,使四个晶体二极管工作在受 $u_L$ 控制的开关状态。

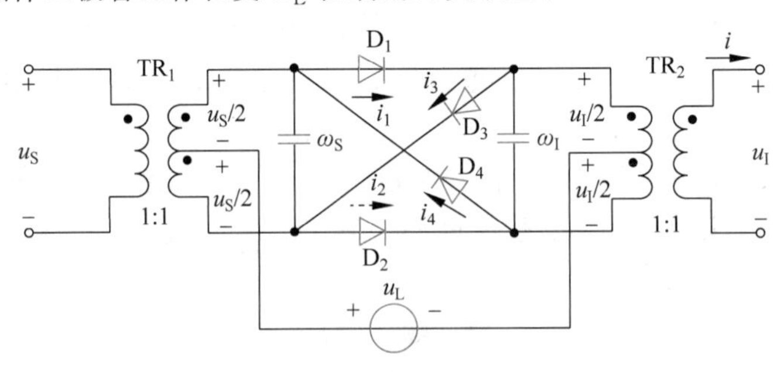


图 2.8.2 二极管环形混频器

## 2. 乘法器混频器

在频域,混频器实现了两个信号的相加或相减,对应时域即是两个信号的相乘。因此,

可以用乘法器实现混频功能,实现框图如图 2.8.3 所示。乘法器输入为已调信号和本振信号,输出经滤波获得所需的中频信号。因为模拟相乘器的输出频率包含有两个输入频率之差或和,故模拟相乘器加滤波器,滤波器滤除不需要的分量,取和频或差频,即构成混频器。

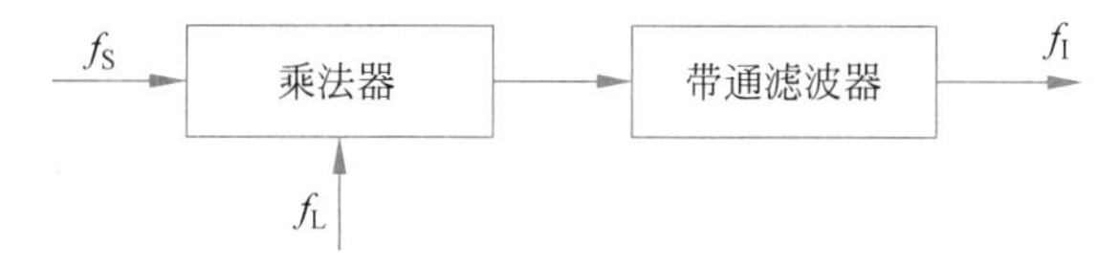


图 2.8.3 乘法器混频器框图

3. 二极管环形混频器实验电路

实验电路如图 2.8.4 所示,使用二极管双平衡混频模块 ADE-1。

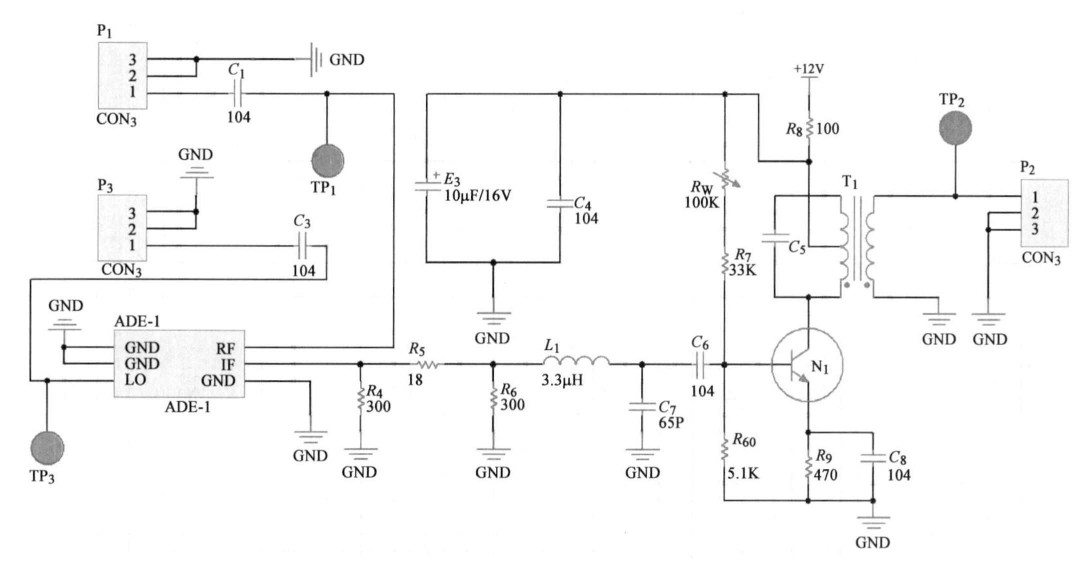


图 2.8.4 二极管双平衡(环形)混频电路图

在图 2.8.4 中,本振信号 $u_L$ 由 $P_3$ 输入,射频信号 $u_S$ 由 $P_1$ 输入,它们都通过 ADE-1 中的变压器将单端输入变为平衡输入并进行阻抗变换,$TP_8$ 为中频输出口,是不平衡输出。

4. 乘法器混频实验电路

模拟乘法器混频电路,由集成模拟乘法器 MC1496 实现,如图 2.8.5 所示。

电路中采用 + 12V、- 12V 供电。$R_{12}$(820Ω)、$R_{13}$(820Ω)组成平衡电路,$F_4$ 为 4.5MHz 陶瓷滤波器。输入信号频率 $f_S$=4.2MHz,本振频率 $f_L$=8.7MHz,从 $TP_6$ 输出混频后的中频信号。

## 2.8.3 实验内容与步骤

1. 二极管环形混频器

1) 硬件连接

断电状态下,连接信号源、实验电路 7、示波器,连线图如图 2.8.6 所示。

用函数信号发生器产生本振高频信号,峰-峰值为 2V(或者更大),频率 6.2MHz 的本振正弦波信号,此信号接入实验电路 7 的 $P_3$ 端。

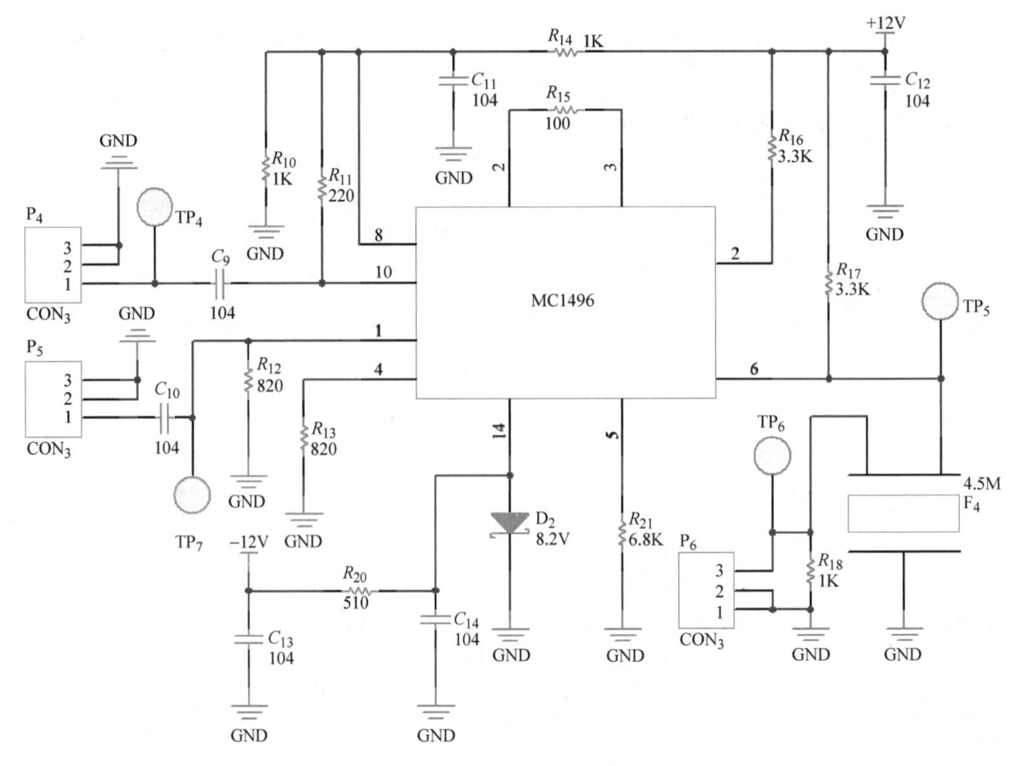


图 2.8.5　模拟乘法器混频电路

用函数信号发生器产生高频信号，峰-峰值为 1V(或者更大)，频率 4.5MHz 的正弦波信号，此信号接入实验电路 7 的 $P_1$ 端。

连接好线路，确定没有问题，接通电源。若指示灯亮，开始下一步实验。

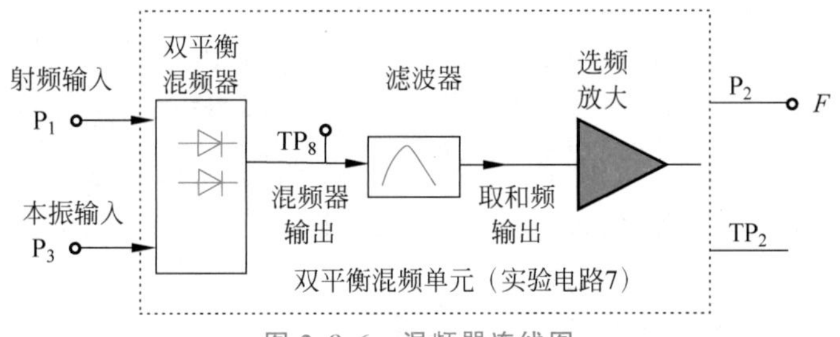


图 2.8.6　混频器连线图

2）混频输出调试

用示波器观察实验电路 7 混频器输出点 $TP_8$ 波形，以及经选频放大处理后的 $TP_2$ 处波形，并测试其频率。

实验现象、数据和结论：

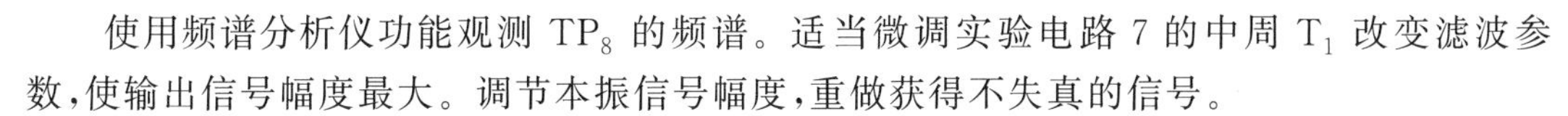

使用频谱分析仪功能观测 $TP_8$ 的频谱。适当微调实验电路 7 的中周 $T_1$ 改变滤波参数，使输出信号幅度最大。调节本振信号幅度，重做获得不失真的信号。

实验现象、数据和结论：

### 2. 乘法器混频电路

1）硬件连接

断电状态下，连接信号源、实验电路 7、示波器，连线图如图 2.8.7 所示。

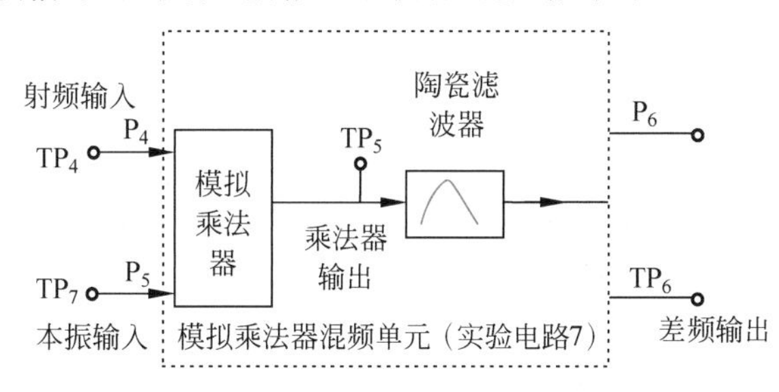


图 2.8.7　连线图

用函数信号发生器产生高频本振信号，峰-峰值约为 600mV，频率 8.7MHz 的本振正弦波信号，此信号接入实验电路 7 的 $P_5$ 端。

用函数信号发生器产生高频信号，峰-峰值约为 200mV，频率 4.2MHz 的正弦波信号，此信号接入实验电路 7 的 $P_4$ 端。

连接好线路，确定没有问题，接通电源。若指示灯亮，开始下一步实验。

2）混频输出调试

用示波器观测实验电路 7 的 $TP_5$，观测乘法器输出波形。用示波器观测实验电路 7 的 $TP_6$，观测经滤波处理后的混频输出（注：滤波器为 4.5MHz 的带通滤波）。并读出频率计上的频率。改变本振信号电压幅度，用示波器观测，记录 $TP_6$ 处混频输出信号的幅值，并填入表 2.8.1 中。

表 2.8.1　实验数据表

| $V_{本振\ p\text{-}p}$/mV | 200 | 300 | 400 | 500 | 600 | 700 |
|---|---|---|---|---|---|---|
| $V_{中频\ p\text{-}p}$/mV | | | | | | |

实验现象、数据和结论：

使用频谱分析仪功能观测 $TP_6$ 的频谱。

实验现象、数据和结论：

|  |
|---|
|  |

3. 注意事项

(1) 混频器输出谐波信号多，但基波为差频，注意观测。

(2) 模拟乘法器 MC1496 用作近似理想相乘器时，输入 $v_x$ 端加入的载波信号幅度应较小。

实验报告

## 2.8.4 思考题与实验报告

1. 思考题

(1) 在超外差接收机中，混频器的作用是什么？

(2) 二极管混频电路的两个输入信号的大小关系是什么？

(3) 使用二极管、三极管、乘法器实现混频功能，各自的电路特点是什么？

(4) 什么是镜像干扰？本实验中的镜像干扰频率是什么？

2. 实验报告

按要求完成实验报告。简要叙述电路的工作原理，重点是分析实验结果，回答思考题。

3. 参考波形

1) 二极管环形混频器

输入本振频率为 6.2MHz，幅值 2V，输入信号频率为 6.5MHz，幅值 100mV，其输出信号时域波形如图 2.8.8 所示，输出信号频谱如图 2.8.9 所示。

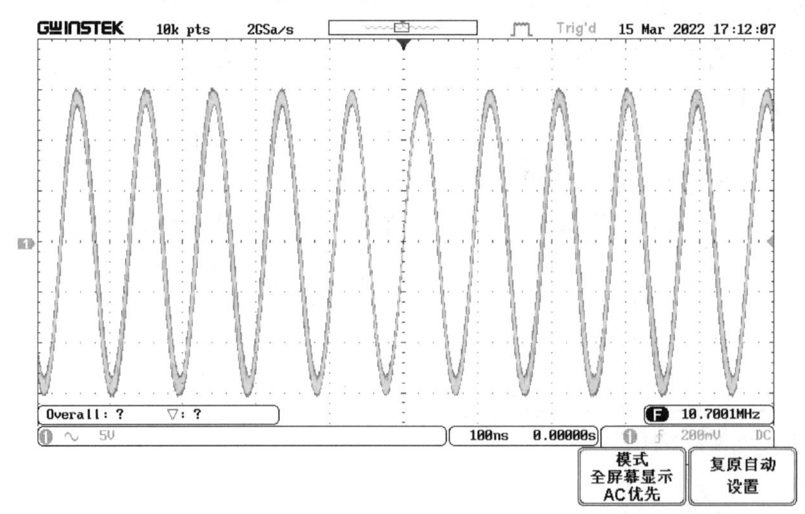


图 2.8.8 输出信号时域波形

2) 乘法器混频器

输入本振频率为 8.7MHz，幅值 600mV，输入信号频率为 4.2MHz，幅值 500mV，其输出信号时域波形如图 2.8.10 所示，输出信号频谱如图 2.8.11 所示。

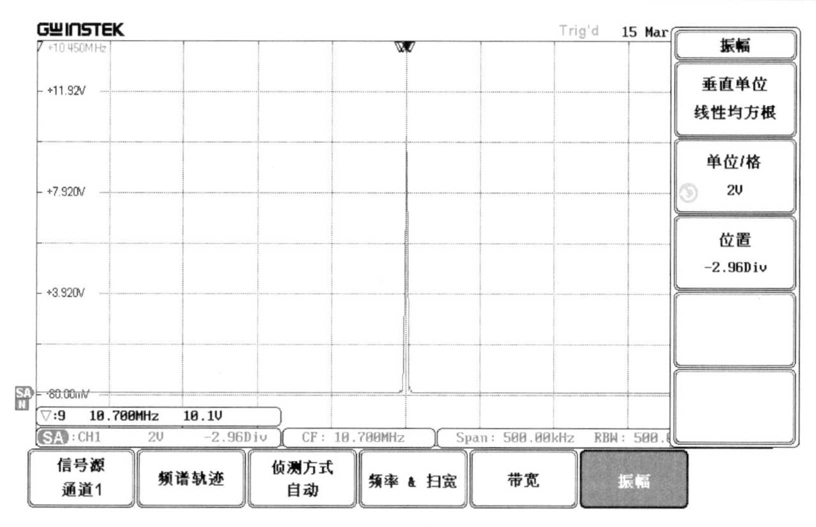


图 2.8.9 输出信号频谱

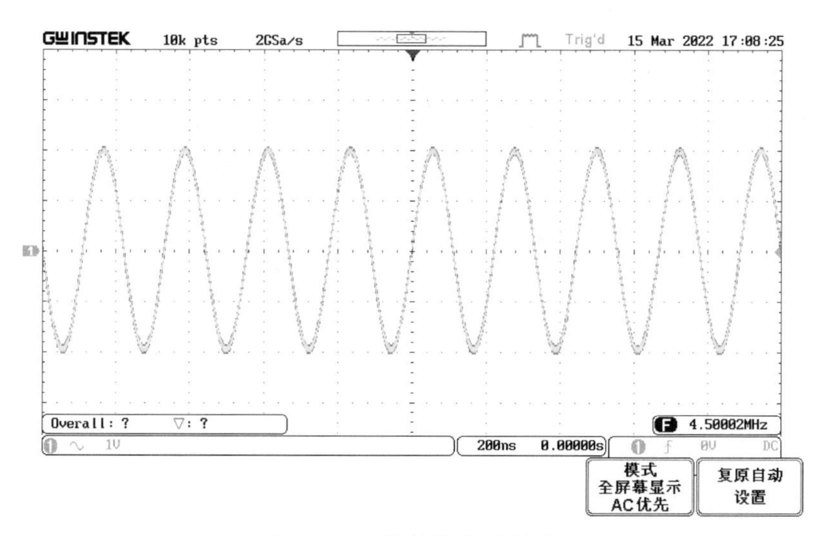


图 2.8.10 输出信号时域波形

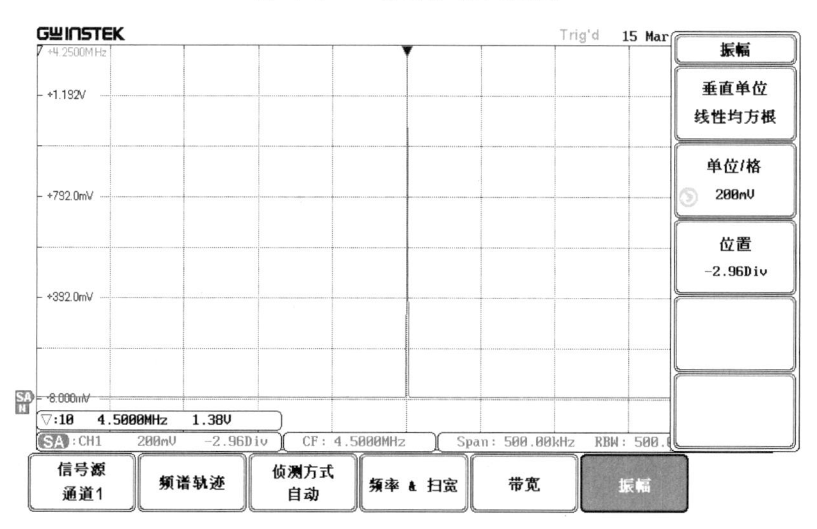


图 2.8.11 输出信号频谱

微课视频

# 2.9 调幅发射机

## 2.9.1 实验目的

(1) 在模块实验的基础上掌握调幅发射机整机组成原理，理解调幅系统组成原理。

(2) 测试调幅发射机各单元电路的波形，完成调幅发射机整机联调。

(3) 掌握发射机系统联调的方法，培养解决实际问题的能力。

## 2.9.2 实验原理

### 1. 实验原理

该调幅发射机组成原理框图如图 2.9.1 所示，发射机由音频信号、载波信号、振幅调制电路和高频功率放大器组成。

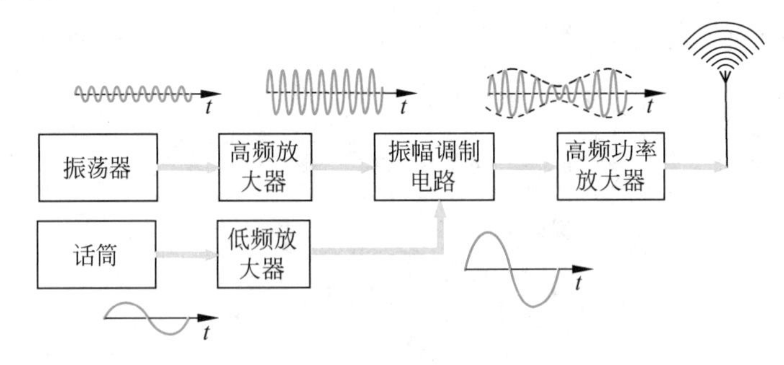


图 2.9.1 中波调幅发射机

高频载波、话筒音频放大、AM 调制、高频功率放大器四部分组成。实验箱上由实验电路 4、8、10 构成。

实验模块可以选择以下几个模块：

实验电路 10：音频信号的采集与放大、天线。

实验电路 4：振幅调制模块(详见 2.4 模拟乘法器振幅调制电路)。

实验电路 8：宽带功率放大器。

实验电路 1(或函数信号发生器)：产生高频载波信号。

### 2. 宽带功率放大器实验电路

宽带功率放大器实验电路如图 2.9.2 所示。该电路由两级传输线变压器 $T_2$、$T_3$ 及以 $N_2$ 为核心的甲类功放组成。其中 $T_2$、$T_3$ 的传输比都为 4∶1，$R_2$、$R_{12}$ 组成甲类功放的静态偏置电阻。$R_5$ 为本级交流负反馈电阻，展宽频带，改善非线性失真。

## 2.9.3 实验内容与步骤

### 1. 调幅发射机

(1) 断电状态下，连接信号源、实验电路(4、10、8)。连线如表 2.9.1 所示。

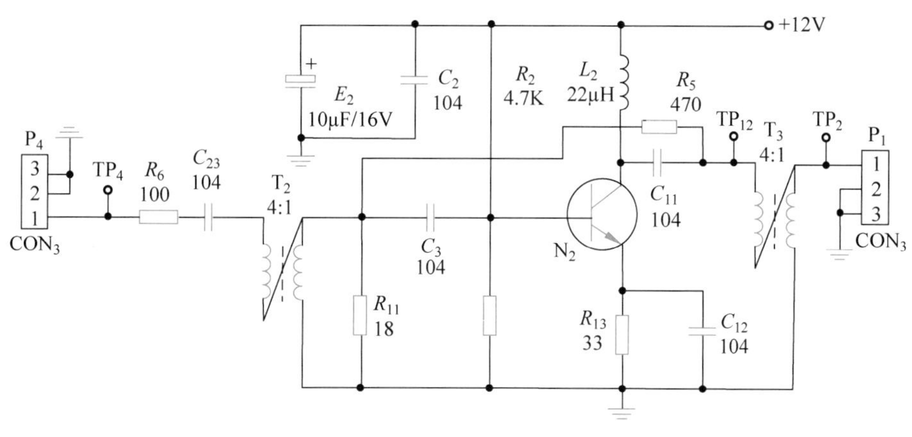


图 2.9.2 线性宽带功率放大

表 2.9.1 实验连线表

| 源 端 口 | 目 的 端 口 | 连 线 说 明 |
|---|---|---|
| 实验电路 10：$P_7$ | 实验电路 4：$P_3$ | 放大后的音频信号输入 AM 调制 |
| 信号源：RF OUT1<br>($V_{p-p}$=500mV　$f$=1MHz) | 实验电路 4：$P_1$ | AM 调制载波输入 |
| 实验电路 4：$P_4$ | 实验电路 8：$P_4$ | 调制后的信号输入高频功放 |
| 实验电路 8：$P_1$ | 实验电路 10：$P_4$ | 信号发射 |

连接好线路，确定没有问题，接通电源。若指示灯亮，开始下一步实验。

(2) 将实验电路 10 的 $SW_1$ 拨置上方，即选通音乐信号，经放大后从 $P_7$ 输出，调节 $W_2$ 使 $P_7$ 处信号峰-峰值为 100mV 左右(在 $TP_9$ 处观测)。

实验现象、数据和结论：

(3) 实验电路 4 的 $P_1$ 输入为 1MHz，$V_{p-p}$=500mV 的正弦波信号作为载波，用示波器在 4 号板的 $TP_1$ 处观测。

实验现象、数据和结论：

(4) 调节实验电路4上$W_1$使调幅度约为30%，调节$W_2$从$TP_6$处观察输出波形，使调幅度适中。

实验现象、数据和结论：

(5) 将AM调制的输出端$P_4$连到宽带功率放大器的输入端$P_4$，从$TP_2$处可以观察到放大的波形。

实验现象、数据和结论：

(6) 将已经放大的高频调制信号连到实验电路10的天线发射端$P_4$，并按下开关$J_1$，这样就将高频调制信号从天线发射出去了，观察实验电路10上$TP_4$处波形。

实验现象、数据和结论：

**2. 注意事项**

(1) 各实验电路模块应先调节、测试完成后，再一起连接调整。

(2) 选择功能时，注意各模块的频率一致。

实验报告

### 2.9.4 思考题与实验报告

**1. 思考题**

(1) 如何实现发射机的联调过程？

(2) 自选电路模块，设计发射机框图。

**2. 实验报告**

按要求完成实验报告。简要叙述电路的工作原理，重点是分析实验结果，回答思考题。

**3. 参考波形**

略。

## 2.10 超外差调幅接收机

微课视频

### 2.10.1 实验目的

(1) 在模块实验的基础上掌握调幅收音机组成原理,建立调幅系统概念。

(2) 测试调幅收音机各单元电路波形,完成收音机的整机联调。

(3) 掌握调幅收音机系统联调的方法,培养解决实际问题的能力。

### 2.10.2 实验原理与电路

中波调幅收音机主要由磁棒天线、调谐回路、本振、混频器、中频放大、检波、音频功放、耳机构成。框图如图2.10.1所示。

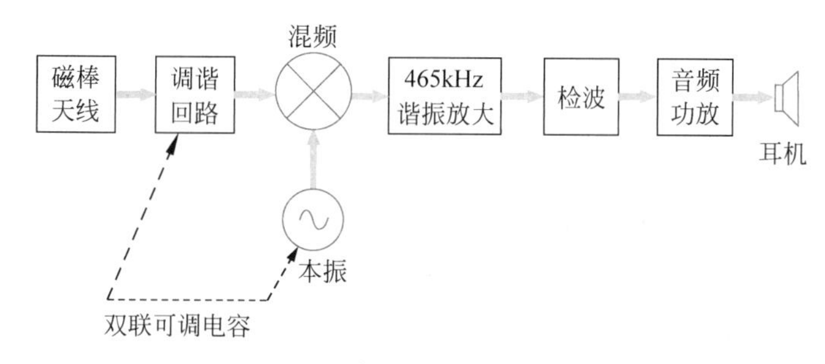


图2.10.1 超外差中波调幅接收机

在本实验中,需要观察调幅收音机各个单元电路的波形,由于电台信号较微弱,不便于仪器观测,所以在实验中用信号源产生一个调幅信号来模拟电台信号。

实验模块可以选择以下几个模块:

实验电路1(或函数信号发生器):产生高频已调信号。

实验电路9:三极管混频器(输出中频465kHz的中频信号)。

实验电路2:高频小信号双调谐放大器,中心频率465kHz(详见2.1节内容)。

实验电路4:二极管检波电路。

实验电路10:音频信号功率放大。

### 2.10.3 实验内容与步骤

**1. 调幅收音机**

(1) 断电状态下,连接信号源(函数信号发生器或实验电路1)、实验电路(9、2、4、10)和耳机。连线如表2.10.1所示。

表2.10.1 实验连线表

| 源端口 | 目的端口 | 连线说明 |
|---|---|---|
| 实验电路1:$P_1$ | 实验电路9:$P_1$ | 模拟调幅信号 |
| 实验电路9:$P_2$ | 实验电路2:$P_5$ | 465kHz中频放大 |

续表

| 源　端　口 | 目的端口 | 连线说明 |
|---|---|---|
| 实验电路 2：$P_6$ | 实验电路 4：$P_{10}$ | 二极管检波输入 |
| 实验电路 4：$P_{11}$ | 实验电路 10：$P_5$ | 音频功放 |
| 实验电路 10：EAR1 | 耳机 | 电声转换 |

连接好线路，确定没有问题，接通电源。若指示灯亮，开始下一步实验。

(2) 打开电源，将实验电路 1 的信号源 RF 输出调成载波信号频率为 1.03MHz，调制信号频率为 1.8kHz，调制度为 50%左右的调幅波。调整混频电路输出幅度，使实验电路 9 的 $TP_6$ 幅度为峰-峰值 700mV。

实验现象、数据和结论：

(3) 调节实验电路 9 的调谐盘，使 $TP_4$(本振测试点)的频率为 465kHz(用示波器观察时用交流耦合，注意触发电平的大小即示波器“LEVEL”的位置)。

实验现象、数据和结论：

(4) 调节实验电路 2 的 $W_2$ 来改变中放增益，一般可顺时针旋到底。调节实验电路 2 的 $T_2$ 和 $T_3$ 来改变中放谐振频率。直到耳机中的单音频声最清晰。

实验现象、数据和结论：

(5) 调节实验电路 4 的开关 $S_1$ 或 $S_2$，使得输出不失真，或者使耳机中声音最清晰。

实验现象、数据和结论：

(6) 调整好后,用示波器测量各点波形。实验电路9的$TP_6$为接收的电台信号(模拟),$TP_5$为调谐回路输出,$TP_4$为本振,$TP_1$为二极管混频输出,$TP_2$为中频输出,$TP_1$与$TP_2$的区别在于$TP_2$经过了一级LC选频网络,谐振频率约为465kHz。实验电路2的$P_6$为中放输出。实验电路4的$P_6$为检波输出。实验电路10的$TP_8$为音频功放输出。

实验现象、数据和结论:

(7) 记录各点波形。

关闭信号源,拔掉实验电路9的$P_1$的连线,接收实际电台,再次观测各点波形。

实验现象、数据和结论:

**2. 注意事项**

(1) 各实验电路模块应先调节、测试完成后,再一起连接调整。

(2) 选择功能时,注意各模块的频率一致。

### 2.10.4 思考题与实验报告

实验报告

**1. 思考题**

(1) 如何实现超外差接收机的联调?

(2) 自选电路模块,设计超外差接收机框图。

**2. 实验报告**

按要求完成实验报告。简要叙述电路的工作原理,重点是分析实验结果,回答思考题。

**3. 参考波形**

略。

# 第3章 高频电子线路仿真与设计

CHAPTER 3

本章引入虚拟仿真软件，完善高频电子线路的实验。虚拟仿真实验突破时间、空间限制，而且能观察更多的节点电压、电流波形。在简要介绍仿真软件的基础上，介绍了与第2章单元功能电路对应的电路仿真实验。

## 3.1 软件简介

### 3.1.1 概述

LTspice是一款高性能SPICE仿真软件、原理图采集和波形查看器，集成增强功能和模型，简化了模拟电路的仿真。宏模型也包括在LTspice下载中，适用于大多数ADI开关稳压器、放大器以及用于通用电路仿真的器件库。

ADI公司官方网站提供最新版本的LTspice仿真软件，在官方网站检索LTspice即可找到LTspice下载界面。软件下载界面如图3.1.1所示。

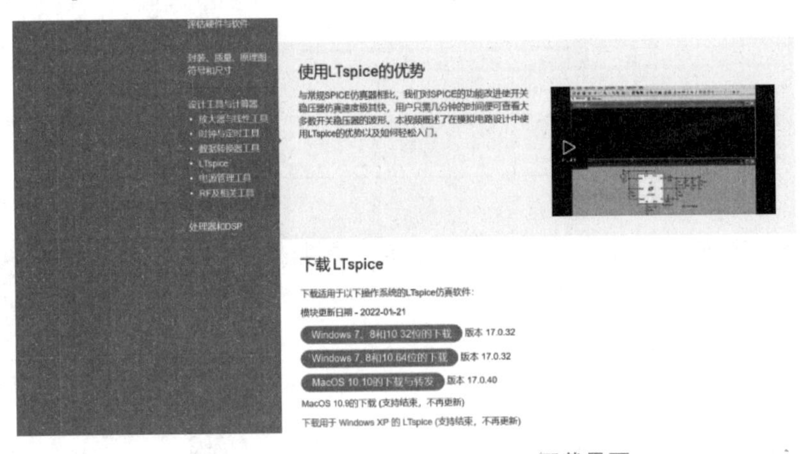


图 3.1.1 LTspice下载界面

### 3.1.2 界面介绍

安装完成之后，启动LTspice后，如图3.1.2所示，界面分为四个区域，分别是菜单栏、工具栏、操作区、状态栏。

菜单栏：刚启动的菜单栏只有File、View、Tools、Help四个菜单项，如图3.1.2所示。

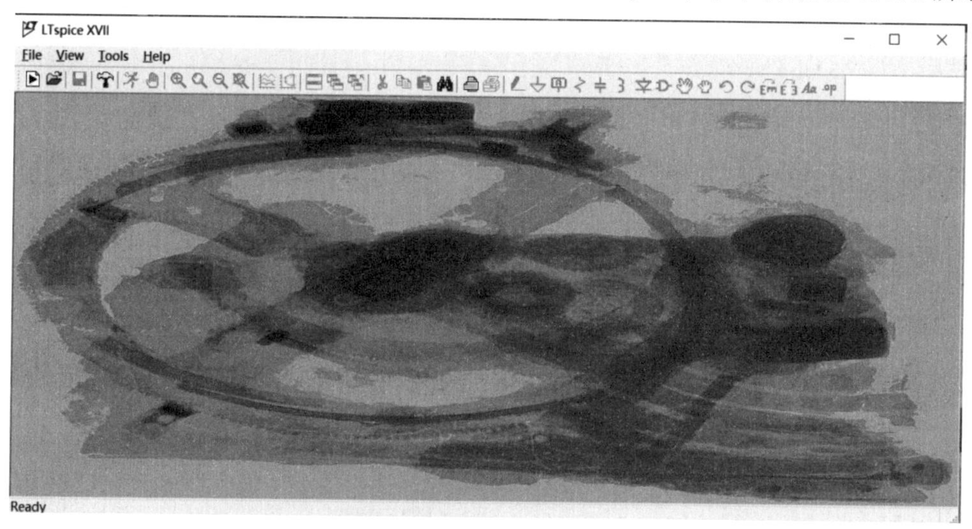


图 3.1.2 LTspice 启动窗口

工具栏：只有创建新的设计，才能激活大部分工具栏图标，当图标为灰色时，该工具在当前状态下不能使用，如图3.1.3所示。

图 3.1.3 LTspice 工具栏

操作区：在创建电路绘制窗口、电路符号设计窗口之后才能使用。

状态栏：在电路绘制窗口，将显示光标所在位置的器件或网络名称。在执行仿真之后的波形显示窗口，状态栏将显示光标所在位置的横坐标、纵坐标信息。

### 3.1.3 电路绘制

绘制电路图时注意以下原则：

(1) 至少需要一个GND(节点名=0)。

(2) 节点只有GND的电路，不能进行仿真。

(3) 不可并联没有内阻的电压源，即使有相同的电压值，也不可并联。

(4) 在没有分路的闭合电路网中，不能串联电流源。即使有相同的电流值，也不可串联。

绘制电路图。

第一步：创建新的电路设计图。选择File→New Schematic→New Schematic菜单命令(快捷键为Ctrl+N)，打开输入电路图用的空白板，默认设定为稍亮的灰色表格，如图3.1.4所示。也可单击工具栏的图标。

第二步：添加器件。选择Edit→Component菜单命令(快捷键为F2)，打开Select Component Symbol的窗口，如图3.1.5所示，也可单击工具栏的图标。打开器件库，如图3.1.6所示。常用无源器件，如电阻、电容、电感、二极管、地等可通过工具栏的图标添加。

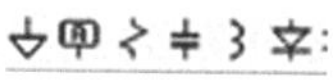

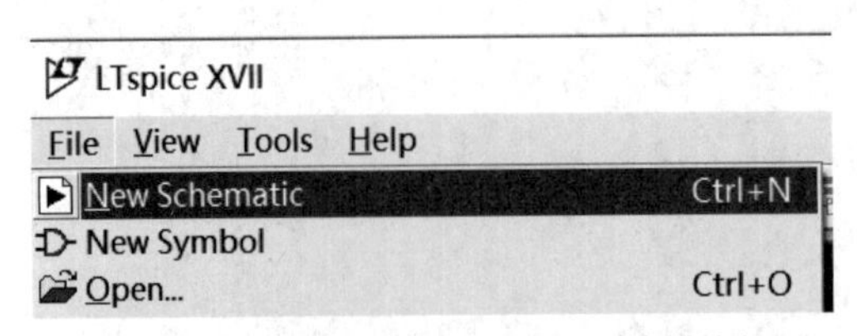


图 3.1.4 “New Schematic”的图标和按钮

图 3.1.5 添加器件

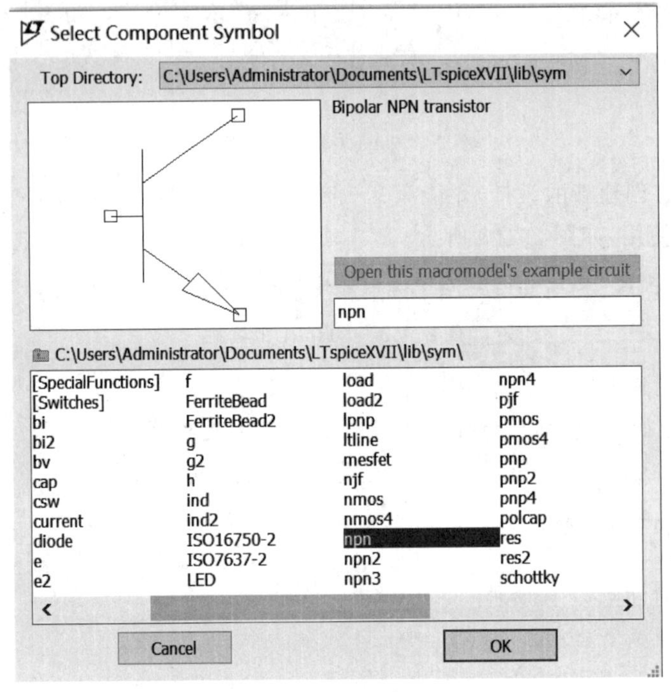


图 3.1.6 器件库

第三步：布局布线。根据设计的电路图，使用图标挪动器件，放置相应的元件器到合适的位置，然后使用图标连线。

第四步：选择器件类型和设置器件参数，如图 3.1.7 所示。右击待定电阻，出现电阻参数配置对话框，配置电阻值、误差、功率等参数，配置完成后单击 OK 按钮。单击 Select Capacitor 选项，进入图 3.1.8 所示的实体参数电阻型号选择对话框，查找所需型号。

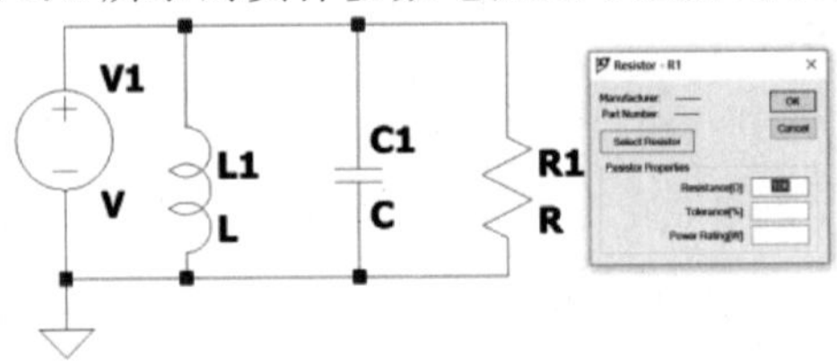


图 3.1.7 电阻参数配置

Select Standard Resistor

Quit and Edit Database | OK
List All Resistors in Database | Cancel

| R[Ω] | Mfg. | Part No. | Power[W] | Tolerance[%] |
|---|---|---|---|---|
| 10.00K | | | 0.100 | 1.00 |
| 10.20K | | | 0.100 | 1.00 |
| 9.76K | | | 0.100 | 1.00 |
| 9.53K | | | 0.100 | 1.00 |
| 10.50K | | | 0.100 | 1.00 |
| 9.31K | | | 0.100 | 1.00 |
| 10.70K | | | 0.100 | 1.00 |
| 9.09K | | | 0.100 | 1.00 |
| 11.00K | | | 0.100 | 1.00 |

图 3.1.8 实体参数电阻型号选择

在电阻、电容、电感参数填写时，应注意单位的词头符号，在 LTspice 中不区分大小写字母，所以 $10^6$ 使用 Meg 表示，如表 3.1.1 所示。

表 3.1.1 单位词头符号

| 符号 | T | G | Meg | K | m | u | n | p | f |
|---|---|---|---|---|---|---|---|---|---|
| 系数 | $10^{12}$ | $10^9$ | $10^6$ | $10^3$ | $10^{-3}$ | $10^{-6}$ | $10^{-9}$ | $10^{-12}$ | $10^{-15}$ |

## 3.1.4 激励配置

### 1. 直流信号

在电路图中右击电压源，将出现图 3.1.9 所示的直流性能配置对话框，包括以 V 为单位的直流电压，以 Ω 为单位的串联等效电阻。如图 3.1.10 所示，通过 advanced 选项，在对话框中进行更多参数配置。

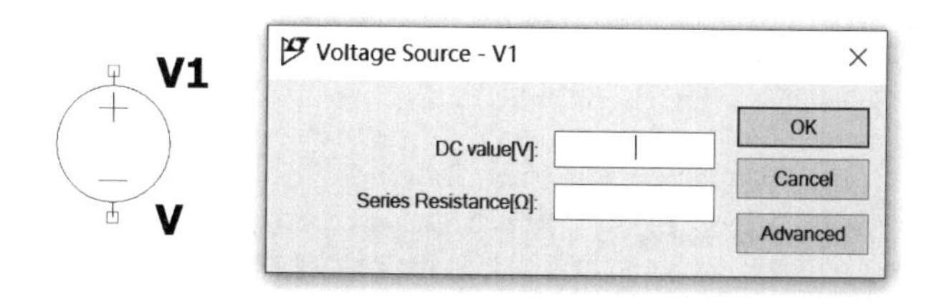


图 3.1.9 电源符号

### 2. 正弦波

正弦波设置：在波形配置对话框中选择“SINE”，如图 3.1.11(a)所示，逐一配置“DC offset[V]”直流偏置电压、“Amplitude[V]”峰值电压、“Freq[Hz]”频率、“Tdelay[s]”起始工作到正弦波输出的时间、“Theta[1/s]”阻尼系数、“Phi[deg]”初始相位、“Ncycles”输出周期等参数。输出波形表达式为

$$V_{\text{out}} = V_{\text{offset}} + V_{\text{amp}} \sin\left(\frac{\pi \text{ phi}}{180^{\circ}}\right)$$

本例中，设置为直流偏置电压为+1V，峰值为 1V，频率为 10kHz，其他参数没有设置。

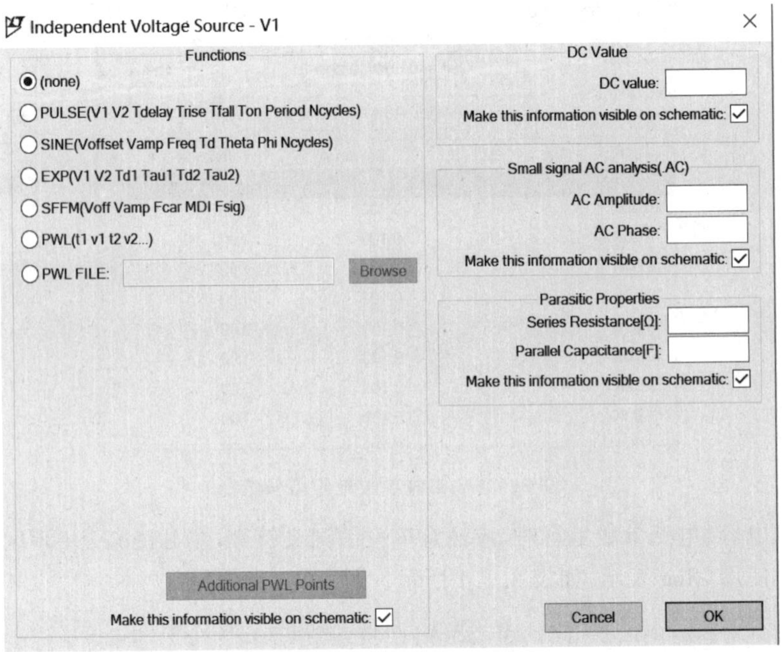

图 3.1.10 电源配置

设置仿真时间为 0.5ms，即输出 5 个周期的正弦波信号源参数显示顺序为 SIN(1 1 10K)，如图 3.1.11(b)所示，配置完成的信号源产生频率 10kHz，直流偏置 1V，峰-峰值 2V 输出的正弦信号，如图 3.1.11(c)所示。

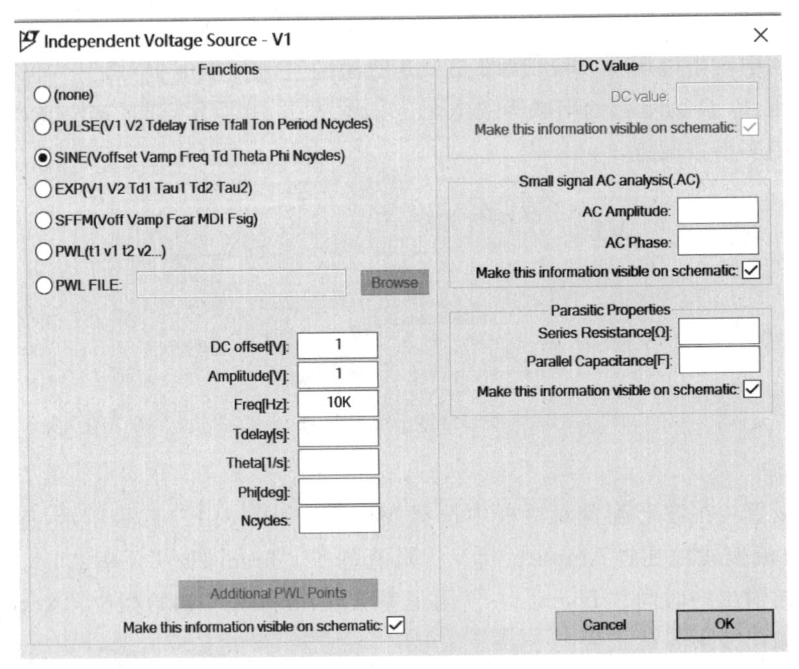


(a) 正弦配置对话框

图 3.1.11 正弦信号的配置及输出波形

Vs
V1
SINE(1 1 10K)
.tran 0.50m

(b) 正弦信号配置完成

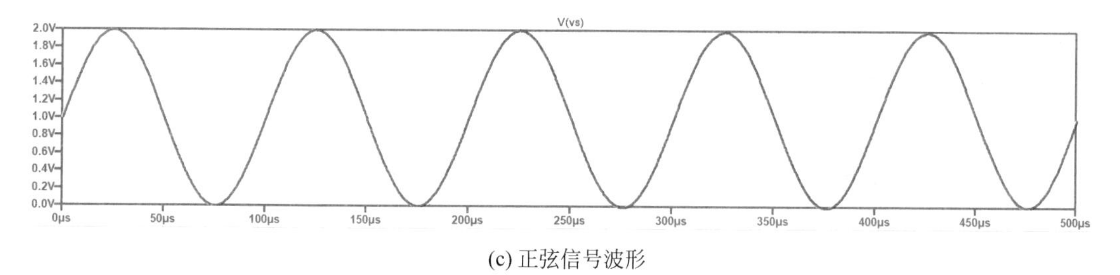


(c) 正弦信号波形

图 3.1.11 （续）

### 3. 单频调频波

单频调频波设置：在波形配置对话框选择为“SFFM”，如图 3.1.12(a)所示，逐一配置“DC offset[V]”直流偏置电压、“Amplitude[V]”峰值电压、“Carrier Freq[Hz]”载波频率、“Modulation index”调制指数、“Signal Freq[Hz]”调制频率等参数。输出波形表达式为

$$V_{out} = V_{offset} + V_{amp}\sin((2\pi F_{car}\mathrm{time}) + \mathrm{MDI}\sin(2\pi F_{sig}\mathrm{time}))$$

式中，time 为时间变量，$F_{car}$ 为载波频率，MDI 为调制指数，$F_{sig}$ 为调制频率。

图 3.1.12(a) 示例中，偏置电压为 0V，峰值电压为 1V，载波频率为 10kHz，调制指数为 5，调制频率为 1kHz。信号源参数显示顺序为 SFFM(0 1 10K 5 1K)，如图 3.1.12(b)所示，配置完成的信号源产生没有偏置电压，峰-峰值为 2V，经过 1kHz 信号调制的 10kHz 正弦波，如图 3.1.12(c)所示。

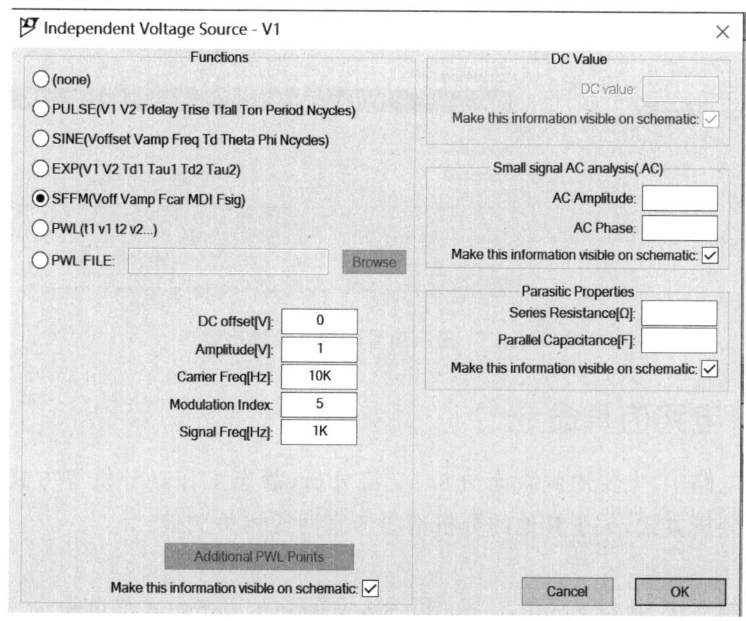


(a) 单频调频波波形配置对话框

图 3.1.12 单频调频波信号的配置及输出波形

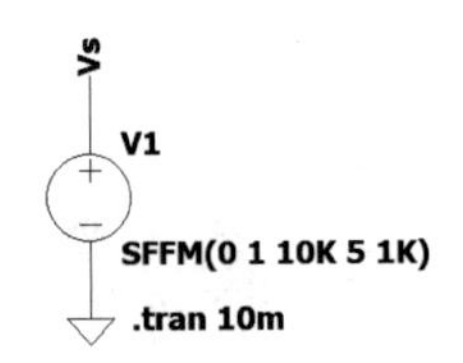


(b) 单频调频波配置完成

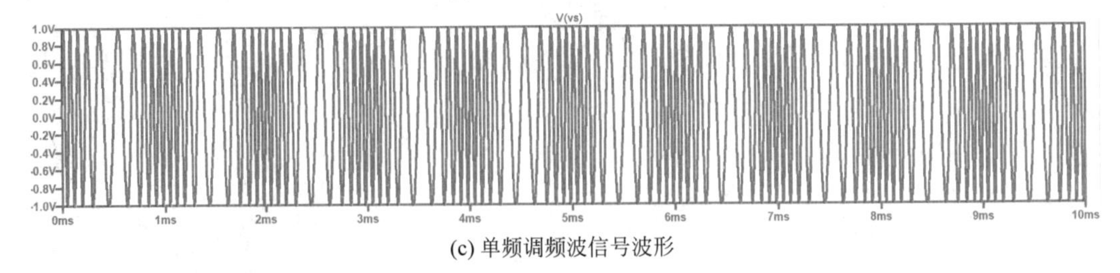


(c) 单频调频波信号波形

图 3.1.12 （续）

关于 LTspice 涉及的其他波形，如方波、指数波、折线波等，请参考官网或相关文献。

**4. 复杂信号源设置**

在元件配置按钮上，选择“bv”，配置电路图。电压(电流)源由几个电压和电流的函数组成，可制作复杂运作的电源，如电压源的配置。如图 3.1.13 所示，通过设置函数“V=F(…)”，即可配置复杂的电压信号。AM 信号、DSB 信号和 FM 信号可通过这种方式获取。

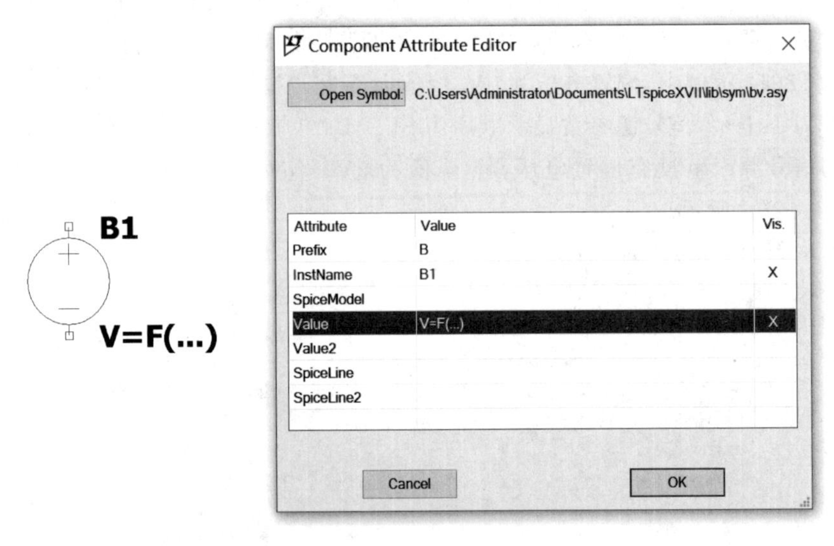


图 3.1.13 复杂信号的配置及输出波形

## 3.1.5 电路仿真命令

在本章的电路中，主要用到瞬态分析、交流分析、静态工作点分析等方式。而 LTspice 总共提供 6 种分析方式，关于其他的分析请参考官网或相关文献。

**1. 仿真类别**

电路图绘制完成，执行 Simulate→Edit Simulation Command 菜单命令，或者在电路图绘制窗口右击，选择 Edit Simulation Command 选项，如图 3.1.14 所示，进入仿真类型设置窗口，如图 3.1.15 所示。仿真包含的类型有 Transient（瞬态分析）、AC Analysis（交流分析）、DC sweep（直流分析）、Noise（噪声分析）、DC Transfer（直流小信号分析）和 DC op pnt（静态工作点分析）6 种。上述分析类型与特点见表 3.1.2。

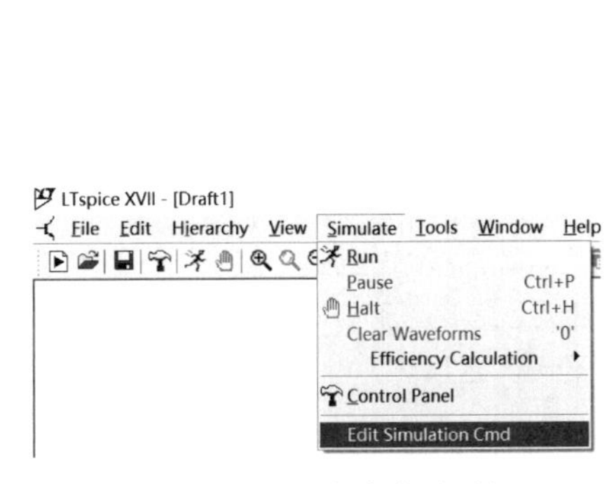


图 3.1.14 仿真命令对话框

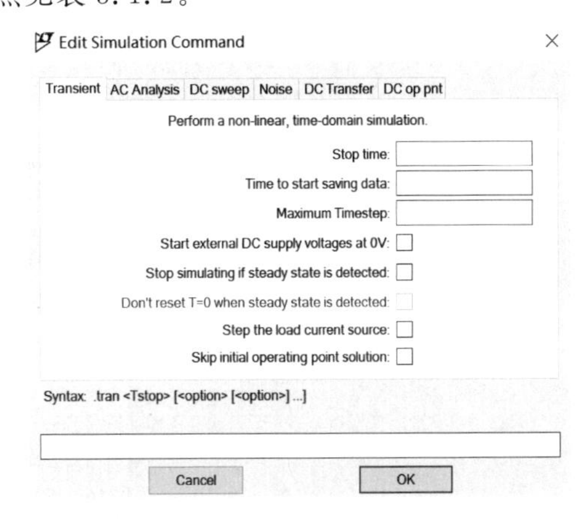


图 3.1.15 仿真方式设置窗口

表 3.1.2 仿真类型分析与特点

| 分析类型 | 功能特点 |
|---|---|
| 瞬态分析 | 时间响应分析，类似示波器功能 |
| 交流分析 | 频率特性分析，增益、相位随频率的变化而变化 |
| 直流分析 | 静态特性分析，数据手册中的直流特性 |
| 噪声分析 | 测量点的噪声分析，需要模型具有噪声参数 |
| 直流小信号分析 | 分析直流小信号的传递函数 |
| 静态工作点分析 | 晶体管工作点分析 |

### 2. 瞬态分析

瞬态分析是仿真最基本的指令，是对电路中各节点的电压、电流随时间变化进行解析的指令，如图 3.1.15 所示，仿真方式设置窗口默认为瞬态分析，具体内容如下。

Stop Time：停止时间，从仿真开始到停止的持续时间，以 s 或 ms 等为单位。瞬态分析通常只填写该项内容。

Time to Start Saving Data：数据保存的起始时间，在该值之前的仿真结果不保存。

Maximum Timestep：设置执行仿真的最大间隔时间，不填写时表示无限大。

Start external DC supply voltages at 0V：勾选之后，仿真开始后的 20$\mu$s，电路的供电电源从 0V 达到设定电压值。

Stop simulating if steady is detected：勾选之后，针对开关电源进行仿真时，若输出呈现重复开关状态累计 10 次，停止仿真并保存这 10 次数据。

Don't reset T=0 when steady state is detected：该项默认不能使用。执行 Stop simulating if steady is detected 之后，再勾选该项保存全部进行仿真的波形，不止 10 次周期模型。

Skip initial operating point solution：在仿真开始难以收敛时，勾选该项跳过初始状态进行仿真，以节省时间。

### 3. 交流分析（频率响应的分析、小信号交流分析）

交流分析标签中，可设定交流分析（交流分析、频率特性分析）必要的参数，主要是对幅频特性与相频特性进行交流分析。解析频率一般覆盖 10～100MHz 较为宽阔的范围,因此频率轴通常显示对数刻度。交流分析参数配置如图 3.1.16 所示。

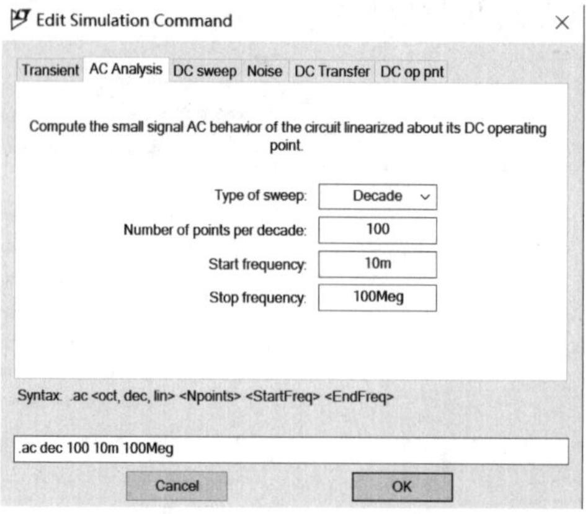

Edit Simulation Command

Transient | AC Analysis | DC sweep | Noise | DC Transfer | DC op pnt

Compute the small signal AC behavior of the circuit linearized about its DC operating point.

Type of sweep: Decade

Number of points per decade: 100

Start frequency: 10m

Stop frequency: 100Meg

Syntax: .ac <oct, dec, lin> <Npoints> <StartFreq> <EndFreq>

.ac dec 100 10m 100Meg

Cancel　OK

图 3.1.16　交流分析参数配置

Type of sweep：扫描方式包括 Octave(每 8 倍频)、Decade(每 10 倍频)、Liner(线性扫描)、List(按列表频率)。

Number of points per Decade：每个倍频间隔的点数,通常每 8 倍频为 20～40 个,10 倍频为 30～100 个。

Start frequency：仿真起始频率。

Stop frequency：仿真停止时间。

交流分析的执行,必须在分析电路的输入部分仿真交流信号源,如图 3.1.17 所示。把"Small signal AC analysis(AC)"的"AC Amplitude"的数值设置为 1。

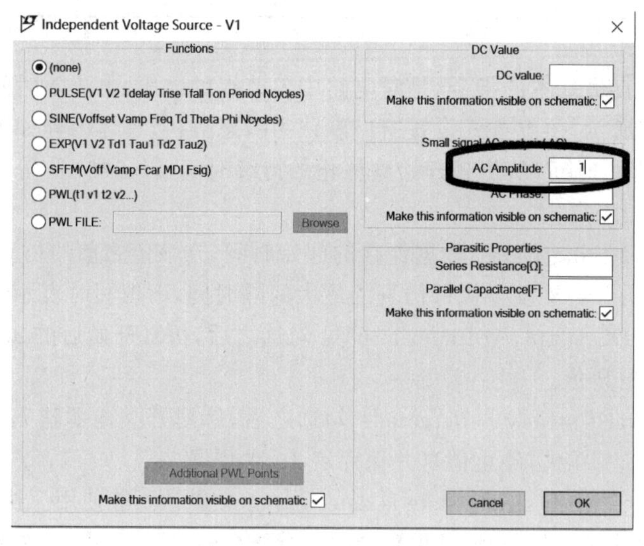


图 3.1.17　交流分析用的信号源配置

#### 4. 静态工作点分析

该方法用于分析计算晶体管静态工作点,在仿真中电容视为开路,电感视为短路。在该分析中不需要设置任何参数,如图 3.1.18 所示。

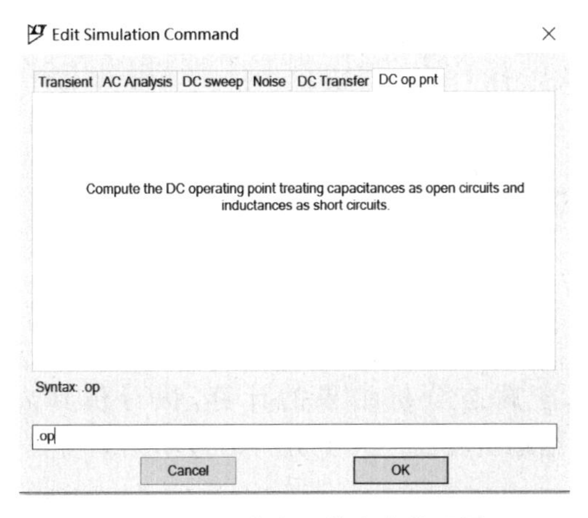


图 3.1.18 静态工作点参数配置

## 3.1.6 波形显示器

### 1. 波形显示基本操作

完成电路图绘制、仿真指令配置后，单击工具栏图标执行仿真操作界面，将新增波形显示窗口，默认为无数据显示。在电路图绘制窗口中，移动光标靠近非地的电压节点时，光标变为电压探测笔，单击电压节点，波形显示窗口呈现该节点的电压波形。光标移动到器件上，光标变为电流探测笔，单击器件波形显示窗口将呈现该器件的电流波形。

LTspice 测量的节点电压波形默认以地为参考，当测量电路中两个节点电压差值时，移动光标指向其中一个待测节点，并单击，然后拖动鼠标移动到另一节点，当两个节点都显示电压测量的图标时，松开鼠标左键。

显示电压或电流信号，与频率分析相关的增益或相位特性等的区域称为“波形显示窗口”。只要启动仿真实验，波形显示窗口就会自动弹出。测试电压的波形如图 3.1.19 所示，测试电流的波形窗口如图 3.1.20 所示。也可以在一个窗口中同时显示多个测量量，如测试电压和电流，如图 3.1.21 所示。

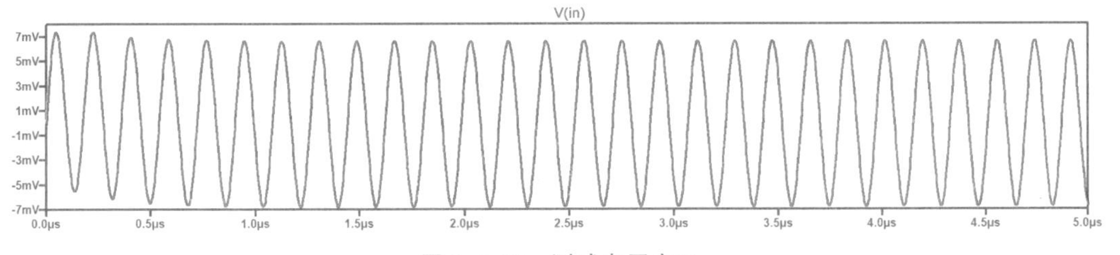


图 3.1.19 测试电压窗口

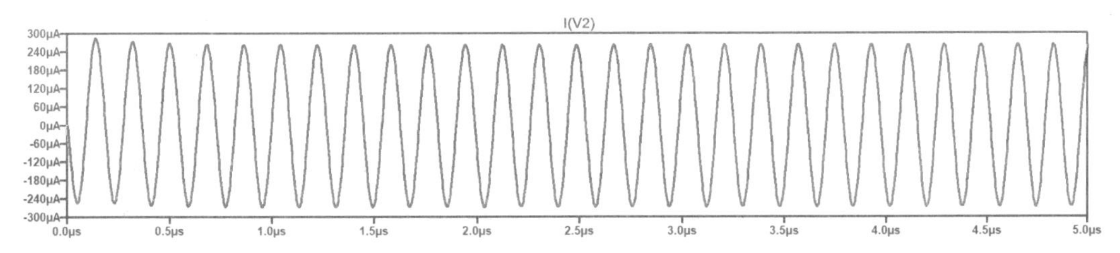


图 3.1.20 测试电流窗口

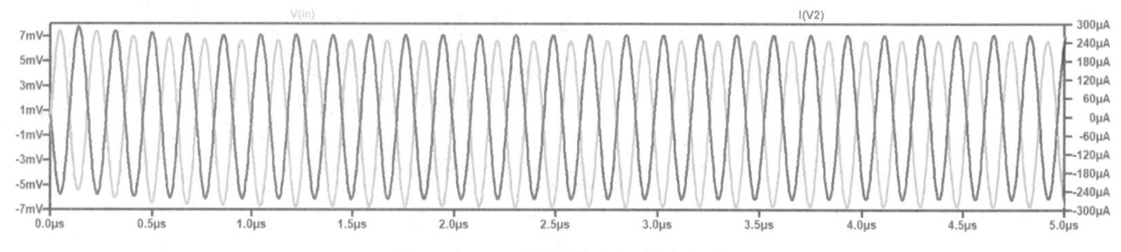


图 3.1.21　测试电压、电流窗口

**2. FFT 计算**

傅里叶计算也是基于瞬态分析结果的计算，执行仿真之前添加指令“. options plotwinsize=0”设置不压缩输出点数。FFT 分析的最小频率步长等于起始频率，它是仿真时间的倒数。

在波形显示窗口中右击，执行 View→FFT 菜单命令，如图 3.1.22 所示，在 FFT 配置窗口中配置相关参数，如选择“V(in)”，单击 OK 按钮，在新增的波形显示窗口中显示“V(in)”的 FFT 计算结果，如图 3.1.23 所示，图中纵坐标是对数坐标。也可更换纵坐标的显示方式，将光标移动至纵轴区域，右击，如图 3.1.24 所示，选择 Linear，单击 OK 按钮，将以线性坐标显现，如图 3.1.25 所示。

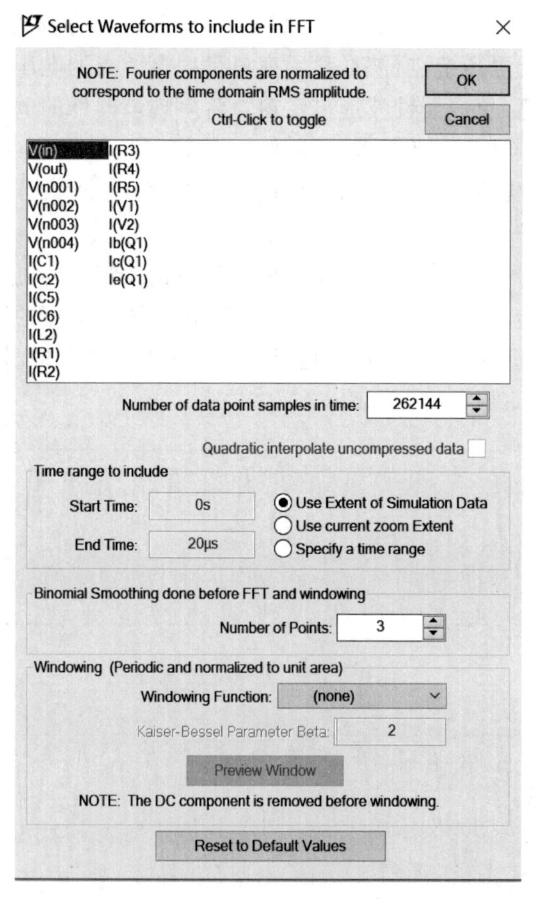


图 3.1.22　FFT 参数配置

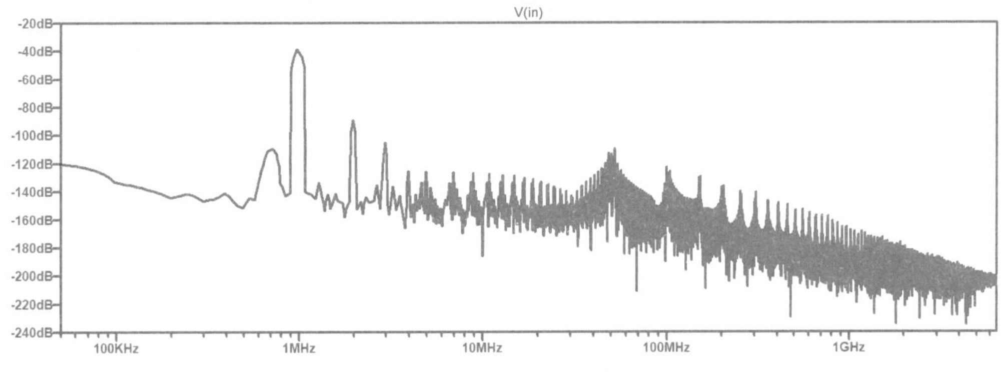


图 3.1.23 FFT 显示

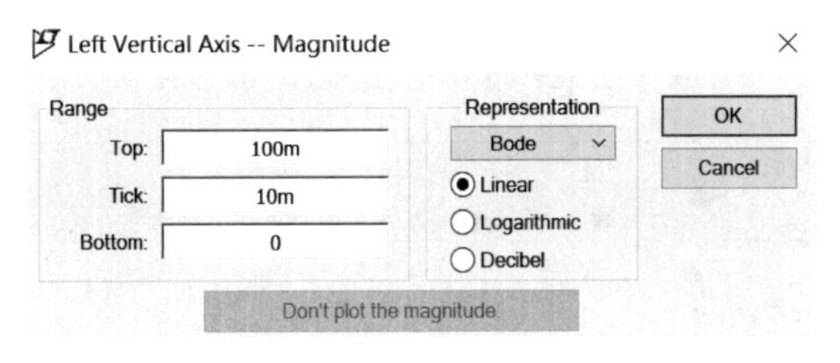


图 3.1.24 FFT 显示的纵坐标配置

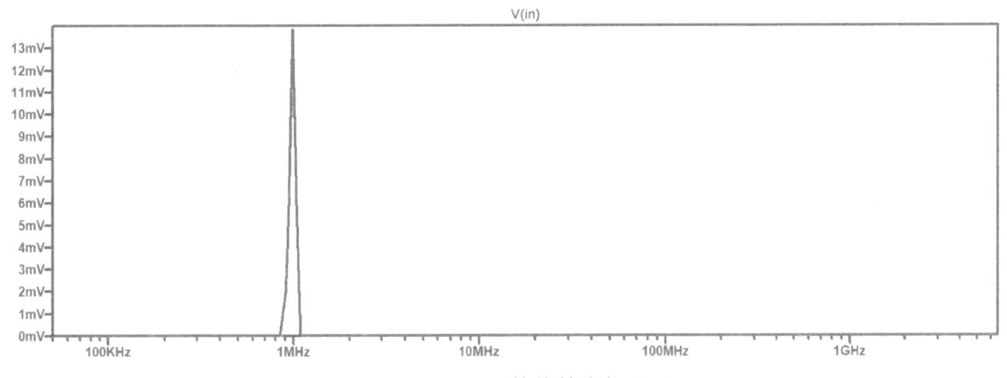


图 3.1.25 FFT 的线性坐标显示

### 3.1.7 电路仿真设计实例

下面以 LC 并联谐振回路的设计与仿真为例，介绍在 LTspice 软件平台上进行高频电子线路仿真的流程。

第一步：新建文件，命名为 LC 并联谐振回路。建立 New Schematic 文件，另存为“LC 并联谐振回路”，如图 3.1.26 所示。

第二步：放置元器件，电路布局，如图 3.1.27 所示。

第三步：连线，设置电路参数。

按照 LC 并联谐振回路，对电路进行连线。设置电感 L1 为 10μH，设置电容 C1 为 10μF；设置电压信号源为正弦信号，幅值为 1V，频率为 15.9kHz，由于 LC 并联谐振回路直接与信号源串联，所以必须设置内阻，如 50Ω。电压信号源的界面如图 3.1.28 所示。设置好参数，连接好线路的电路如图 3.1.29 所示。

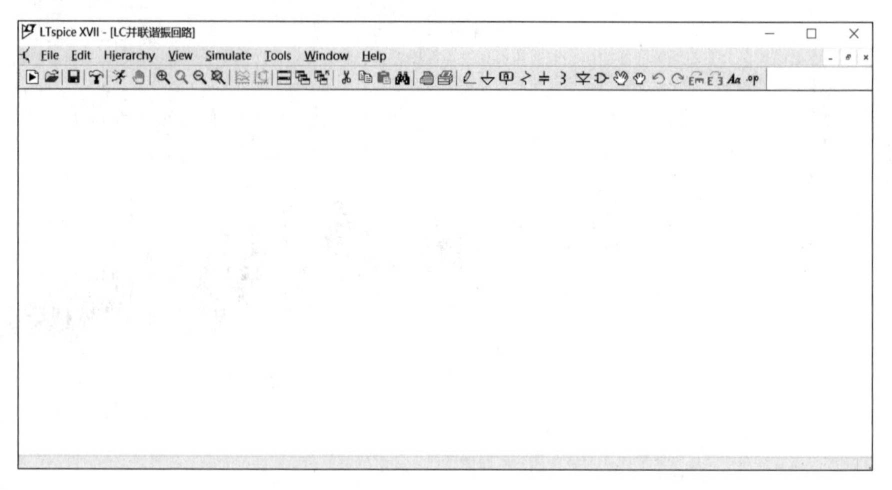


图 3.1.26 建立 New Schematic 文件

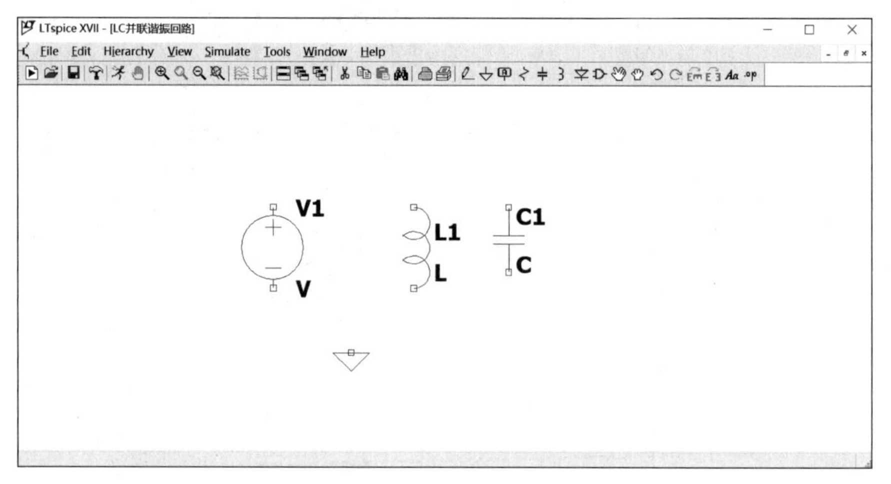


图 3.1.27 放置元器件与电路布局

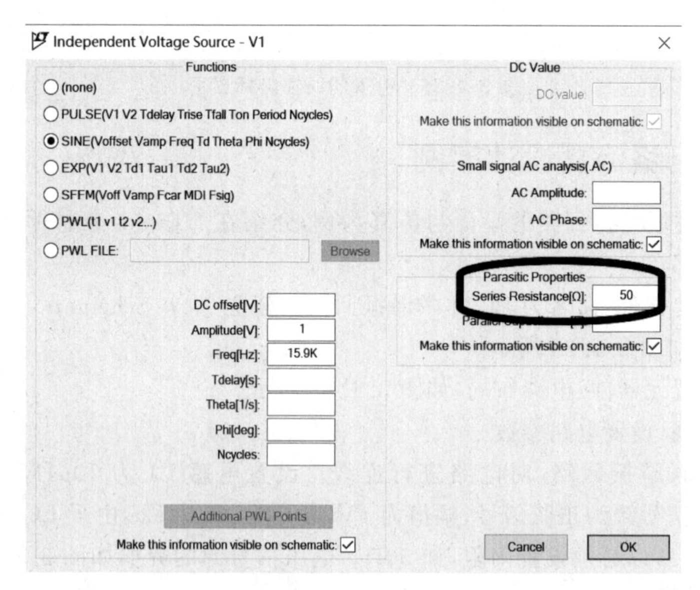


图 3.1.28 信号源配置界面

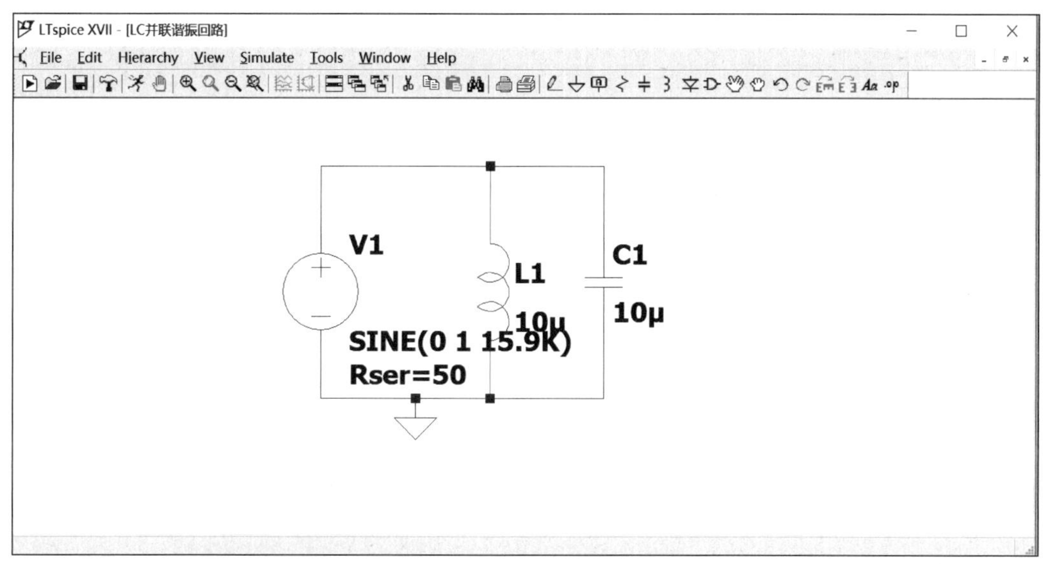

源文件

图 3.1.29 LC 仿真电路

第四步：仿真。执行 Simulate→Edit Simulation Command 菜单命令，选择瞬态分析，设置 Stop time 为 2ms，单击 OK 按钮，如图 3.1.30 所示。

Edit Simulation Command
Transient | AC Analysis | DC sweep | Noise | DC Transfer | DC op pnt
Perform a non-linear, time-domain simulation.
Stop time: 2m
Time to start saving data:
Maximum Timestep:
Start external DC supply voltages at 0V:
Stop simulating if steady state is detected:
Don't reset T=0 when steady state is detected:
Step the load current source:
Skip initial operating point solution:
Syntax: .tran <Tstop> [<option> [<option>] ...]
.tran 2m
Cancel OK

图 3.1.30 仿真命令配置

单击工具栏中的“RUN”，弹出波形窗口。

时域瞬态分析：测试节点电压波形，就把光标移动到该节点上，光标就变成电压探测笔，单击即可观测到该点电压波形。测试元件流过电流波形，就把光标移动到该节点上，光标就变成电流探测笔，单击即可观测到该点电流波形，如图 3.1.31 所示。

交流分析：配置交流分析的仿真参数，进行幅频相频特性曲线分析，结果如图 3.1.32 所示。注意，交流分析要注意信号源的设置，即“AC 1”。

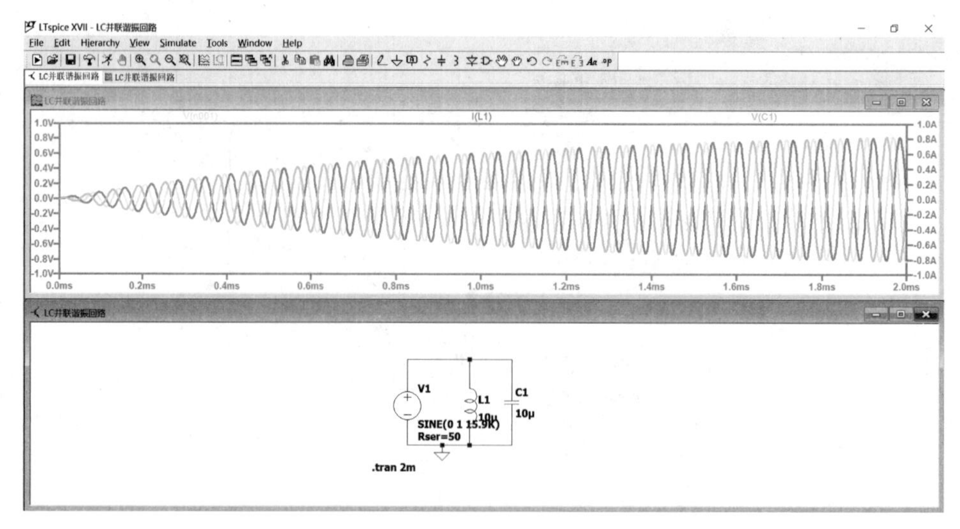


图 3.1.31 LC 电压电流显示

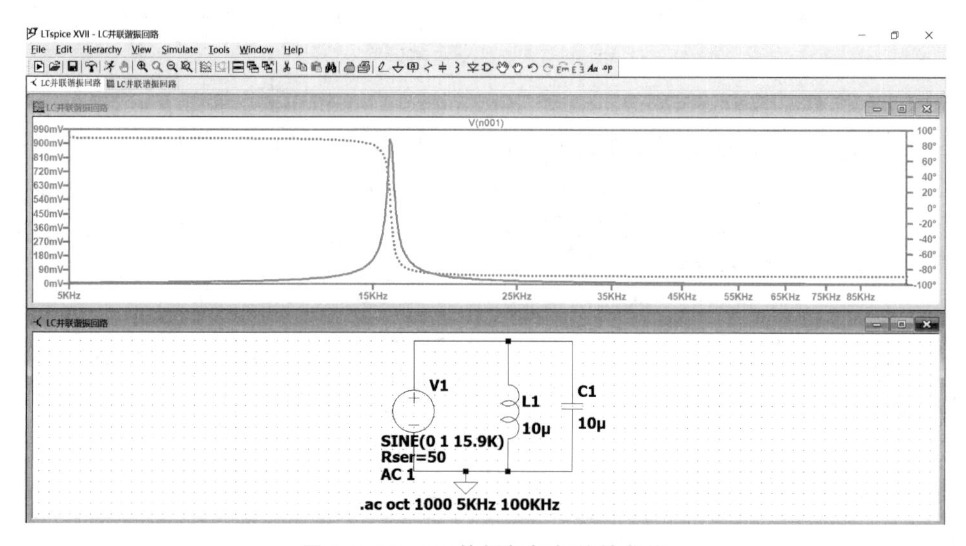


图 3.1.32 LC 的幅频相频特性曲线

# 3.2 高频小信号放大器

## 3.2.1 高频小信号放大器的设计原理

高频小信号放大器主要由放大电路和选频网络两部分组成，实现选频和放大功能。实现其仿真与设计主要是放大电路与选频网络两部分。放大电路一般采用甲类共射放大电路，选频网络则采用 LC 并联回路，作为放大电路的集电极负载。

由于高频小信号放大器是工作在甲类，具有线性放大的功能，因此要合理设置静态工作点。一般设置静态工作电流 $I_{CQ}$ 为 1～2mA。根据放大器的设计原则，合理设置放大电路结构和元件参数。为了能调整静态工作点，可在电路中设置一个可调电路，用于调试。

LC 谐振回路的参数选择主要取决于输入信号的频率。要不失真地放大输入小信号，即要 LC 的谐振频率近似等于输入信号频率。

LC 谐振电路中，谐振频率为

$$f=\frac{1}{2\pi\sqrt{LC}}$$

## 3.2.2 高频小信号放大器的原理电路仿真验证

源文件

### 1. 建立仿真电路

根据高频小信号放大器的电路原理和电路设计原则，设计仿真电路如图 3.2.1 所示。图 3.2.1 中，Q1 为三极管，实现放大功能，R2、R3、R4 为电阻，为了设置静态工作点，C2、C5、C6 是耦合电容，L2、C1、R1 构成并联谐振回路，R5 为负载电阻。V1 为直流电压源，幅值为 12V。V2 是交流小信号输入信号源，幅值为 20mV，频率为 714kHz，内阻为 50Ω。理论计算 LC 谐振回路的谐振频率近似为 714kHz，依据谐振频率，设置 L2 和 C1 的数值。可设置 R2 或 R3 为可变电路，调节静态工作点。

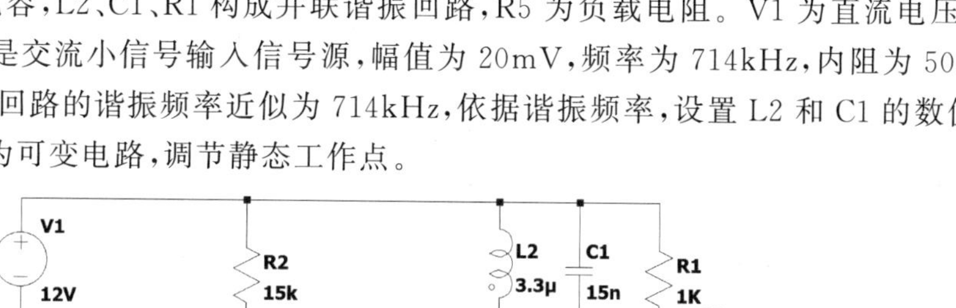

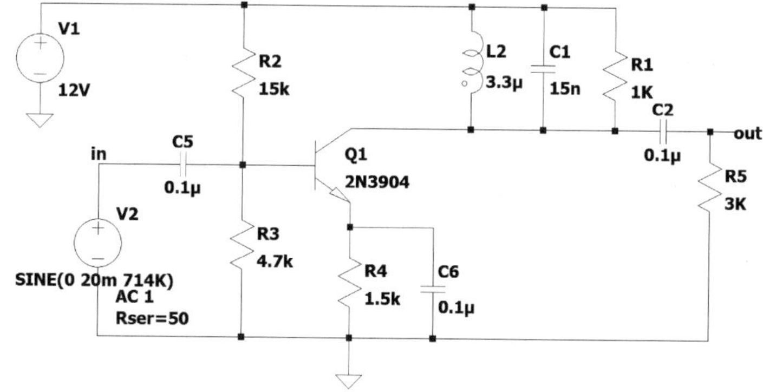


图 3.2.1 高频小信号放大器仿真电路

### 2. 静态工作点测试

进行静态点工作分析，分析结果如图 3.2.2 所示。$I_{CQ}$ 为 1.45mA，初步判断比较合适，再进行动态分析，若输出失真，再返回来调试 R2。

```
        --- Operating Point ---

V(n002):        12              voltage
V(n003):        2.84703         voltage
V(n004):        2.1842          voltage
V(n001):        12              voltage
V(in):          1.42351e-017    voltage
V(out):         3.6e-015        voltage
Ic(Q1):         0.00145169      device_current
Ib(Q1):         4.44792e-006    device_current
Ie(Q1):         -0.00145614     device_current
I(C2):          -1.2e-018       device_current
I(C6):          -2.1842e-019    device_current
I(C5):          2.84703e-019    device_current
I(C1):          2.17753e-026    device_current
I(L2):          0.00145169      device_current
I(R5):          1.2e-018        device_current
I(R1):          1.45169e-009    device_current
I(R4):          0.00145614      device_current
I(R3):          0.00060575      device_current
I(R2):          0.000610198     device_current
I(V2):          2.84703e-019    device_current
I(V1):          -0.00206189     device_current
```

图 3.2.2 高频小信号放大器静态工作点分析结果

**3. 幅频特性测试**

进行幅频特性和相频特性分析(即交流分析),分析结果如图 3.2.3。调出软件中标尺,测试 0.707 倍幅值与对应的频率,如图 3.2.4 所示;0.1 倍幅值与对应的频率,如图 3.2.5 所示。

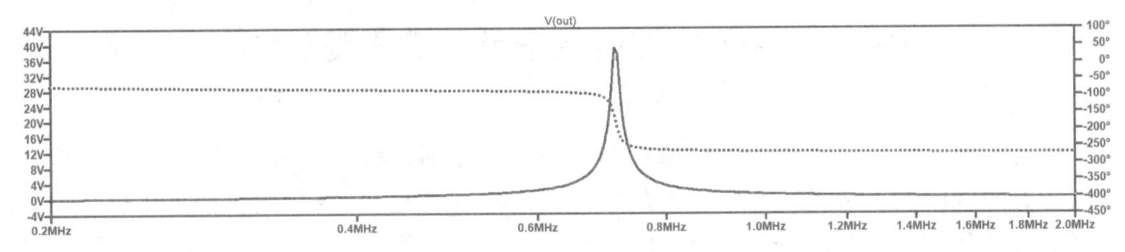


图 3.2.3 高频小信号放大器的幅频特性曲线

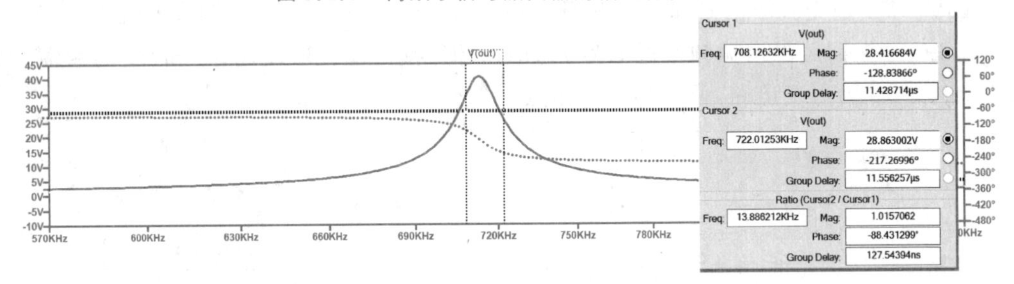


图 3.2.4 高频小信号放大器的 0.707 倍带宽

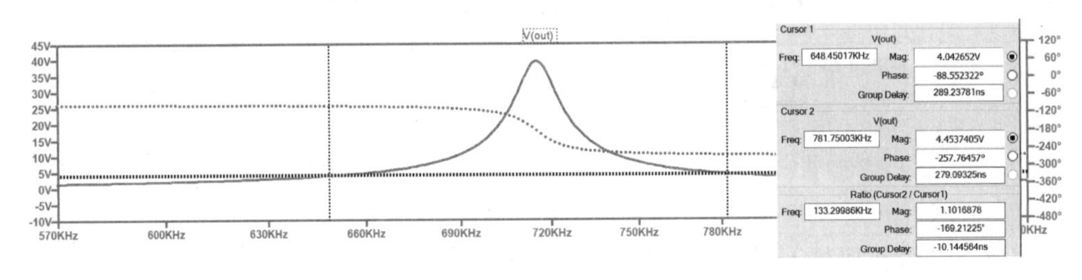


图 3.2.5 高频小信号放大器的 0.1 倍带宽

注意:要把 Small signal AC analysis(AC)的 AC Amplitude 的数值设置为 1。

根据高频小信号放大器输出波形和幅频特性曲线计算带宽、矩形系数等数据,并说明相应的结论。

**4. 输入输出信号测试**

设置不同频率的输入信号,观测输出信号的变化。设置输入信号频率为 714kHz,幅值为 20mV,输入输出波形整体图和局部放大图如图 3.2.6 所示。

设置输入信号频率为 600kHz,幅值为 20mV,输入输出波形如图 3.2.7 所示。

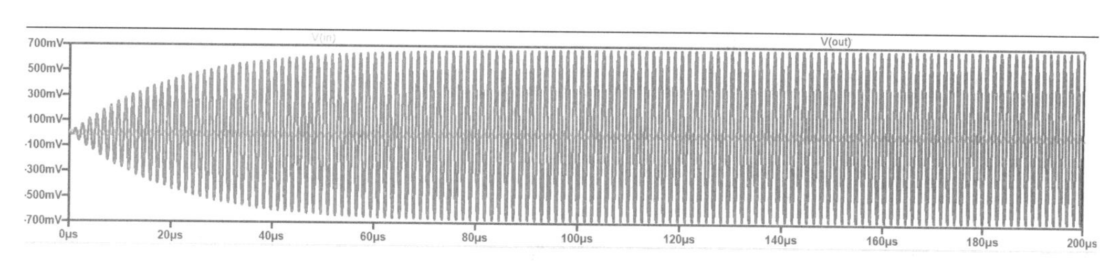


(a) 整体输入输出波形

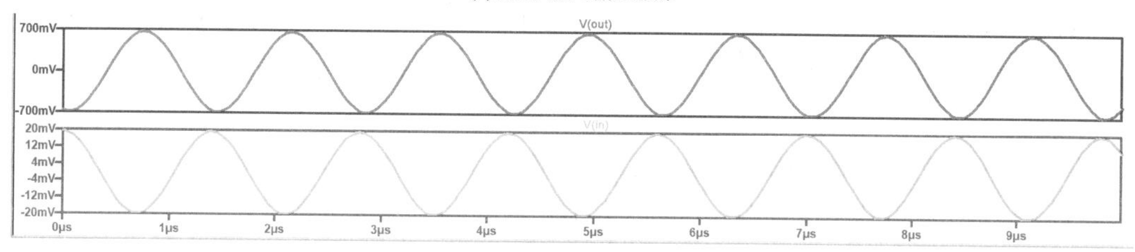


(b) 局部放大输入输出波形

图 3.2.6 输入信号,714kHz,20mV,输入输出波形

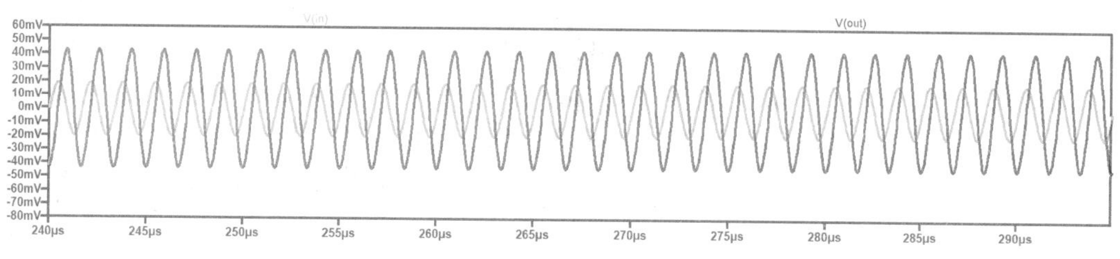


图 3.2.7 输入信号,600kHz,20mV,输入输出波形对比图

设置输入信号频率为 1000kHz,幅值为 20mV,输入输出波形如图 3.2.8 所示。

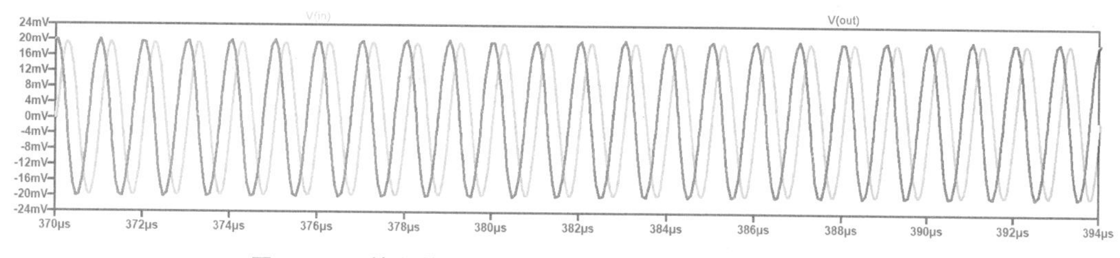


图 3.2.8 输入信号,1000kHz,20mV,输入输出波形对比图

根据以上仿真现象、数据,进行总结,给出结论。

## 3.2.3 举一反三——高频小信号放大器设计

根据所学高频小信号放大器的知识,设计并仿真一个高频小信号放大器,技术指标如下：电源电压 $V_{CC}=12V$，输入信号峰值小于 5mV；中心频率为 10.7MHz；负载为 100Ω 时，增益大于 25dB，带宽 BW 小于 1MHz，矩形系数小于 10。

## 3.3 高频功率放大器

### 3.3.1 高频功率放大器的设计原理

高频功率放大器由输入谐振回路、非线性器件(晶体管)和输出谐振回路组成。输入谐振回路和输出谐振回路的作用是提供放大器所需的直流偏置，滤波选取基波分量，并实现阻抗匹配。

高频功率放大器主要考虑输入输出回路的直流馈电线路的设计，馈电方式包括输出集电极回路的串馈或并馈方式和输入基极回路的串馈、并馈、自给偏压方式。

源文件

### 3.3.2 高频功率放大器的原理电路仿真验证

#### 1. 建立仿真电路

根据高频功率放大器的电路原理和电路设计原则，设计仿真电路如图 3.3.1 所示。基极采用自给偏压的方式，采用直流电源设置负偏置电压，降低静态功耗，提高效率；集电极采用串馈的直流馈电方式；输出回路利用 LC 并联谐振回路实现阻抗匹配和选频的作用。从集电极余弦脉冲电流中选出基波电流分量输出不失真的基波电压；负载电路通过电容耦合输出。

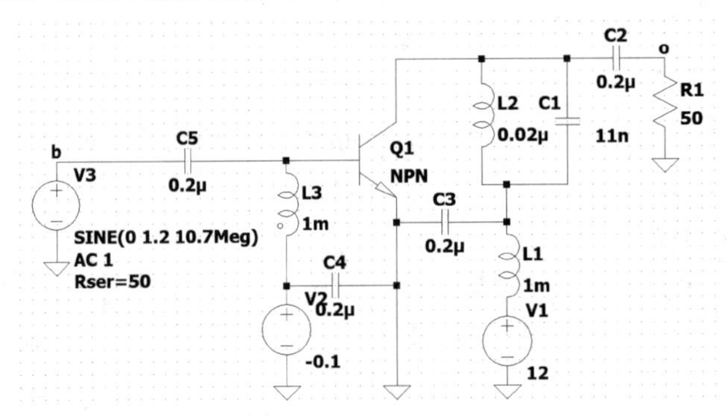


图 3.3.1 高频丙类谐振功率放大器仿真电路

图 3.3.1 中，输入信号幅值为 1.2V，频率为 10.7MHz，内阻为 50Ω。根据输入信号频率确定选频网络 L2 和 C1 的值。C2、C5 是耦合电容，C3、C4 是旁路电容，L1、L3 是大电感，V2 是基极回路的负偏置直流电压，V1 是集电极直流电压。

#### 2. 输入输出信号电压测试

设置输入信号频率为 10.7MHz，幅值为 1.2V，输入输出电压波形如图 3.3.2 所示。

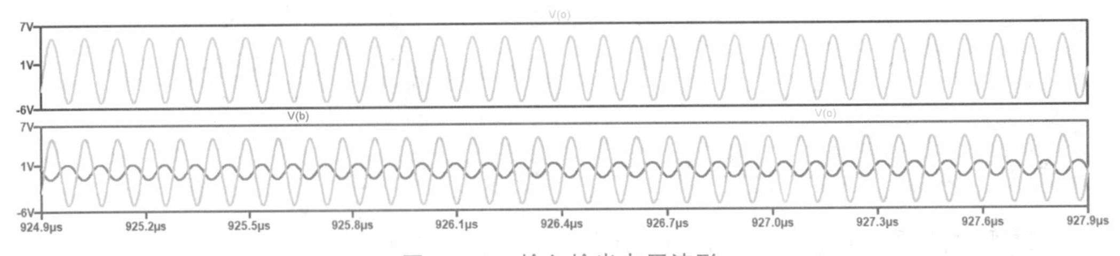


图 3.3.2 输入输出电压波形

在同样的输入信号条件下，输入电压、输出电压、输入基极电流、输出集电极电流波形如图 3.3.3 所示。

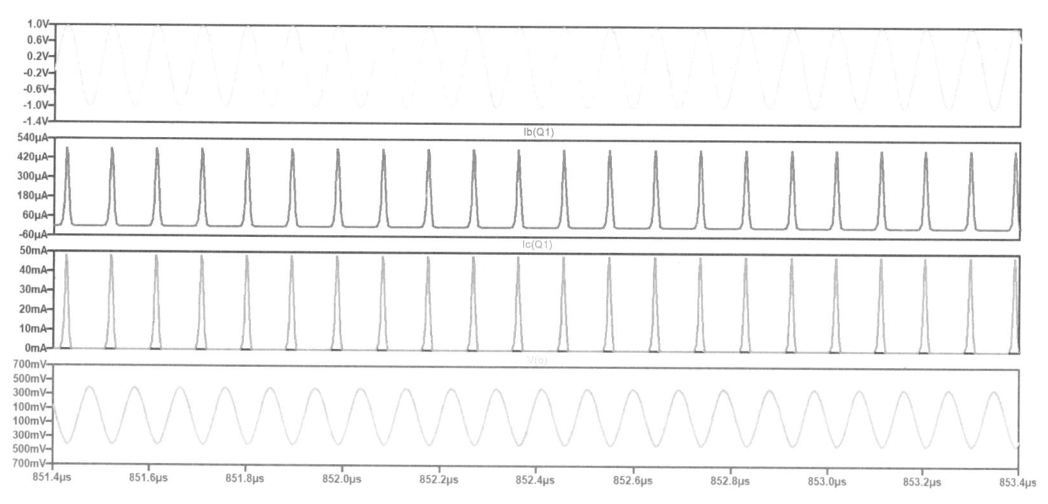


图 3.3.3　输入电压、输出电压、输入基极电流、输出集电极电流波形

根据以上仿真现象、数据，进行总结，给出结论。

### 3. 输入输出信号频谱测试

在输入输出电压波形测试的基础上，激活波形窗口为当前窗口，执行 View→FFT 菜单命令，对输入输出信号进行 FFT 分析，更改坐标为线性坐标，得到输入电压频谱如图 3.3.4 所示，输出电压频谱如图 3.3.5 所示，输出集电极电流频谱如图 3.3.6 所示。

根据以上仿真现象、数据，进行总结，给出结论。

### 4. 三种工作状态的测试

这里用到变量的扫描，简单介绍。

在 LTspice 中，变量可以按照线性、对数、列表的方式进行仿真。变量名称需要使用“{ }”。

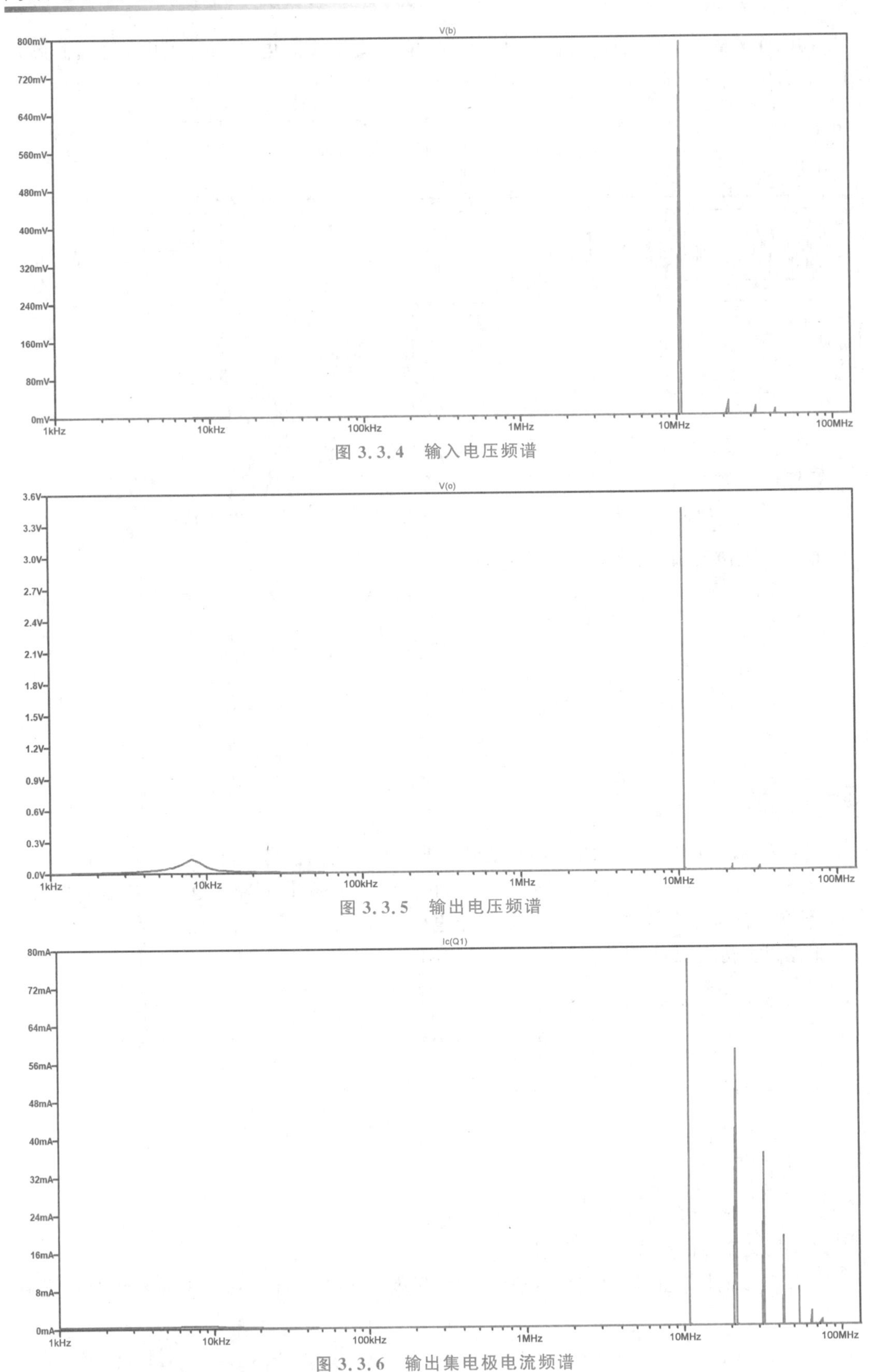


图 3.3.4 输入电压频谱

图 3.3.5 输出电压频谱

图 3.3.6 输出集电极电流频谱

(1) 线性变化的语法：.step param <参数名称> <初始值> <最终值> <步长>，例如，幅值为变量，仿真指令.step param Vbm 1.0 1.5 0.1，表示信号的幅值 Vbm 从 1.0V 变化到 1.5V，变化的步长为 0.1V。

(2) 对数变化的语法：.step param <参数名称> < OCT/DEC > <初始值> <最终值> <对数区间点数>，OCT/DEC 表示对数以 8 倍(OCT)或 1 倍(DEC)设定。

(3) 列表变化的语法：.step param <参数名称> list <值 1 >  <值 2 >  … <值 n >，例如，幅值为变量，仿真指令.step param Vbm 1.0 1.2 1.3 1.4 1.5，表示信号的幅值 Vbm 分别按照 1.0V 1.2V 1.3V 1.4V 1.5V 执行指令。

在电路图中设置输入信号的幅值为变量“Vbm”，如图 3.3.7 所示。添加仿真指令，“.step param Vbm 1.0 1.5 0.1”，如图 3.3.8 所示。仿真，测试集电极电流，如图 3.3.9 所示。设置输入信号电压幅值为 1.4～1.7V，变化量为 0.1V。输出集电极电流波形如图 3.3.10 所示。

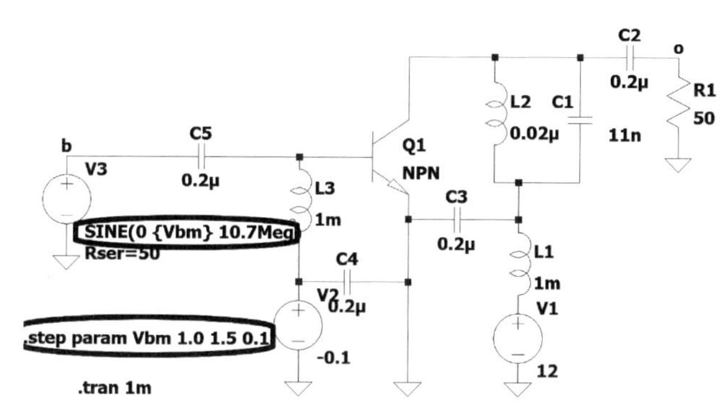


图 3.3.7 高频功率放大器

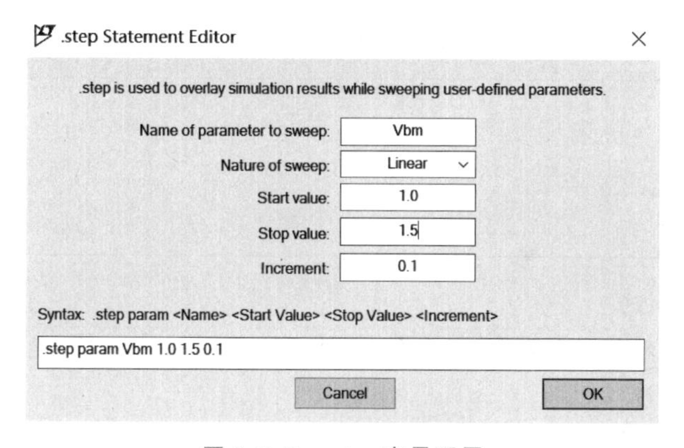


图 3.3.8 .step 变量配置

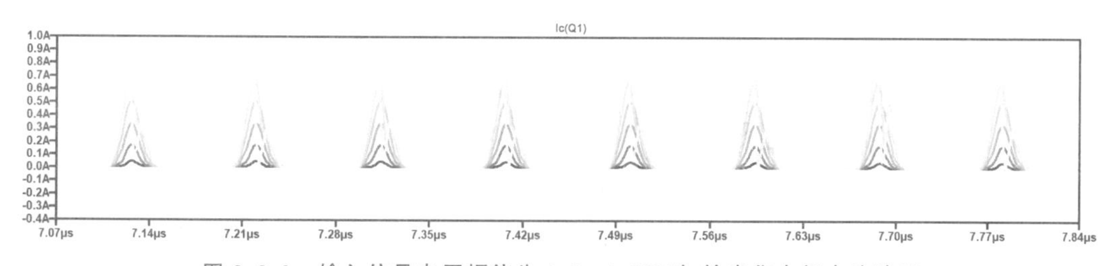


图 3.3.9 输入信号电压幅值为 1.0～1.5V 时，输出集电极电流波形

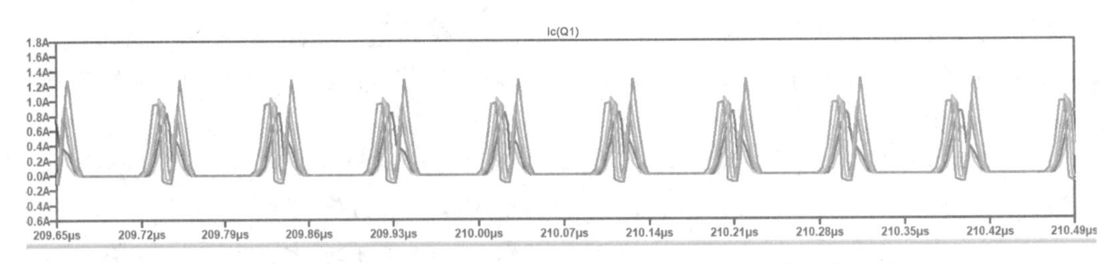


图 3.3.10　输入信号电压幅值为 1.4～1.7V 时，输出集电极电流波形

根据以上仿真现象、数据，进行总结，给出结论。

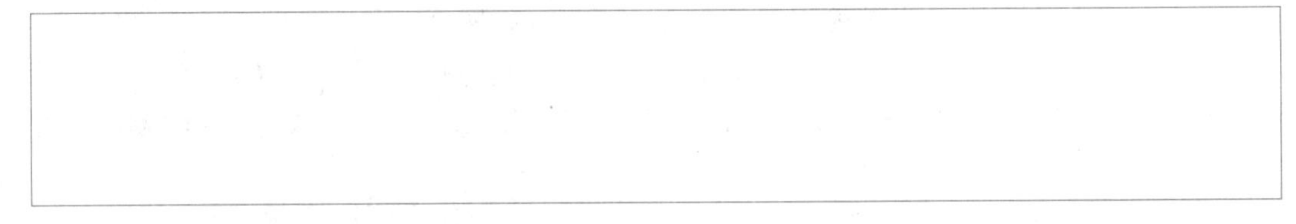

5. 放大特性的测试

按照同样的方式，设置输入信号电压幅值为 0.5～1.5V，变化量为 0.1V。输出集电极电流波形如图 3.3.11 所示。

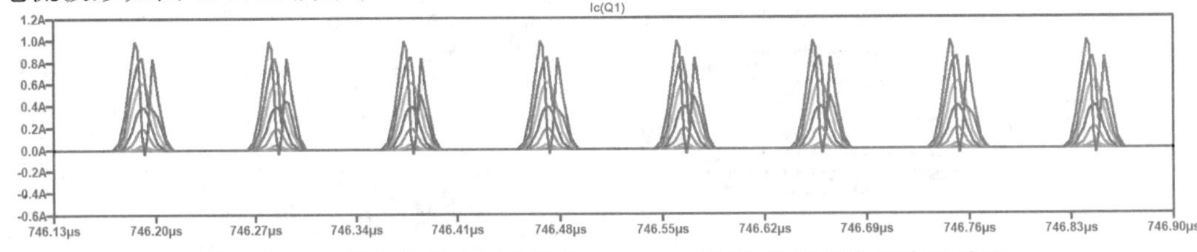


图 3.3.11　输入信号电压幅值为 0.5～1.5V 时，输出集电极电流波形

根据以上仿真现象、数据，进行总结，给出结论。

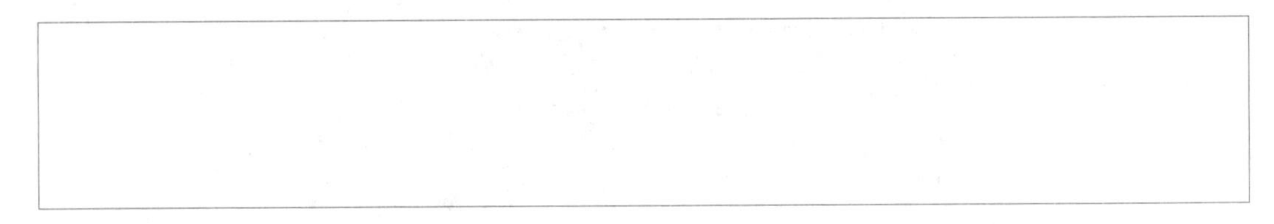

6. 倍频特性的测试

根据输出信号与输入信号的频率关系，更改 LC 谐振回路参数，电路结构基本不变，如图 3.3.12 所示。

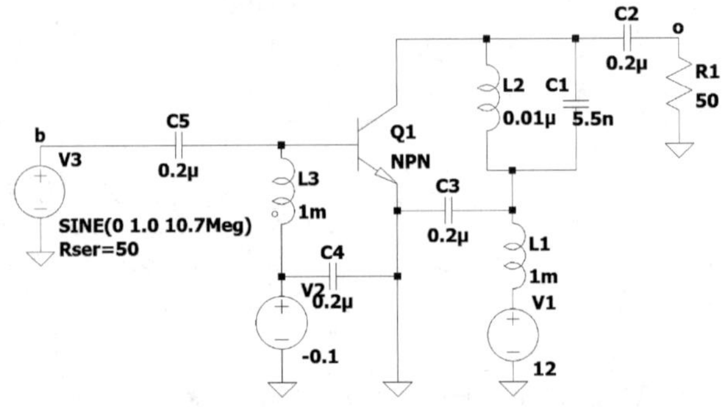


图 3.3.12　倍频仿真电路

测试输入基极电压、集电极电流、输出电压，波形如图3.3.13所示。

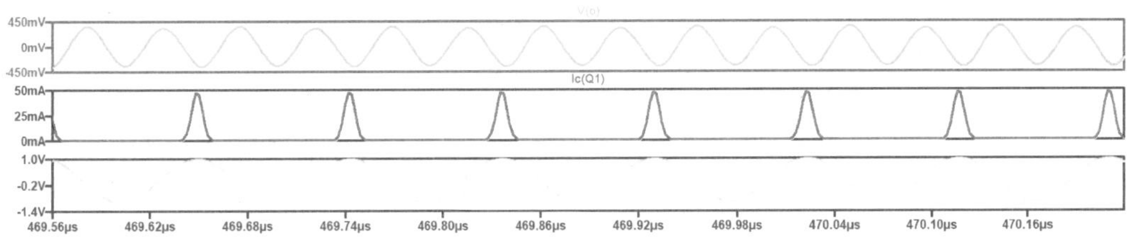


图3.3.13 输入电压、集电极电流、输出电压波形

根据以上仿真现象、数据，进行总结，给出结论。

7. 幅频特性的测试

利用软件交流分析功能，进行幅频特性和相频特性分析，分析结果如图3.3.14所示。注意：要把“Small signal AC analysis(AC)”的“AC Amplitude”的数值设置为1。

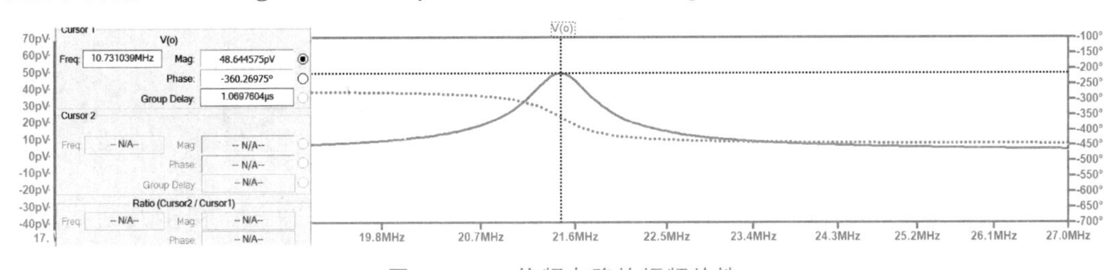


图3.3.14 倍频电路的幅频特性

根据以上仿真现象、数据，进行总结，给出结论。

## 3.3.3 举一反三——高频功率放大器设计

根据所学高频功率放大器的知识，设计并仿真一个高频功率放大器，技术指标如下：电源电压$V_{CC}=12V$，负载为50Ω；输出信号中心频率为10.7MHz；效率大于80%；调整电路参数，观察三种不同的工作状态。

# 3.4 LC正弦波振荡器

## 3.4.1 LC正弦波振荡器的设计原理

振荡电路的功能是在没有外加输入的情况下，电路自动将直流电源提供的能量转换为具有一定的频率、一定的波形和一定的振幅的交流振荡电路输出。

反馈型振荡电路由放大器和反馈网络组成。在设计反馈型振荡电路时，主要考虑放大器的静态工作点、反馈系数和负载电阻。

衡量振荡器的主要指标有振荡频率和频率稳定度。振荡频率主要由选频网络决定，因此设计一定频率的振荡器时要根据振荡频率合理选取选频网络的器件和参数。

典型的 LC 三点式振荡器有以下几种：电容反馈型（考比兹电路）、电容串联改进型（克拉泼电路）、电容并联型（西勒电路）和电感反馈型（哈特莱电路）。频率稳定度较高的振荡电路有串联型晶体振荡器和并联型晶体振荡器。

源文件

## 3.4.2 电容三点式正弦波振荡器的原理电路仿真验证

### 1. 建立仿真电路

根据振荡器的电路原理和电路设计原则，电容三点式正弦波振荡器仿真电路如图 3.4.1 所示。其中，Q1 为三极管，实现放大功能；R2、R3、R4 为电阻，用于设置静态工作点；C3、C5、C6 是耦合电容；L2、C1、C2 构成谐振回路；R5 为负载电阻；V1 为直流电压源，幅值为 12V。可设置 R2 或 R3 为可变电路，调节静态工作点。L1 和 C1、C2 构成谐振选频网络。

该振荡器的振荡频率为

$$f_0=\frac{1}{2\pi\sqrt{LC_\Sigma}}=\frac{1}{2\pi\sqrt{L\dfrac{C_1C_2}{C_1+C_2}}}$$

理论计算 LC 谐振回路的谐振频率近似为 9.69MHz。

### 2. 静态工作点测试

进行静态工作点分析，分析结果如图 3.4.2 所示。$I_{CQ}$ 为 2.29mA，初步判断比较合适，再进行动态分析，若输出失真或者不能起振，再返回来调试 R2。

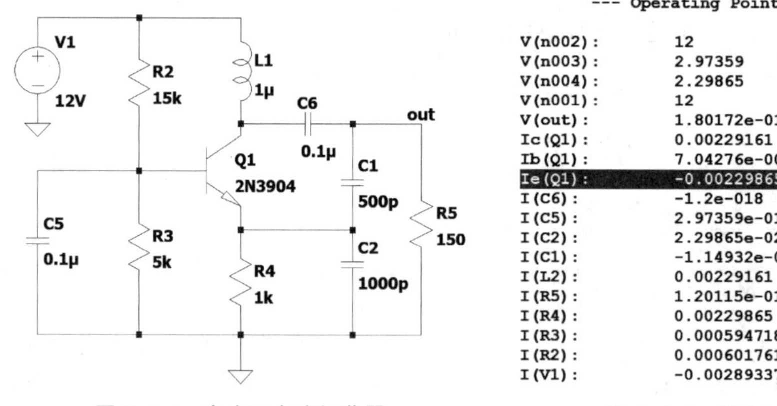


图 3.4.1 电容三点式振荡器

--- Operating Point ---

| | | |
|---|---|---|
| V(n002): | 12 | voltage |
| V(n003): | 2.97359 | voltage |
| V(n004): | 2.29865 | voltage |
| V(n001): | 12 | voltage |
| V(out): | 1.80172e-016 | voltage |
| Ic(Q1): | 0.00229161 | device_current |
| Ib(Q1): | 7.04276e-006 | device_current |
| Ie(Q1): | -0.00229865 | device_current |
| I(C6): | -1.2e-018 | device_current |
| I(C5): | 2.97359e-019 | device_current |
| I(C2): | 2.29865e-021 | device_current |
| I(C1): | -1.14932e-021 | device_current |
| I(L2): | 0.00229161 | device_current |
| I(R5): | 1.20115e-018 | device_current |
| I(R4): | 0.00229865 | device_current |
| I(R3): | 0.000594718 | device_current |
| I(R2): | 0.000601761 | device_current |
| I(V1): | -0.00289337 | device_current |

图 3.4.2 静态工作点分析

### 3. 振荡过程测试

测试起振过程，起振时的输出波形如图 3.4.3 所示，稳定后的输出波形如图 3.4.4 所示。

### 4. 输出信号的 FFT 测试

在获得稳定的输出时域波形后，激活波形显示窗口，执行 View→FFT 菜单命令，测试

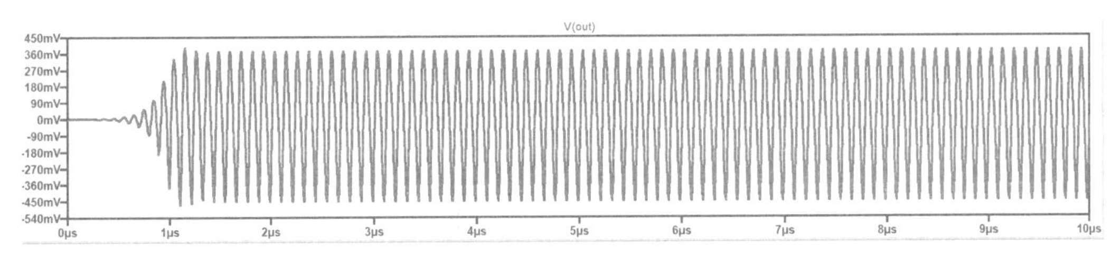


图 3.4.3　起振时的输出波形

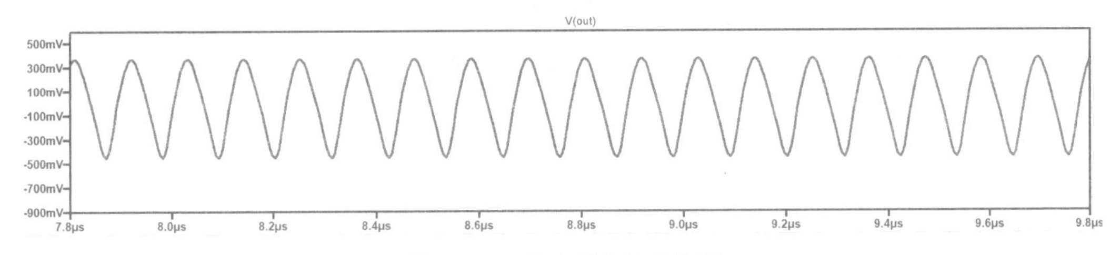


图 3.4.4　稳定后的输出波形

输出信号频谱，如图 3.4.5 所示。

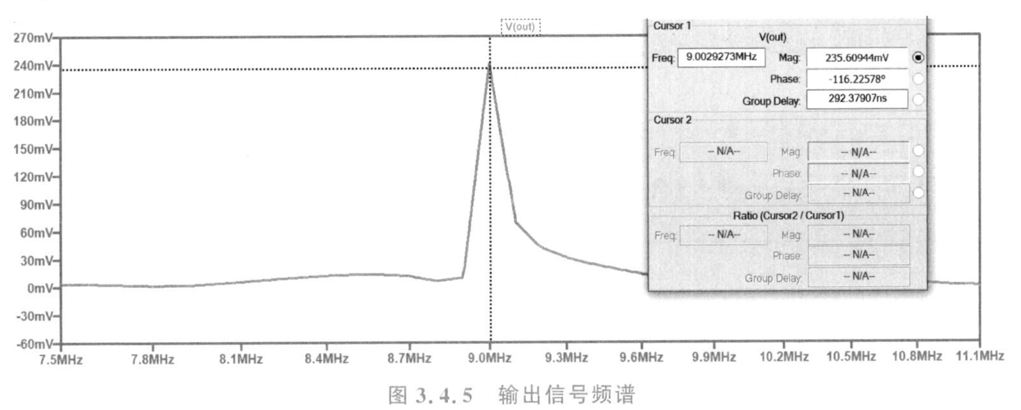


图 3.4.5　输出信号频谱

根据以上仿真现象、数据，进行总结，给出结论。

5. 静态工作点对起振的影响

通过更改 R2 来改变电路的静态工作点，也可改变直流通路中的其他参数。

设置 R2＝1kΩ，测试输出电压，波形如图 3.4.6 所示。

设置 R2＝10kΩ，测试输出电压，波形如图 3.4.7 所示。

设置 R2＝30kΩ，测试输出电压，波形如图 3.4.8 所示。

设置 R2＝50kΩ，测试输出电压，波形如图 3.4.9 所示。

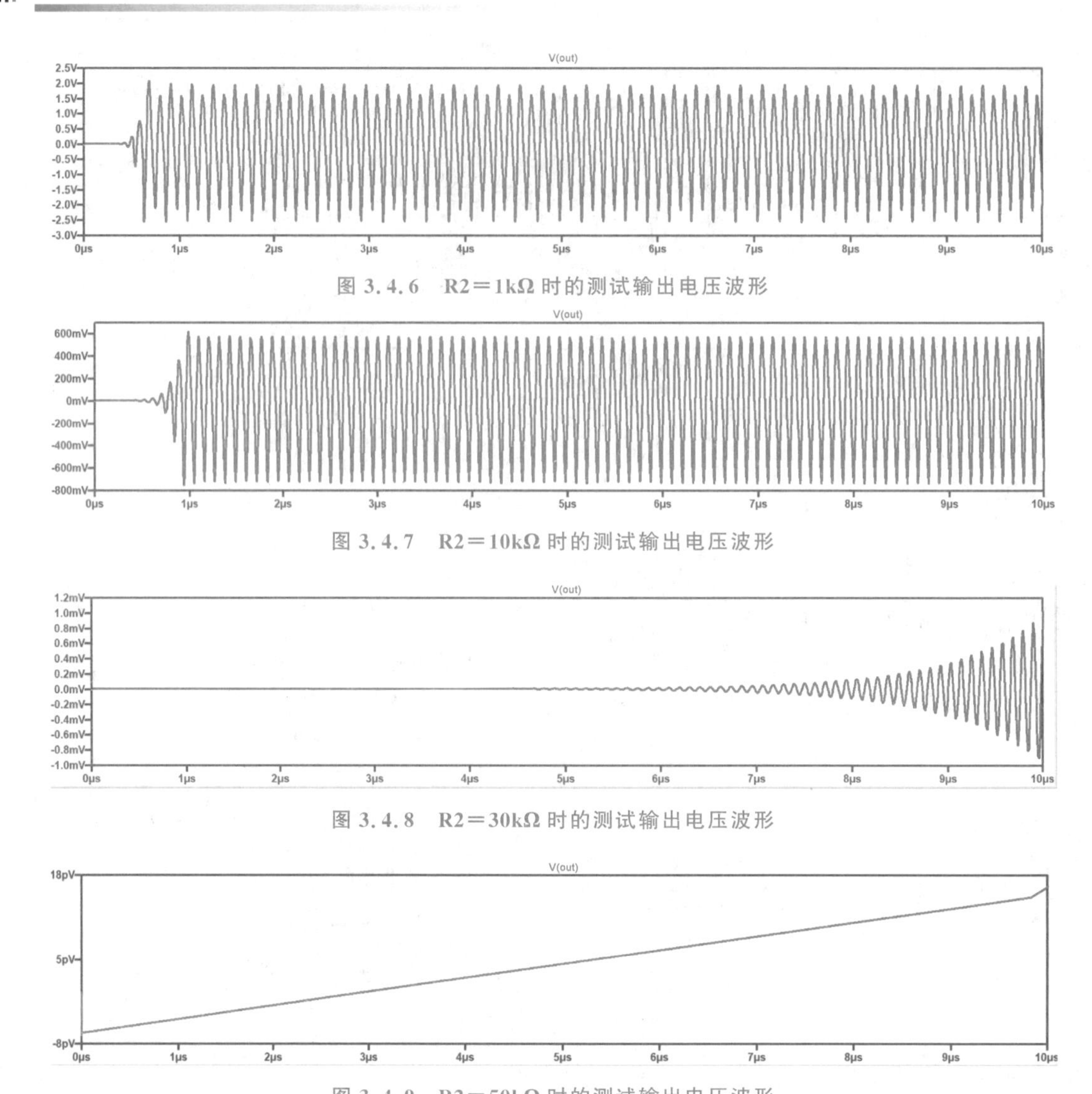


图 3.4.6　R2＝1kΩ 时的测试输出电压波形

图 3.4.7　R2＝10kΩ 时的测试输出电压波形

图 3.4.8　R2＝30kΩ 时的测试输出电压波形

图 3.4.9　R2＝50kΩ 时的测试输出电压波形

根据以上仿真现象、数据，进行总结，给出结论。

源文件

## 3.4.3　电感三点式正弦波振荡器的原理电路仿真验证

### 1. 建立仿真电路

根据振荡器的电路原理和电路设计原则，电感三点式正弦波振荡器的仿真电路如图 3.4.10 所示。其中，Q1 为三极管，实现放大功能；R1、R2、R3、R4 是电阻，用于设置静态工作点；C3、C5、C6 是耦合电容；L2、C1、L2 构成谐振回路；R5 为负载电阻。V1 为直流电压源，幅值为12V。可设置R2或R3为可变电路，调节静态工作点。L1和C1、L2构成谐振选频网络。

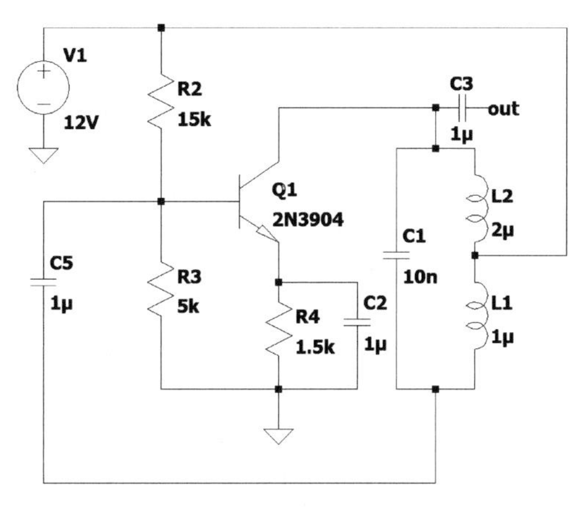


图3.4.10 电感三点式振荡器

该振荡器的振荡频率为

$$f_0=\frac{1}{2\pi\sqrt{L_{\Sigma}C_1}}=\frac{1}{2\pi\sqrt{(L_1+L_2)C_1}}$$

理论计算LC谐振回路的谐振频率近似为0.9193MHz。

2. 输出信号测试

测试起振过程和稳定后的波形如图3.4.11所示，输出波形频谱如图3.4.12所示。

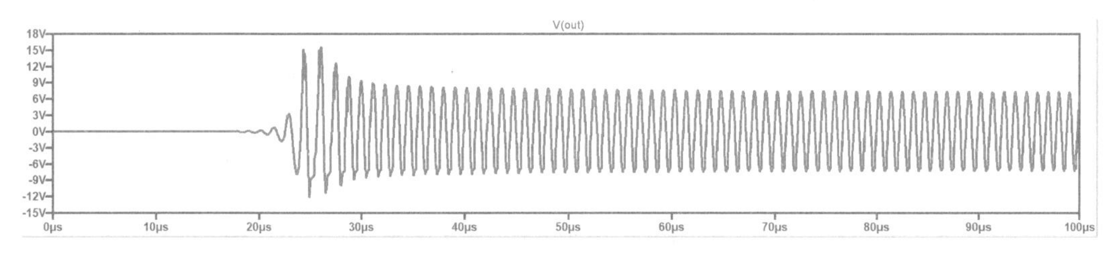


图3.4.11 输出波形

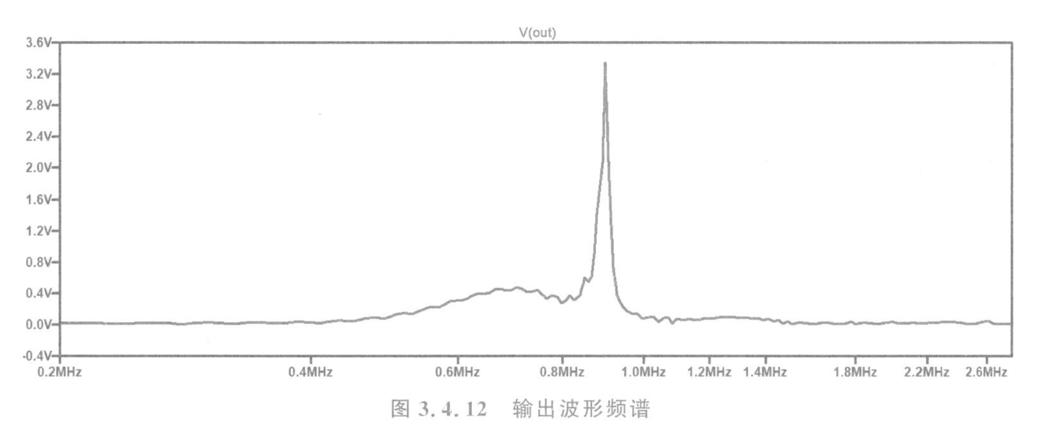


图3.4.12 输出波形频谱

根据以上仿真现象、数据，进行总结，给出结论。

源文件

## 3.4.4 克拉泼振荡器的原理电路仿真验证

### 1. 建立仿真电路

克拉泼振荡器的特点是在振荡回路中加一个与电感串接的小电容，仿真电路如图 3.4.13 所示。其中，Q1 为三极管，实现放大功能；R1、R2、R4、R5 是电阻，用于设置静态工作点；C1、C6 是耦合电容；L1、C1、C2、C3 构成谐振回路；R3 为负载电阻；V1 为直流电压源，幅值为 12V。可设置 R1 或 R2 为可变电路，调节静态工作点。

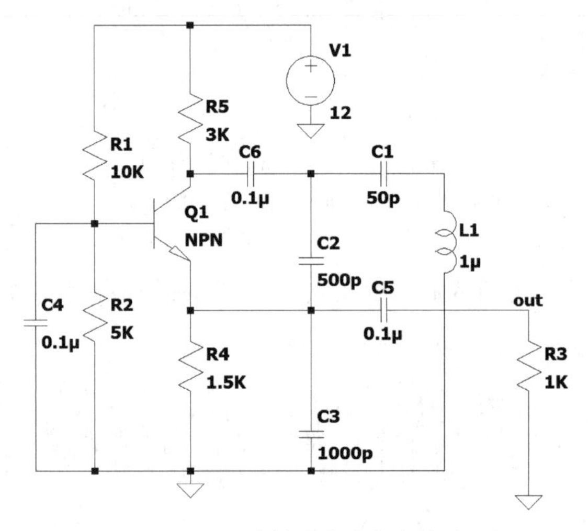


图 3.4.13 克拉泼电路仿真电路

该振荡器的振荡频率为

$$f_0=\frac{1}{2\pi\sqrt{L_1C_\Sigma}}=\frac{1}{2\pi\sqrt{L_1\left(\frac{1}{C_1}+\frac{1}{C_2}+\frac{1}{C_3}\right)}}\approx\frac{1}{2\pi\sqrt{L_1C_3}}$$

理论计算 LC 谐振回路的谐振频率近似为 22.523MHz。

### 2. 集电极电流和输出信号测试

测试集电极电流，波形如图 3.4.14 所示。测试输出电压，波形如图 3.4.15 所示。

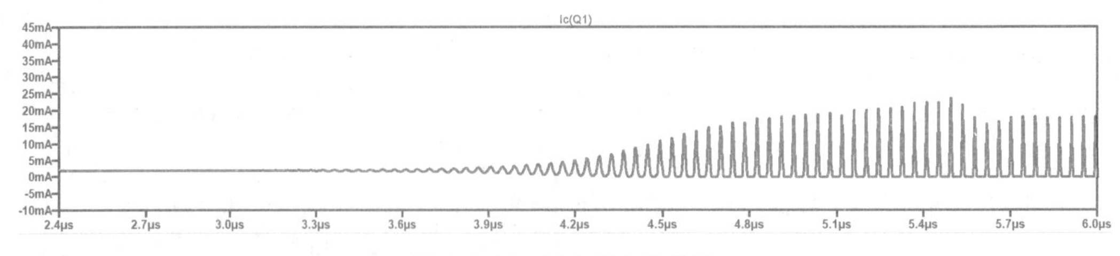


图 3.4.14 集电极电流波形

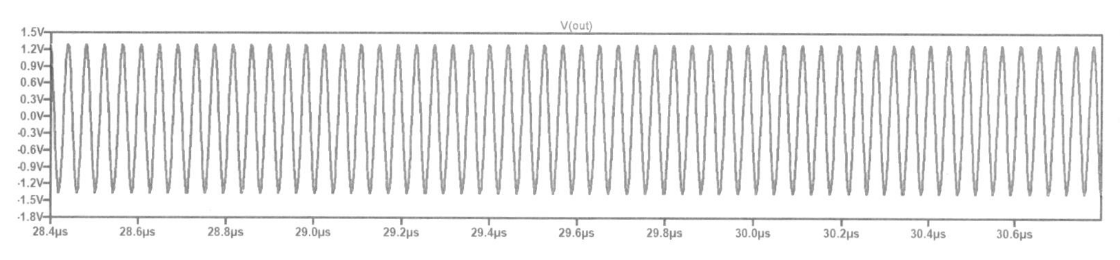


图 3.4.15 输出电压波形

根据以上仿真现象、数据，进行总结，给出结论。

## 3.4.5 西勒振荡器的原理电路仿真验证

源文件

### 1. 建立仿真电路

西勒振荡器是另一种改进的电容反馈振荡器，特点是与电感 L 支路再并联一个小电容。仿真电路如图 3.4.16 所示。其中，Q1 为三极管，实现放大功能；R1、R2、R4、R5 是电阻，用于设置静态工作点；C1、C6 是耦合电容；L1、C2、C3、C4 构成谐振回路；R3 为负载电阻；V1 为直流电压源，幅值为 12V。可设置 R1 或 R2 为可变电路，调节静态工作点。

该振荡器的振荡频率为

$$f_0=\frac{1}{2\pi\sqrt{L_1C_\Sigma}}=\frac{1}{2\pi\sqrt{L_1\left[\left(\frac{1}{C_1}+\frac{1}{C_2}+\frac{1}{C_3}\right)+C_4\right]}}\approx\frac{1}{2\pi\sqrt{L_1(C_3+C_4)}}$$

理论计算 LC 谐振回路的谐振频率近似为 21.502MHz。

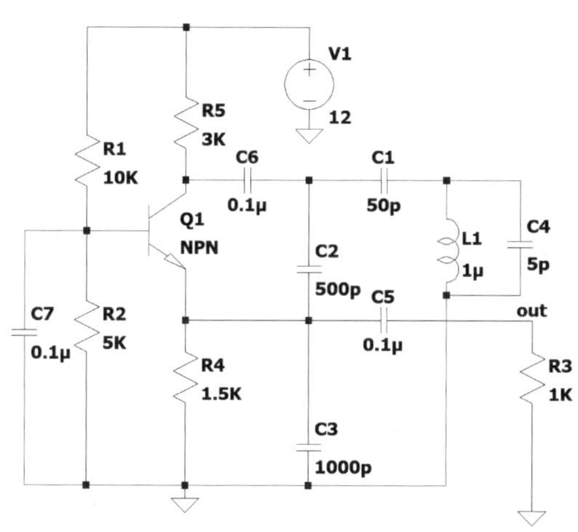


图 3.4.16 西勒振荡器仿真电路

### 2. 输出信号测试

测试输出电压，输出稳定以后的波形如图 3.4.17 所示。测试输出电压频谱如图 3.4.18

所示。

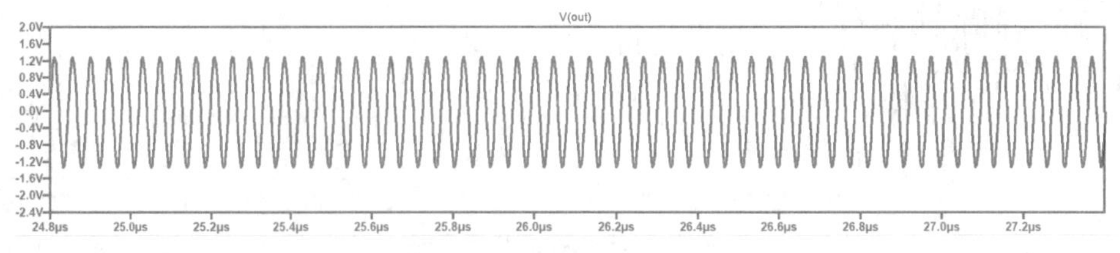


图 3.4.17　西勒振荡器输出电压波形

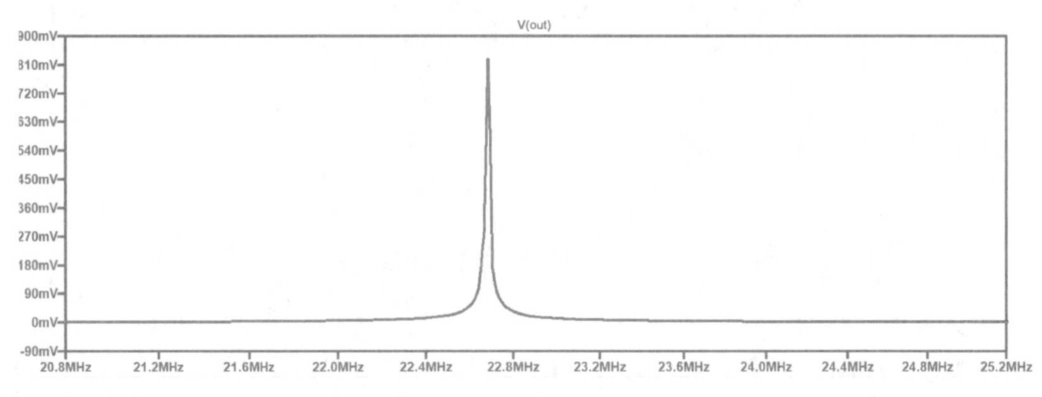


图 3.4.18　西勒振荡器输出电压频谱

根据以上仿真现象、数据，进行总结，给出结论。

源文件

## 3.4.6　并联型晶体振荡器的原理电路仿真验证

### 1. 建立仿真电路

晶振的电路符号和等效电路如图 3.4.19 所示。它的主要参数包括静态的静态电容 $C_0$ 和动态电感 $L_q$、动态电容 $C_q$、动态电阻 $r_q$。

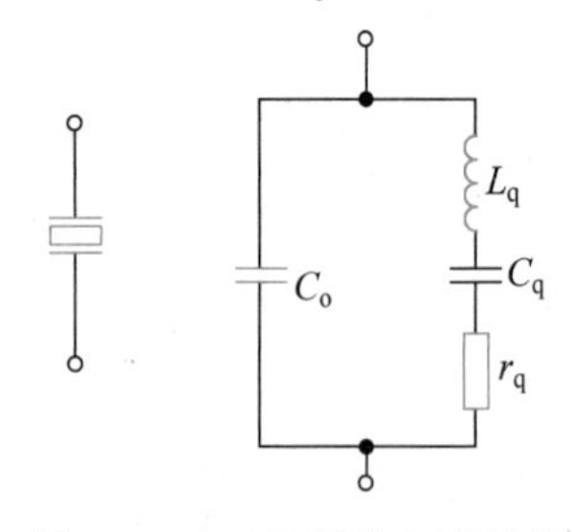


图 3.4.19　晶振的电路符号和等效电路

晶振元件的路径在“...\lib\sym\Misc”选择“xtal”，如图 3.4.20 所示。

晶振频率的设置，如图 3.4.21 所示。

并联型晶体振荡器的工作原理与一般三点式振荡器相同，不同的是将电感元件用晶体等效。仿真电路如图 3.4.22 所示。图中 Q1 为三极管，实现放大功能；R1、R2、R3、R4 为电阻，由于设置静态工作点；C5、C6 为旁路电容；C1、C2、C8 构成谐振回路；晶振 C8 相当于电感；R5 为负载电阻；V1 为直流电压源，幅值为 12V。可设置 R2 或 R3 为可变电路,调节静态工作点。

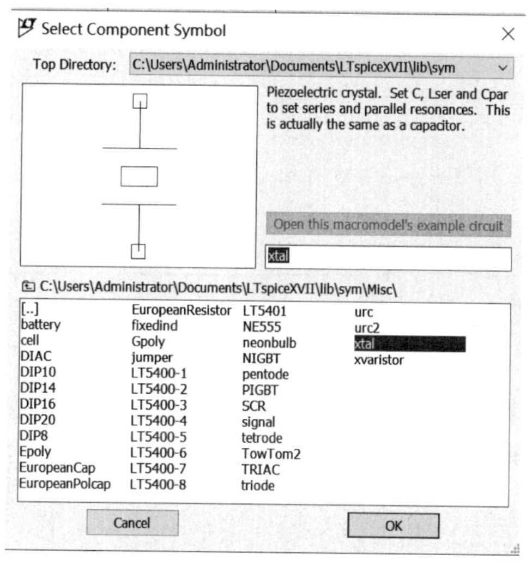


图 3.4.20 晶振元件路径

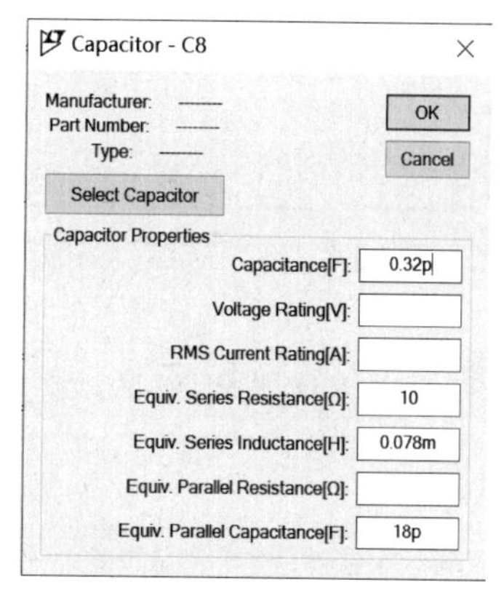


图 3.4.21 晶振频率的设置

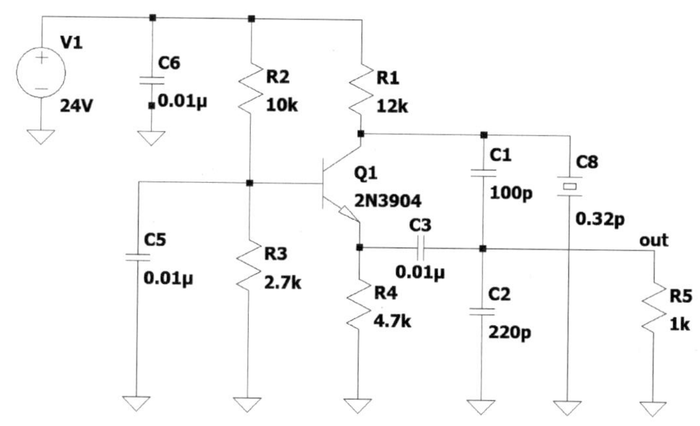


图 3.4.22 并联型晶体振荡器仿真电路

根据设置的晶体参数,该振荡器的并联谐振振荡频率为

$$f_{\mathrm{p}}=\frac{1}{2\pi\sqrt{L_{\mathrm{q}}\dfrac{C_{\mathrm{q}}C_{0}}{C_{\mathrm{q}}+C_{0}}}}$$

理论计算 LC 谐振回路的谐振频率近似为 32.156MHz。

## 2. 输出信号测试

测试输出电压,如图 3.4.23 所示。测试输出电压的频谱,如图 3.4.24 所示。

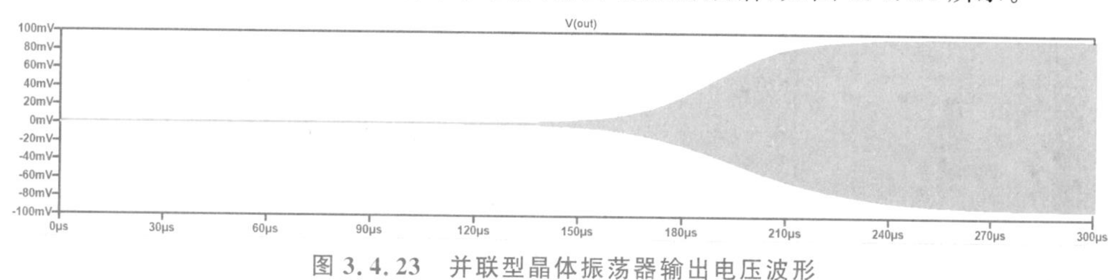


图 3.4.23 并联型晶体振荡器输出电压波形

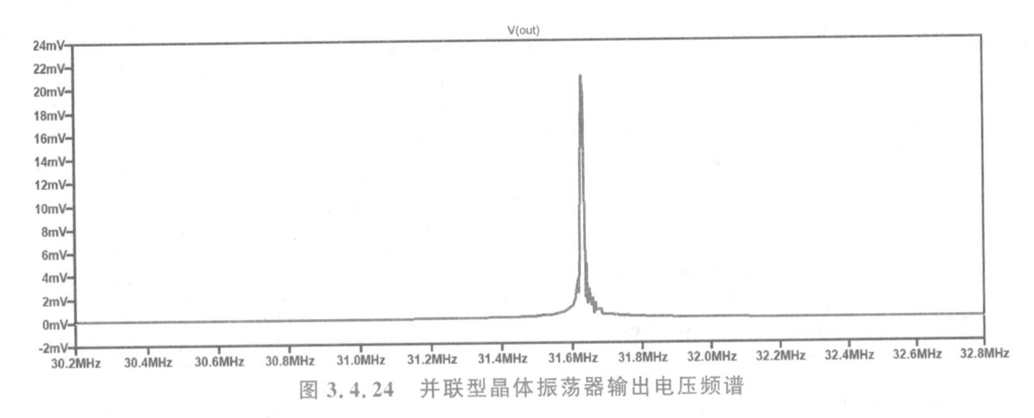


图 3.4.24 并联型晶体振荡器输出电压频谱

根据以上仿真现象、数据，进行总结，给出结论。

源文件

## 3.4.7 串联型晶体振荡器的原理电路仿真验证

### 1. 建立仿真电路

串联型晶体振荡器中，晶体工作在串联谐振频率上并作为短路元件，仿真电路如图 3.4.25 所示。图中，Q1 为三极管，实现放大功能；R2、R3、R4 为电阻，由于设置静态工作点；C5、C6 为旁路电容；C1、C2、L1 构成谐振回路；晶振 C8 相当于短路线；R5 为负载电阻；V1 为直流电压源，幅值为 12V。可设置 R2 或 R3 为可变电路，调节静态工作点。

根据设置的晶体参数，该振荡器的并联谐振振荡频率为

$$f_q = \frac{1}{2\pi\sqrt{L_q C_q}}$$

理论计算 LC 谐振回路的谐振频率近似为 31.87MHz。

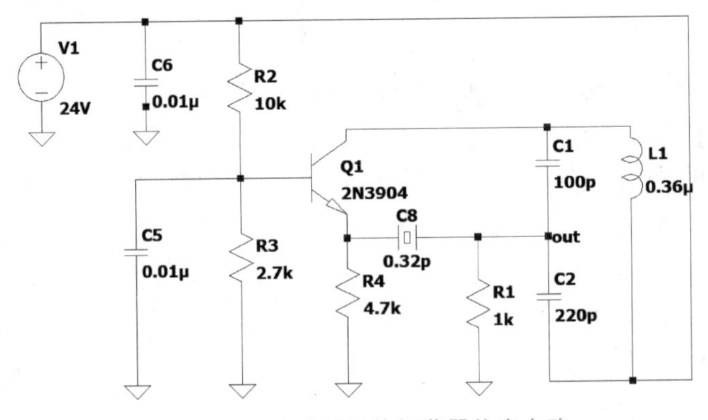


图 3.4.25 串联型晶体振荡器仿真电路

**2. 输出信号测试**

测试输出电压,如图 3.4.26 所示。测试输出电压频谱,如图 3.4.27 所示。

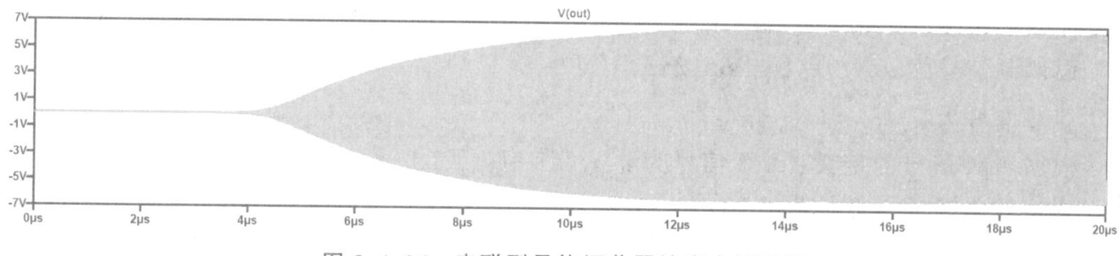


图 3.4.26　串联型晶体振荡器输出电压波形

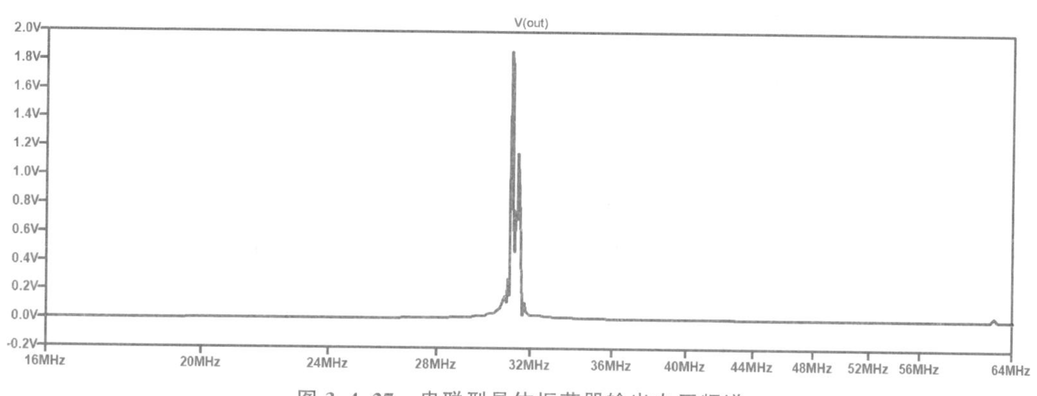


图 3.4.27　串联型晶体振荡器输出电压频谱

根据以上仿真现象、数据,进行总结,给出结论。

## 3.4.8　举一反三——高频振荡器设计

根据所学高频振荡器的知识,设计并仿真一个高频振荡器,技术指标如下:电源电压 $V_{CC}=12V$;输出信号频率为 10～15MHz;目测正弦输出无失真;振荡正弦波形输出电压为 1.0～3.0V。

# 3.5　振幅调制电路

## 3.5.1　振幅调制电路的设计原理

振幅调制电路的功能是将输入的调制信号和载波信号通过电路变换成高频调幅信号输出。振幅调制电路可分为高电平调幅电路和低电平调幅电路两大类。

## 3.5.2 AM 信号数学表达式振幅调制电路的原理电路仿真验证

**1. AM 的数学表达式**

设调制信号为 $u_F(t)=U_{Fm}\sin(2\pi Ft)$(V)

载波信号为 $u_c(t)=U_{cm}\sin(2\pi f_c t)$(V)

根据 AM 信号的定义：AM 信号为 $u_{AM}(t)=U_{cm}(1+m_a\sin(2\pi Ft))\sin(2\pi f_c t)$(V)

从数学角度对 AM 信号变形：$u_{AM}(t)=(1+m_a\sin(2\pi Ft))\times U_{cm}\sin(2\pi f_c t)$(V)

源文件

**2. AM 信号的数学表达式原理**

LTspice 中还有独立电压源或电流源。元件名称的词头是“B”，如“BV”表示电压源函数，“BI”表示电流源函数。电压源或电流源由几个电压源和电流源的函数组成，可以制作复杂运作的电源。在元件配置时，选择“bv 或 bi”，配置电路如图 3.5.1 所示。

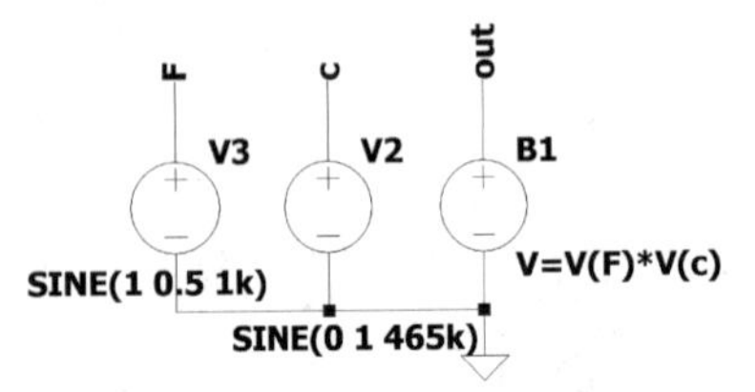

图 3.5.1 AM 信号表达式的仿真电路

使用复杂电源直接相乘获得的 AM 信号仿真电路如图 3.5.1 所示。设置 V(F)信号参数：直流偏置为 1V，幅值为 0.5V，频率为 1kHz；设置 V(c)信号参数：直流偏置为 0V，幅值为 1V，频率为 465kHz；则根据软件中的复杂电源的函数设置 V(out)信号为 V(out)= V(F) * V(c)。

**3. 信号波形和 FFT**

调制信号为 F，载波信号为 C，输出 AM 信号的时域波形如图 3.5.2 所示。输出 AM 信号频谱如图 3.5.3 所示。

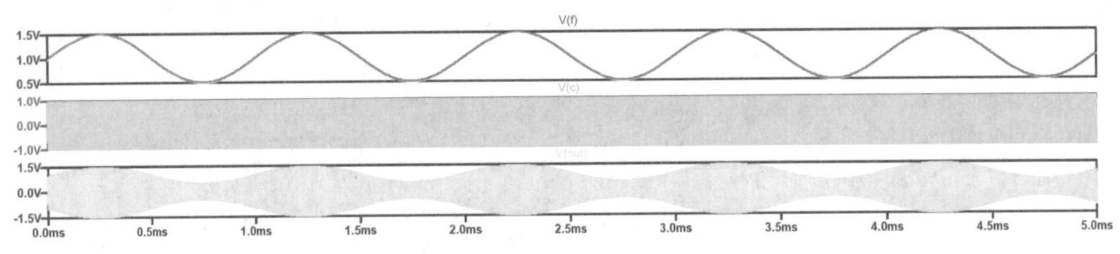

图 3.5.2 输出 AM 信号电压波形

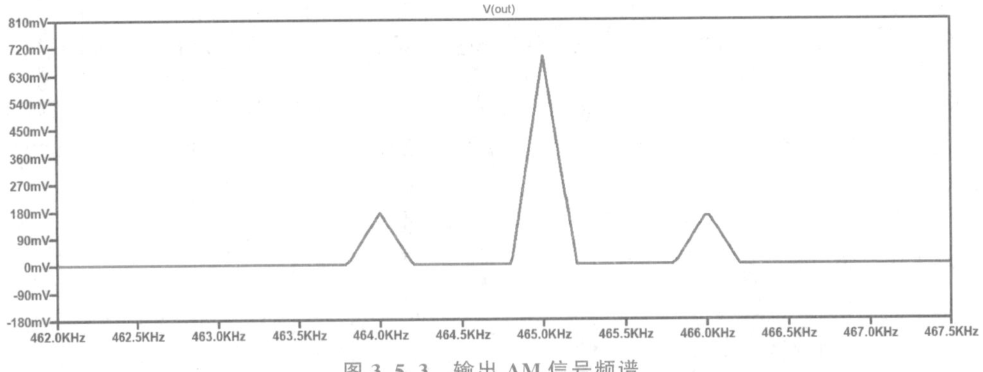

图 3.5.3 输出 AM 信号频谱

根据以上仿真现象、数据，进行总结，给出结论。

### 3.5.3 DSB 信号数学表达式的原理电路仿真验证

**1. DSB 的数学表达式**

设调制信号为 $u_{\mathrm{F}}(t)=U_{\mathrm{Fm}}\sin(2\pi Ft)(\mathrm{V})$

载波信号为 $u_{\mathrm{C}}(t)=U_{\mathrm{cm}}\sin(2\pi f_{\mathrm{c}}t)(\mathrm{V})$

根据 DSB 信号的定义：DSB 信号为 $u_{\mathrm{DSB}}(t)=u_{\mathrm{F}}(t)*u_{\mathrm{C}}(t)$

**2. DSB 信号的数学表达式原理**

LTspice 中有独立电压源或电流源。元件名称的首字母用"V"或"I"开始的电源称为独立电压源或独立电流源。

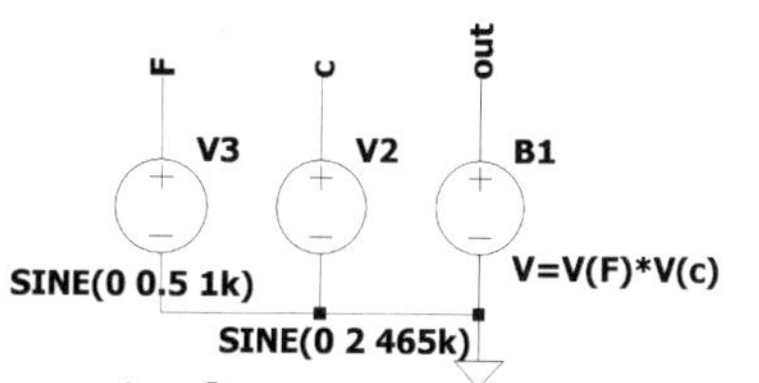


图 3.5.4 DSB 信号表达式的仿真电路

源文件

使用复杂电源直接相乘获得的 DSB 信号仿真电路如图 3.5.4 所示。设置 V(F)信号参数：直流偏置为 0V，幅值为 0.5V，频率为 1kHz；设置 V(c)信号参数：直流偏置为 0V，幅值为 2V，频率为 465kHz；则根据软件中的复杂电源的函数设置 V(out)信号为 V(out)=V(F) * V(c)。

**3. 信号波形和 FFT**

调制信号为 F，载波信号为 C，输出 DSB 信号的时域波形如图 3.5.5 所示。输出 DSB 信号频谱如图 3.5.6 所示。

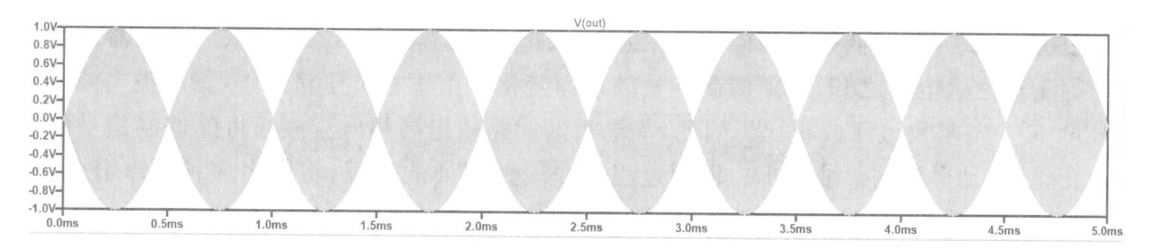


图 3.5.5 输出 DSB 信号时域波形

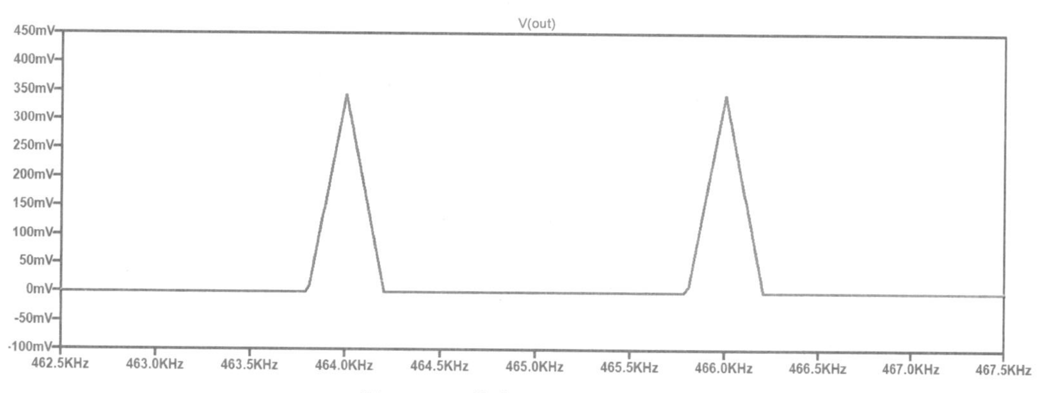


图 3.5.6 输出 DSB 信号的频谱

根据以上仿真现象、数据，进行总结，给出结论。

## 3.5.4 基极调幅电路的原理电路仿真验证

### 1. 建立仿真电路

基极调幅，就是用调制信号电压来改变高频功率放大器的基极偏压，以实现调幅。基本电路如图 3.5.7 所示。

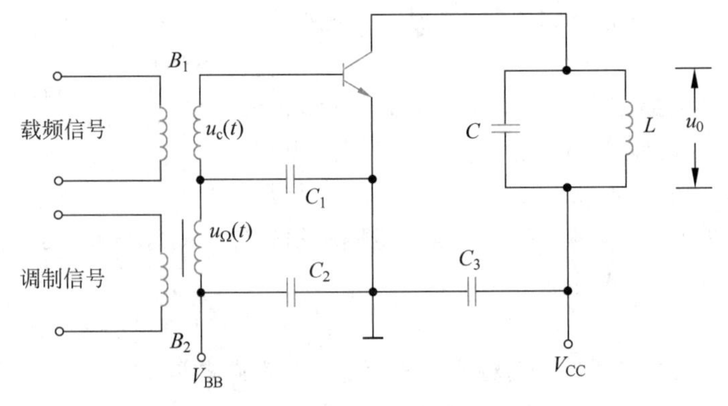


图 3.5.7 基极调幅电路原理图

由图 3.5.7 可知，低频调制信号电压 $U_\Omega\cos\Omega t$ 与直流偏压 $V_{BB}$ 相串联。放大器的有效偏压等于这两个电压之和，它随调制信号波形而变化。由于在欠压状态下，集电极电流的基波分量 $I_{cm1}$ 与基极电压成正比。因此，集电极的回路输出高频电压振幅将随调制信号的波形而变化，于是得到调幅波输出。调幅过程是非线性变换的过程，将产生多种频率分量，所以调幅电路应带 LC 滤波器，用来滤除不需要的频率分量。为了获得有效的调幅，基极调幅电路必须总是工作于欠压状态。

基极调幅是在丙类谐振功率放大器基础上实现的，既具有功率放大的作用，又能实现调幅，所以是高电平调幅。

根据高频谐振功率放大器的电路原理，建立基极调幅电路的仿真电路，如图 3.5.8 所示。图中“K1 L1 L2 1”是软件中设置变压器的指令，表示电感 L1 和 L2 耦合为变压器，耦合系数为 1；同样“K2 L3 L4 1”表示电感 L3 和 L4 耦合为变压器，耦合系数为 1；同样“K3 L5 L6 1”表示电感 L5 和 L6 耦合为变压器，耦合系数为 1。V1 是载波信号，通过变压器 K1 耦合输入基极；V2 是调制信号，通过变压器 K2 耦合输入基极；V4 是直流电压源，为基极设置负偏置电压；V3 是直流电压源，为集电极供电电压；输出信号从变压器 K3 耦合输出。此电路中未考虑阻抗匹配。

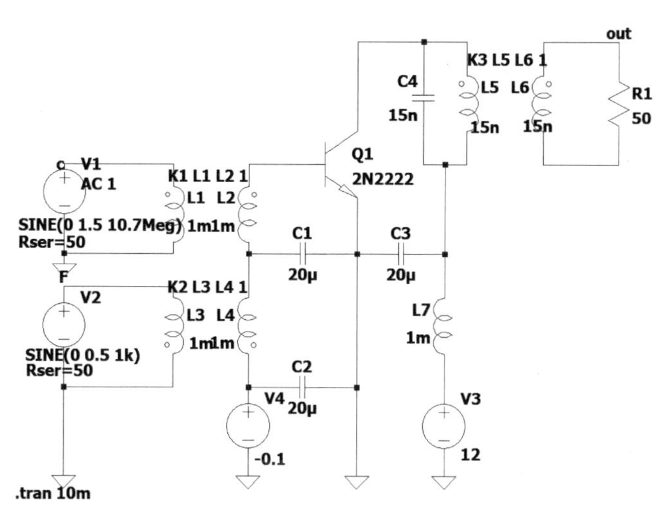


图 3.5.8 基极调幅电路仿真电路

2. 输入输出信号电压波形测试

设置输入载波信号频率为 10.7MHz，幅值为 1.5V，调制信号频率为 1kHz，幅值为 0.5V。测试输出集电极电流，整体波形如图 3.5.9 所示，局部放大波形如图 3.5.10 所示。测试输出电压，波形如图 3.5.11 所示。

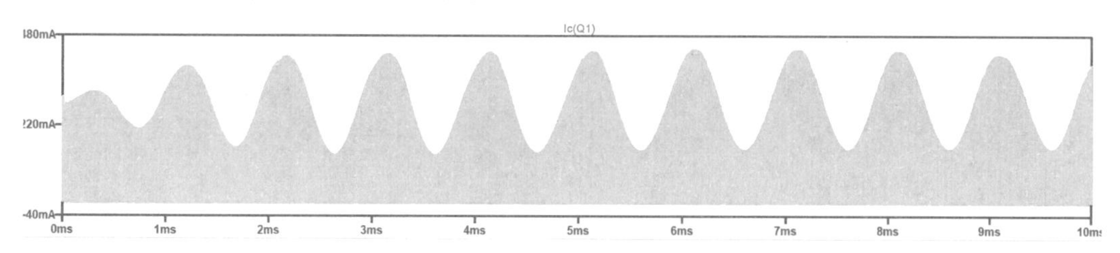


图 3.5.9 集电极电流整体波形

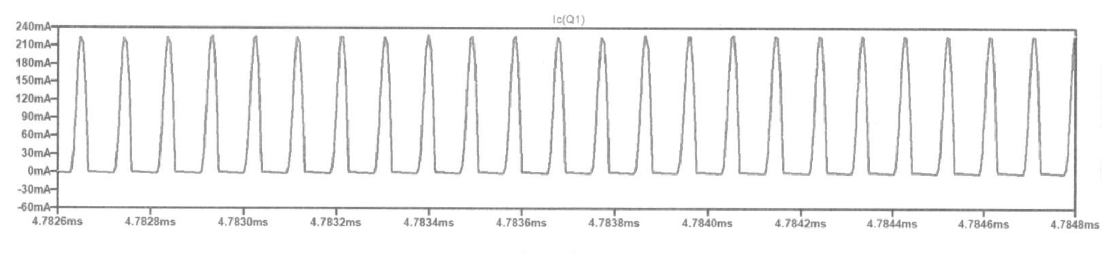


图 3.5.10 集电极电流局部放大波形

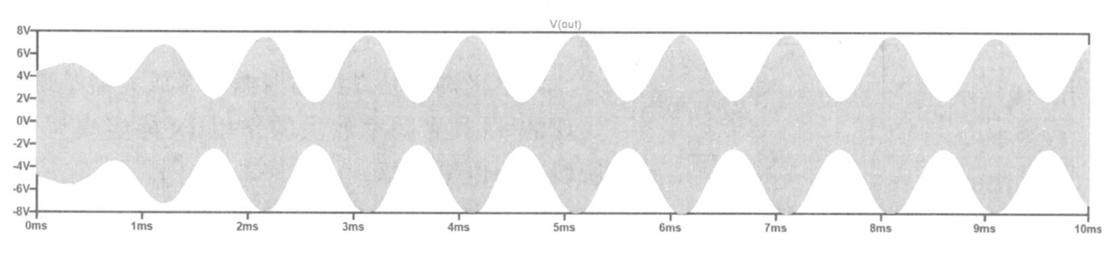


图 3.5.11 输出电压波形

**3. 输出信号 FFT 测试**

在输入输出电压波形测试的基础上，激活波形窗口为当前窗口，执行 View→FFT 菜单命令，对输入输出信号进行 FFT 分析，更改坐标为线性坐标，得到输出电压频谱如图 3.5.12 所示。

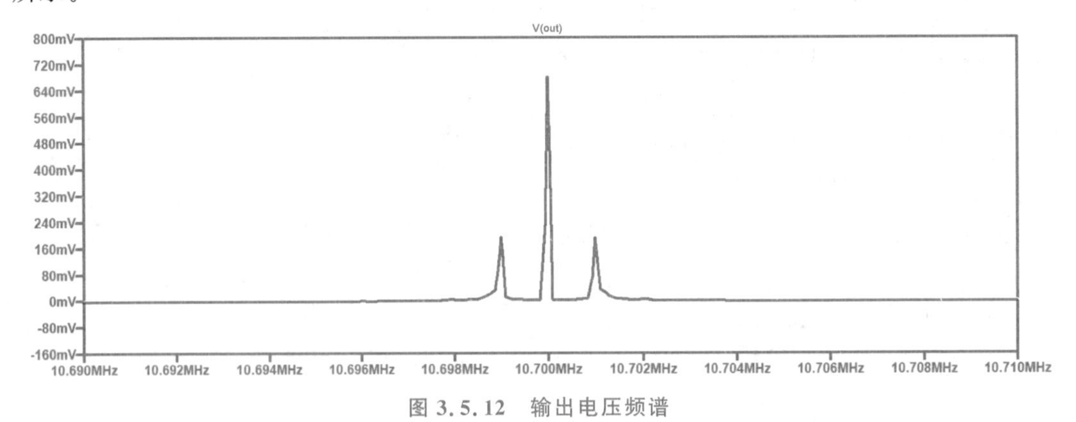


图 3.5.12 输出电压频谱

根据以上仿真现象、数据，进行总结，给出结论。

源文件

## 3.5.5 集电极调幅电路的原理电路仿真验证

**1. 建立仿真电路**

集电极调幅，就是用调制信号来改变高频功率放大器的集电极偏压，以实现调幅。基本电路如图 3.5.13 所示。

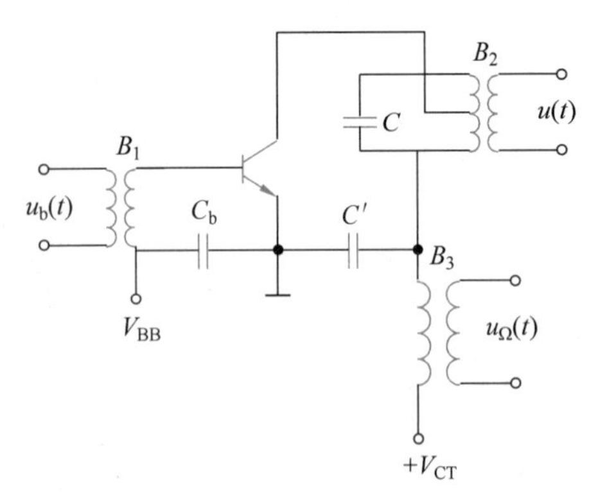


图 3.5.13 集电极调幅原理电路

由图 3.5.13 可知，低频调制信号电压 $U_\Omega\cos\Omega t$ 与直流偏压 $V_{CC}$ 相串联。放大器的集电极有效偏压等于这两个电压之和，它随调制信号波形而变化。为了获得有效的调幅，集电极调幅电路必须工作于过压状态。

集电极调幅是在丙类谐振功率放大器基础上实现的，既具有功率放大的作用，又能实现调幅，所以是高电平调幅。

根据高频谐振功率放大器的电路原理，建立基极调幅电路的仿真电路，如图 3.5.14 所示。图中“K1 L4 L5 1”是软件中设置变压器的指令，表示电感 L4 和 L5 耦合为变压器，耦合系数为 1；同样“K2 L2 L3 1”表示电感 L2 和 L3

耦合为变压器，耦合系数为1。V1是载波信号，通过电容耦合输入基极；V2是直流电压源，为基极设置负偏置电压；V4是调制信号，通过变压器K1耦合输入集电极；V3是直流电压源，为集电极供电电压；输出信号从变压器K3耦合输出。此电路中未考虑阻抗匹配。

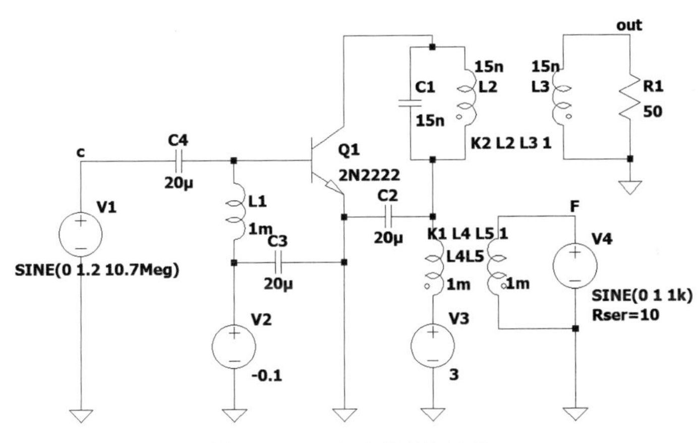


图3.5.14 集电极调幅电路

2. 输入输出电压波形测试

设置输入载波信号频率为10.7MHz，幅值为1.2V，调制信号频率为1kHz，幅值为1V。测试输出集电极电流，局部放大波形如图3.5.15所示。测试输出电压，波形如图3.5.16所示。

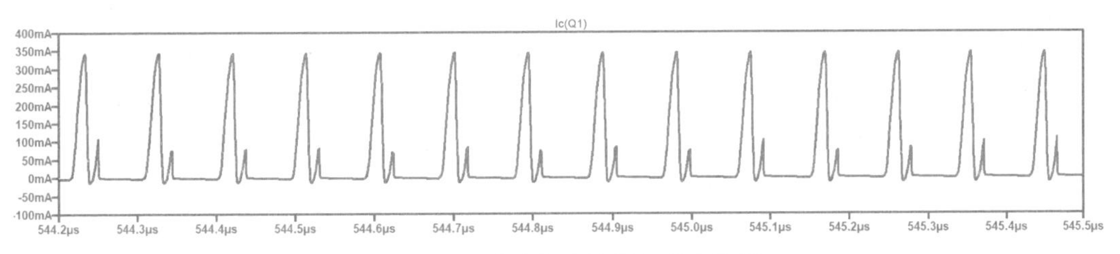


图3.5.15 集电极电流局部放大波形

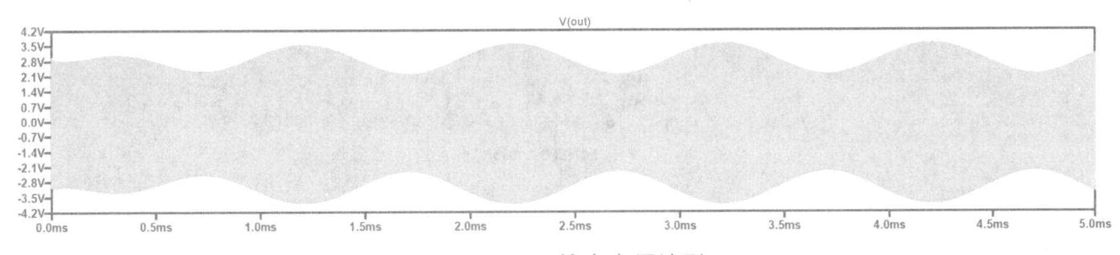


图3.5.16 输出电压波形

3. 输出信号FFT测试

在输入输出电压波形测试的基础上，激活波形窗口为当前窗口，执行View→FFT菜单命令，对输入输出信号进行FFT分析，更改坐标为线性坐标，得到输出电压频谱如图3.5.17所示。

根据以上仿真现象、数据，进行总结，给出结论。

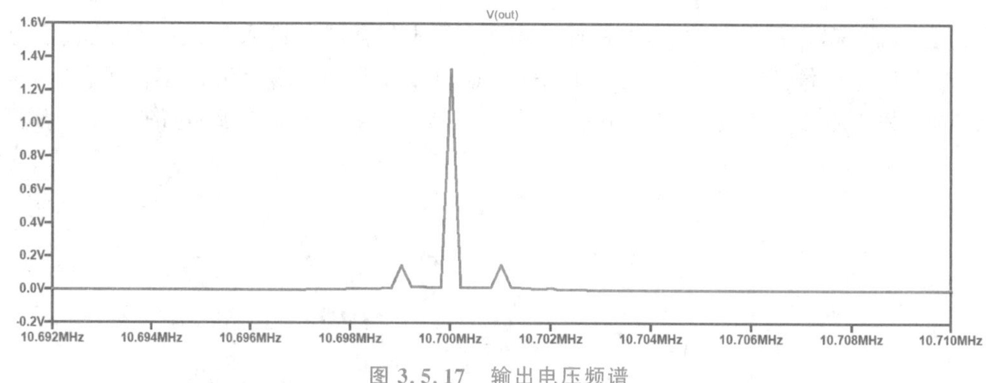


图 3.5.17 输出电压频谱

源文件

## 3.5.6 二极管调幅电路的原理电路仿真验证

### 1. 单二极管调幅电路的仿真电路

二极管是非线性器件，可以实现频谱的线性搬移。单二极管调幅电路如图 3.5.18 所示。图中“K1 L1 L2 1”是软件中设置变压器的指令，表示电感 L1 和 L2 耦合为变压器，耦合系数为 1；同样“K2 L3 L4 1”表示电感 L2 和 L3 耦合为变压器，耦合系数为 1；“K3 L5 L6 1”表示电感 L5 和 L6 耦合为变压器，耦合系数为 1。V1 是调制信号，幅值为 0.1V，频率为 1kHz；V2 是载波信号，幅值为 1V，频率为 465kHz。此电路中未考虑阻抗匹配。

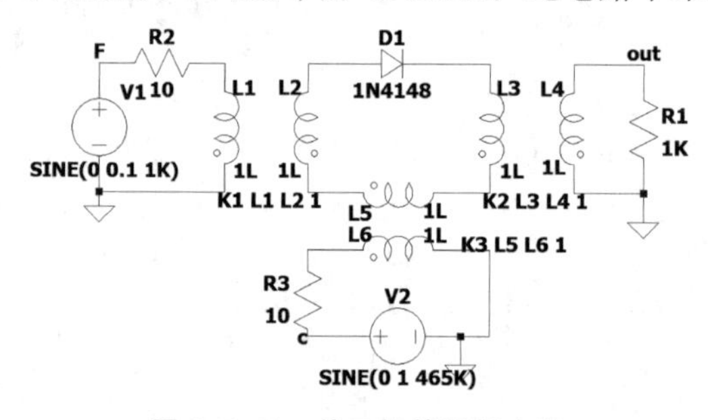


图 3.5.18 单二极管调幅电路

测试输出电压的时域波形，如图 3.5.19 所示；测试输出电压的频谱，如图 3.5.20 所示；对其进行局部放大，如图 3.5.21 所示。

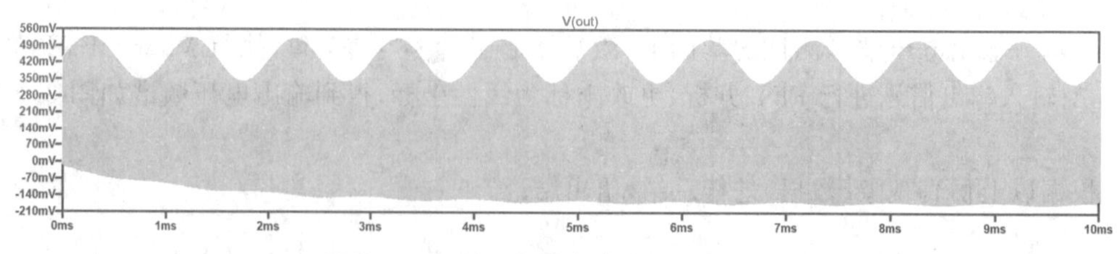


图 3.5.19 单二极管电路的输出电压波形

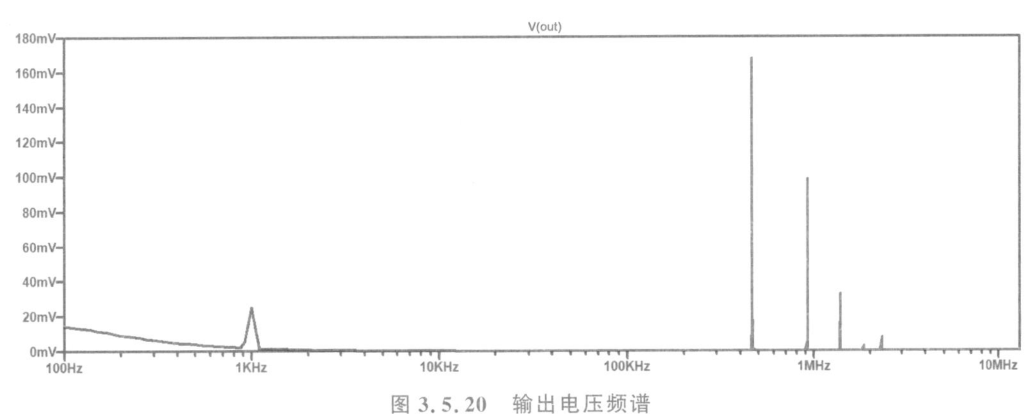


图 3.5.20　输出电压频谱

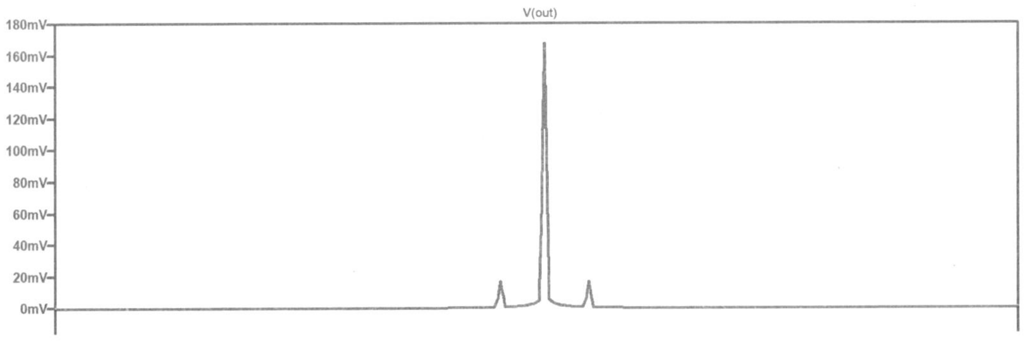


图 3.5.21　输出电压频谱的局部放大图

根据以上仿真现象、数据，进行总结，给出结论。

## 2. 二极管平衡调幅电路的仿真电路

二极管平衡调幅电路如图 3.5.22 所示。图中“K1 L1 L2 L3 1”是软件中设置变压器的指令，表示电感 L1、L2 和 L3 耦合为变压器，耦合系数为 1；同样“K2 L4 L5 L6 1”表示电感 L4、L5 和 L6 耦合为变压器，耦合系数为 1；V2 是调制信号，幅值为 0.5V，频率为 1kHz；V1 是载波信号，幅值为 5V，频率为 465kHz。此电路中未考虑阻抗匹配。

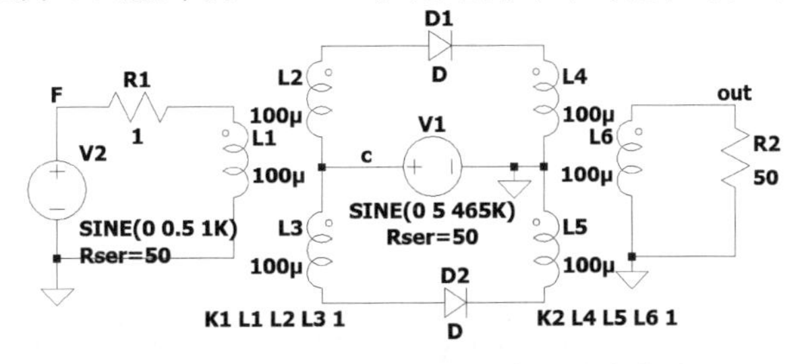


图 3.5.22　二极管平衡调幅电路仿真电路

测试输出信号的时域波形如图 3.5.23 所示，输出信号频谱如图 3.5.24 所示，对其进行局部放大，如图 3.5.25 所示。

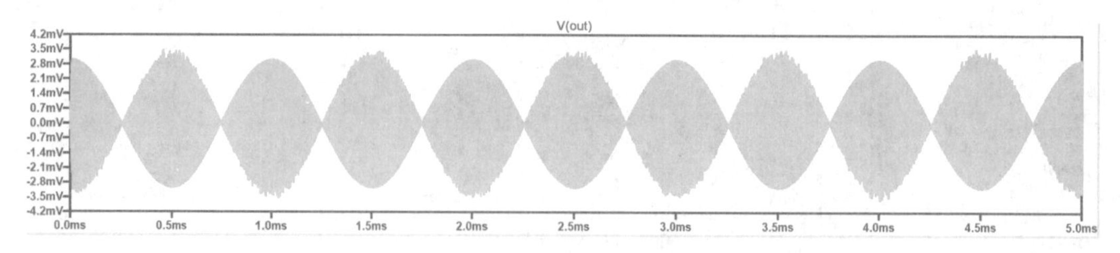


图 3.5.23　输出电压时域波形

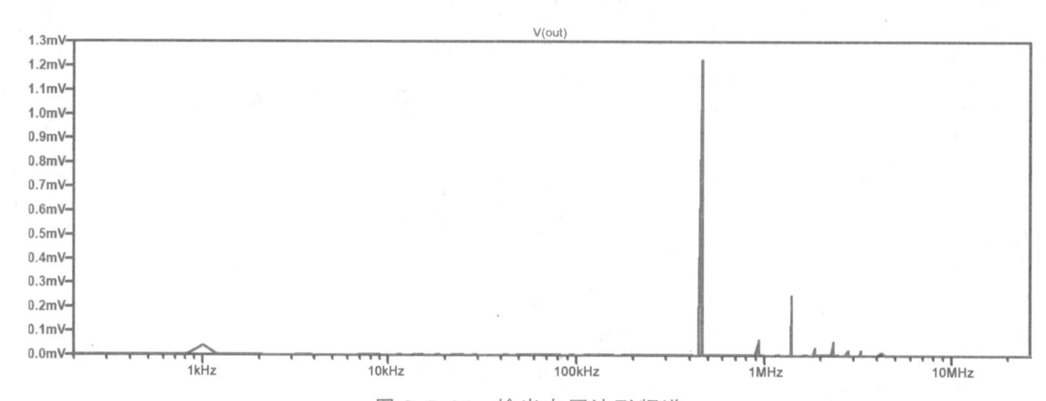


图 3.5.24　输出电压波形频谱

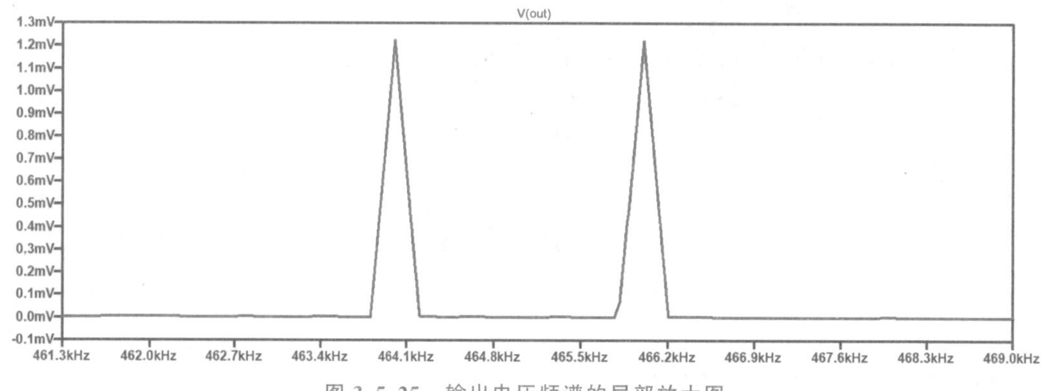


图 3.5.25　输出电压频谱的局部放大图

根据以上仿真现象、数据，进行总结，给出结论。

### 3. 二极管调幅电路的仿真电路

二极管是非线性器件，可以实现频谱的线性搬移。二极管调幅电路如图 3.5.26 所示。

图中“K1 L1 L2 L3 1”是软件中设置变压器的指令，表示电感 L1、L2 和 L3 耦合为变压器，耦合系数为 1；同样“K2 L4 L5 L6 1”表示电感 L4、L5 和 L6 耦合为变压器，耦合系数为 1；V1 是调制信号，幅值为 0.5V，频率为 1kHz；V2 是载波信号，幅值为 5V，频率为 465kHz。此电路中未考虑阻抗匹配。

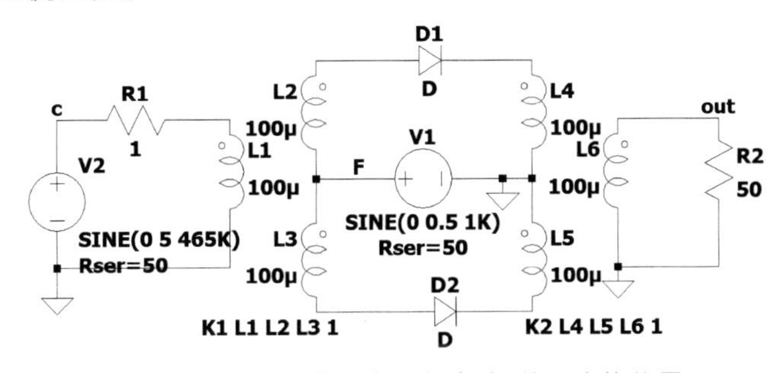


图 3.5.26 二极管平衡调幅电路，信号交换位置

测试输出信号的电压，波形如图 3.5.27 所示。测试输出信号的频谱，如图 3.5.28 所示，对其进行局部放大，如图 3.5.29 所示。

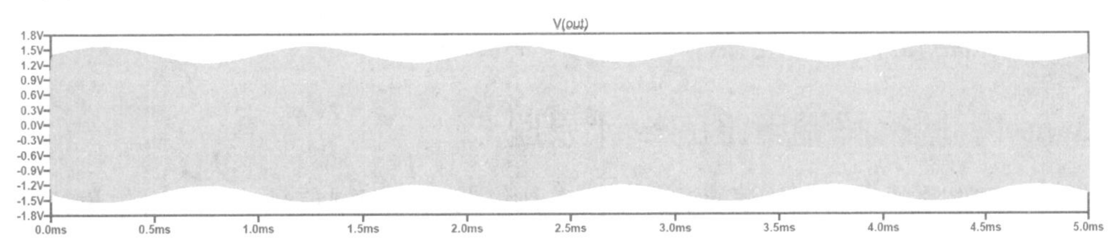


图 3.5.27 输出电压波形

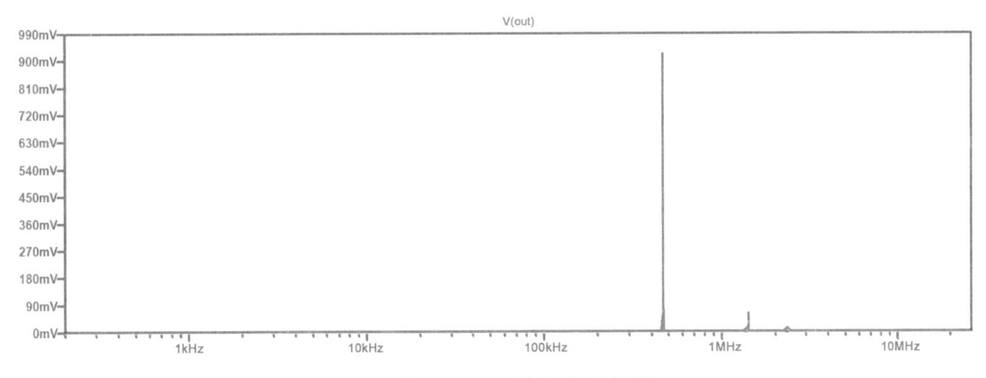


图 3.5.28 输出电压频谱

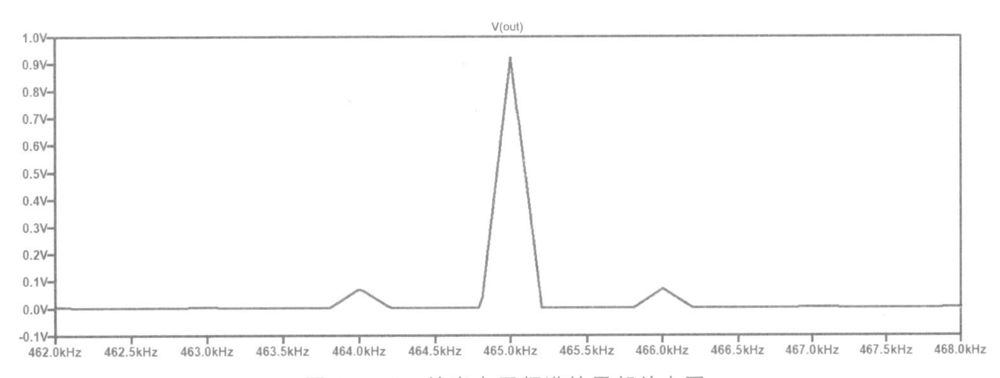


图 3.5.29 输出电压频谱的局部放大图

根据以上仿真现象、数据，进行总结，给出结论。

### 3.5.7 举一反三——振幅调制电路设计

根据所学振幅调制的知识，设计并仿真振幅调制电路，要求如下：

AD633 芯片是一款四象限低成本模拟乘法器芯片，请查阅相关资料，利用该芯片设计一个调幅电路，能分别获得 AM 和 DSB 信号；利用该芯片设计一个同步检波电路，能对 DSB 信号进行解调。

## 3.6 振幅解调电路

### 3.6.1 振幅解调电路的设计原理

振幅解调电路的功能是从调幅波中不失真地解调出原调制信号。从频谱的角度来说，振幅解调是振幅调制的相反过程，其输出信号的频谱是输出振幅调制信号的原调制信号的频谱。

振幅解调电路由输入回路、非线性器件和低通滤波器组成。

振幅解调电路分为二极管包络检波电路和同步检波电路。

源文件

### 3.6.2 二极管峰值包络检波电路的原理电路仿真验证

**1. 二极管包络检波原理电路的仿真电路**

二极管包络检波电路主要是对 AM 信号进行解调。

二极管包络检波电路的仿真电路如图 3.6.1 所示。图中，F 是调制信号，C 是载波信号，通过 LTspice 中复杂电压源 BV 构成 AM 调幅波 B1，则 B1 是检波电路的输入 AM 信号。D1 是二极管，R1 和 C1 构成低通滤波器。

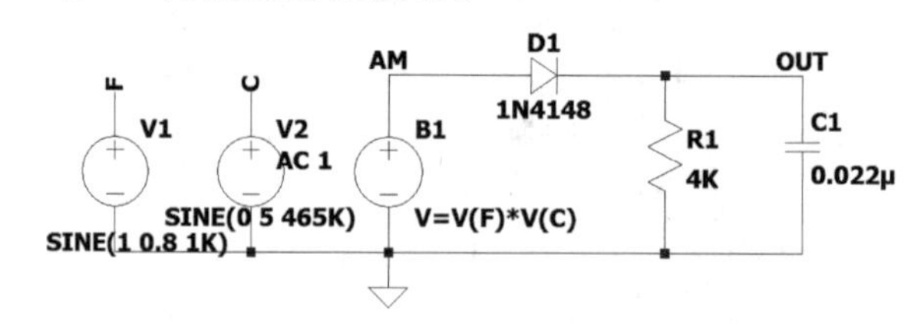


图 3.6.1 二极管包络检波电路仿真电路

测试输入输出电压，波形如图 3.6.2 所示。单独测试输出，波形如图 3.6.3 所示，测试输出信号频谱，如图 3.6.4 所示。

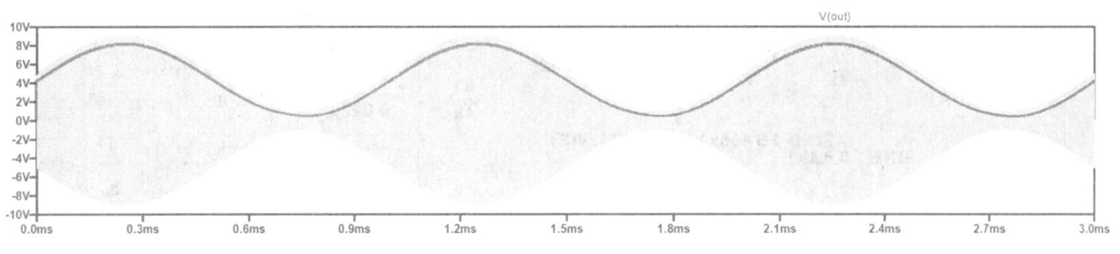


图 3.6.2 输入输出信号电压波形

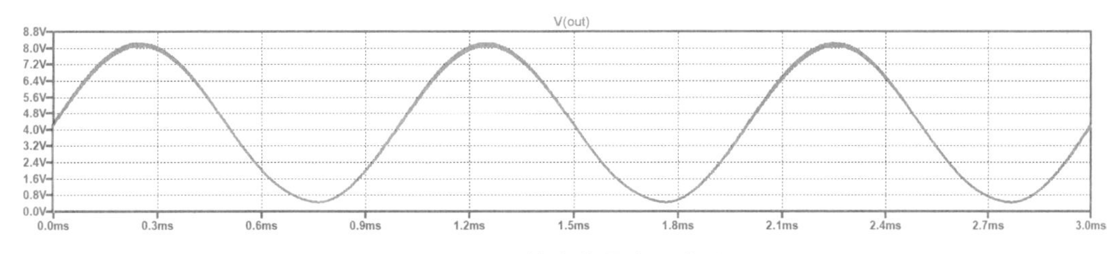


图 3.6.3 输出信号电压波形

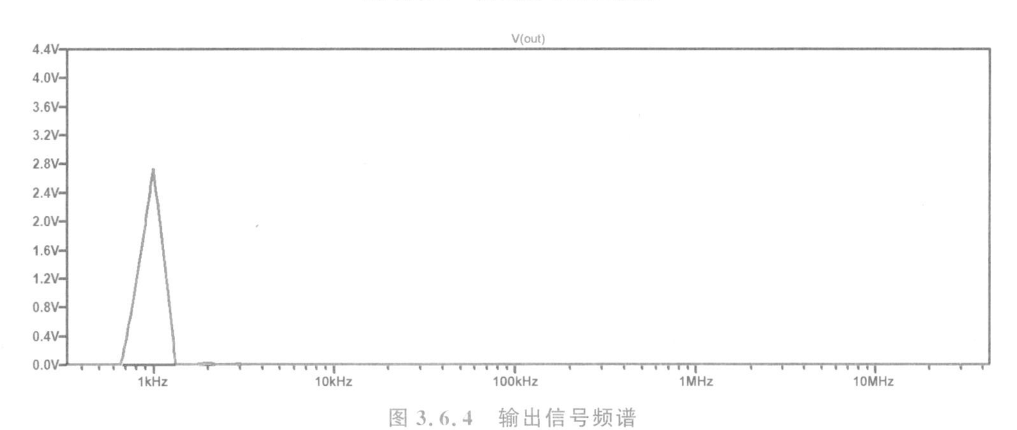


图 3.6.4 输出信号频谱

改变电阻 $R_1=20\mathrm{k}\Omega$ 时，测试输入输出电压，如图 3.6.5 所示，出现了惰性失真。

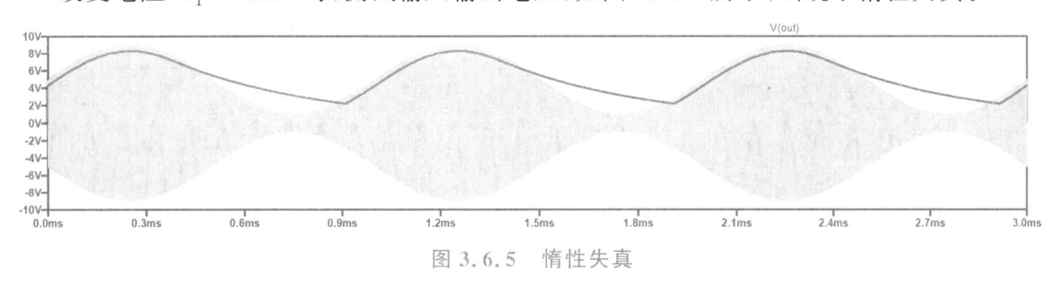


图 3.6.5 惰性失真

**2. 二极管包络检波改进电路的仿真电路**

针对输出信号既包含有直流，又包含有交流的特点，改进电路，增加隔直通交电容，如图 3.6.6 所示。测试输入与 OUT_1 的输出电压，如图 3.6.7 所示，出现了明显的负峰切割失真。测试 OUT_1 与 OUT 的输出电压，如图 3.6.8 所示。

**3. 二极管包络检波实用电路的仿真电路**

针对图 3.6.7 和图 3.6.8 出现的失真，改进电路，如图 3.6.9 所示。测试输出电压，波形如图 3.6.10 所示。

根据以上仿真现象、数据，进行总结，给出结论。

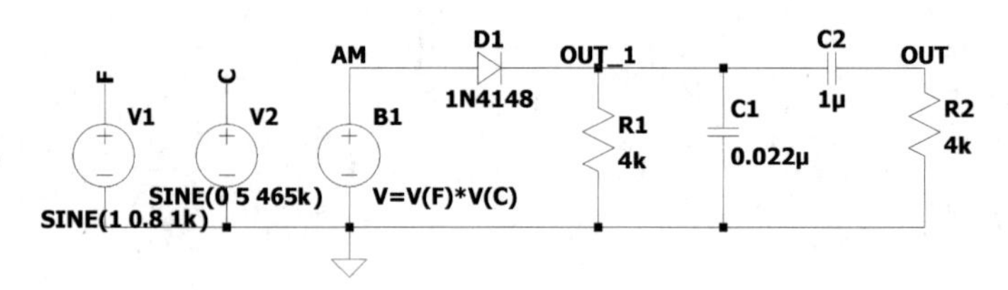


图 3.6.6　二极管包络检波改进电路

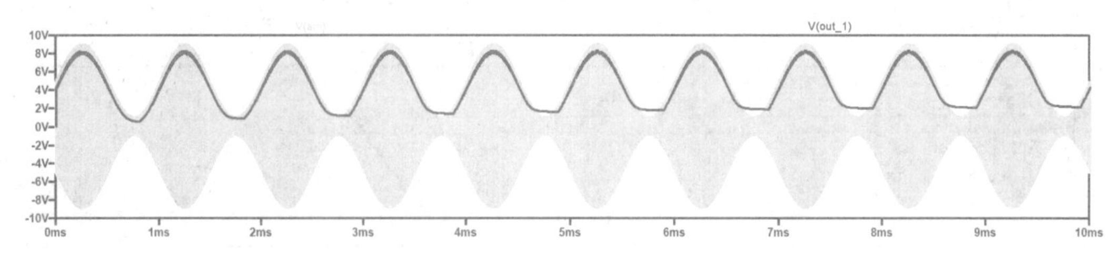


图 3.6.7　输入输出电压波形(负峰切割失真)

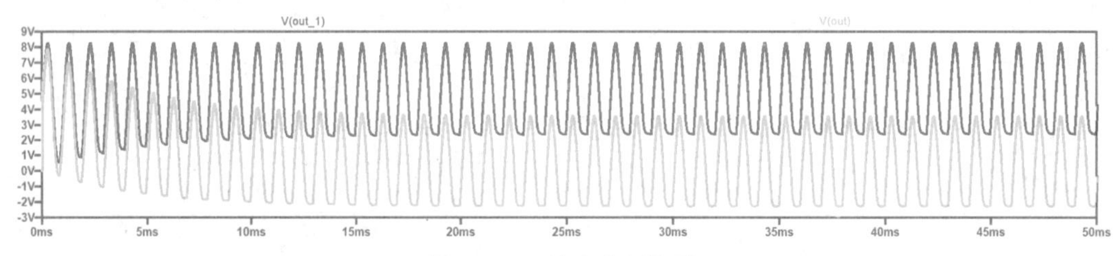


图 3.6.8　输出电压波形

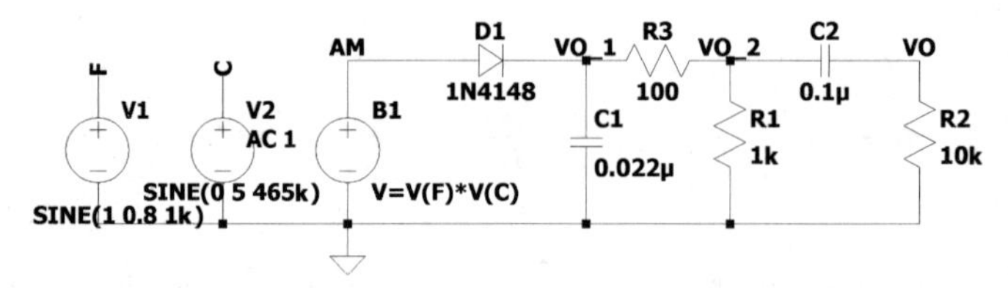


图 3.6.9　二极管包络检波实用电路

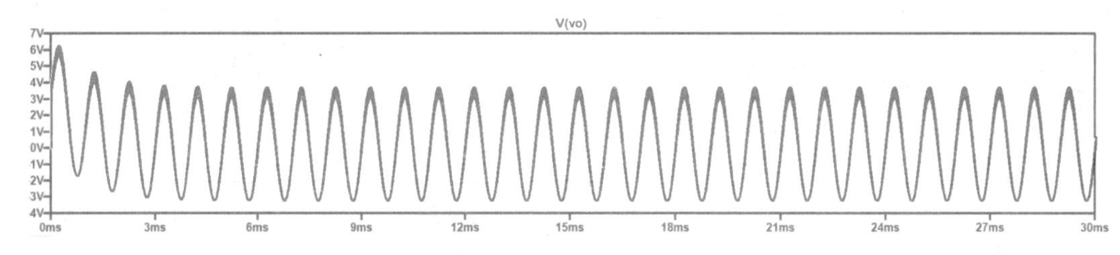


图 3.6.10　输出电压波形

### 3.6.3 举一反三——振幅解调电路设计

根据所学振幅解调的知识，设计并仿真振幅解调电路，要求如下：

设计一个二极管包络检波电路，AM 信号由乘法器电路产生，并改变电路参数，观测惰性失真和负峰切割失真。

## 3.7 频率调制电路

### 3.7.1 频率调制电路的设计原理

在直接调频电路中，经常使用的电抗元件是变容二极管。变容二极管的电容随着其两端所加的反向电压变化而变化。

### 3.7.2 频率调制电路的原理电路仿真验证

**1. FM 信号源**

在软件中调出信号源，选择“SFFM”，设置调制信号频率为 10kHz，载波频率为 100kHz，调制度为 5，如图 3.7.1 所示。测试该信号的电压，波形如图 3.7.2 所示，测试该信号频谱，如图 3.7.3 所示。

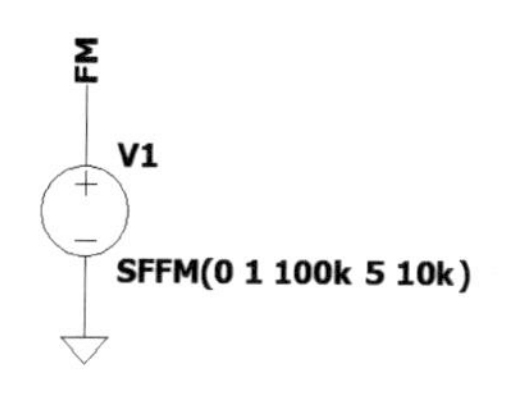

图 3.7.1 调频信号源

源文件

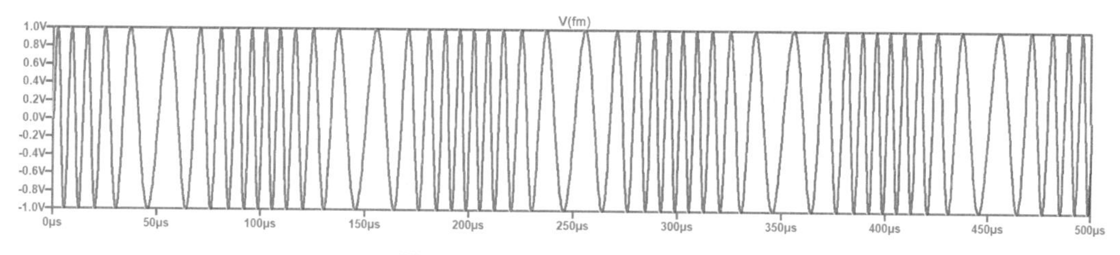

图 3.7.2 FM 信号的电压波形

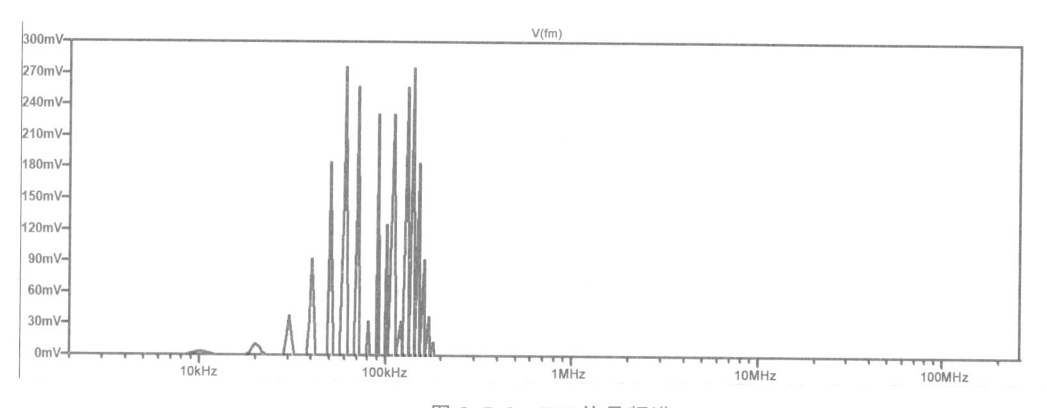

图 3.7.3 FM 信号频谱

根据以上仿真现象、数据，进行总结，给出结论。

源文件

2. 变容二极管直接调频电路

在克拉泼振荡器的基础上实现直接调频，仿真电路如图 3.7.4 所示。图中，Q1 为三极管，实现放大功能，R1、R2、R3、R4、R5 为电阻，为了设置静态工作点，C1、C6 为耦合电容，L1、C2、C3、C4 构成谐振回路，R6 为负载电阻。V1 为直流电压源，幅值为 12V。MV2201 是变容二极管，V1 通过 R8 和 R7 分压为变容二极管提供直流偏置电压，L2、L3 是大电感，V2 是低频调制信号。

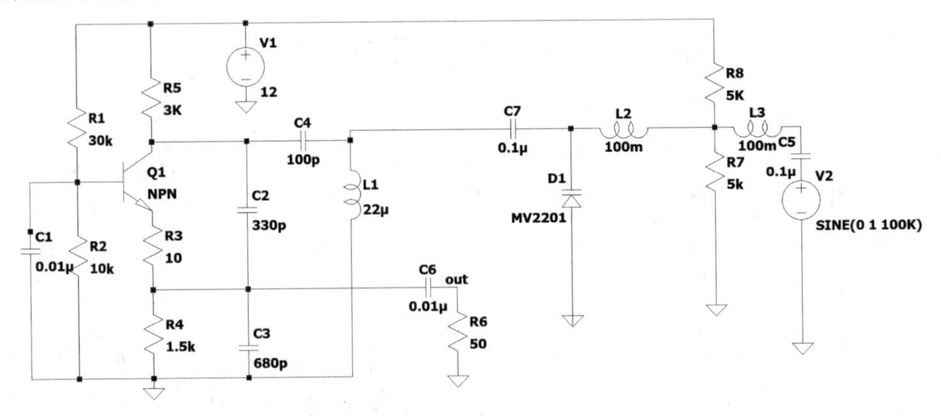


图 3.7.4 直接调频电路

测试输出调频信号的时域波形，如图 3.7.5 所示；测试输出调频信号频谱，如图 3.7.6 所示。

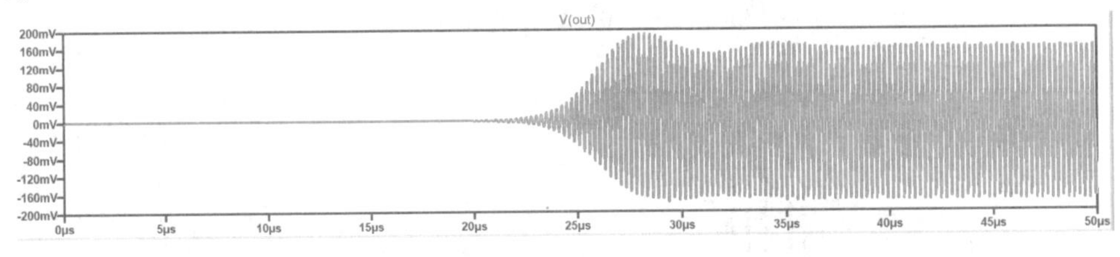


图 3.7.5 输出调频信号的时域波形

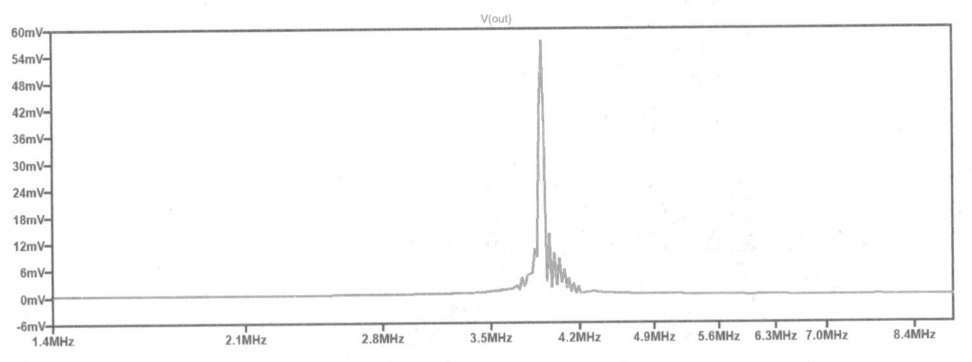


图 3.7.6 输出调频信号频谱

根据以上仿真现象、数据，进行总结，给出结论。

### 3.7.3 举一反三——直接调频电路设计

根据所学频率调制的知识，设计并仿真一个变容二极管直接调频电路，要求如下：

载波频率为10MHz，调制信号频率为20kHz，调制信号幅度为2V，自行选择变容二极管，使得输出FM信号的最大频偏不小于75kHz。

## 3.8 频率解调电路

### 3.8.1 频率解调电路的设计原理

调频信号中的瞬时频率正比于调制信号，从调频信号中获取调制信号的过程就是调频信号的解调。解调方法有三种：一是调频-调幅调频变换类型；二是相移乘法器鉴频类型；三是脉冲均值类型。

第一种类型是将瞬时频率的变化量转换为幅度的变化量，再通过二极管包络检波电路，即可实现调频信号的解调。实现此功能的电路是斜率鉴频器，主要是利用LC谐振回路的失谐特性实现频率到幅度的转换。

### 3.8.2 频率解调电路的原理电路仿真验证

源文件

#### 1. 单失谐回路仿真电路

根据调频信号的解调原理，构建单失谐回路鉴频器的仿真电路如图3.8.1所示。图中V1为调频信号，幅值为10V，载波频率为17.5kHz，调制度为6，调制频率为1kHz；L1和C1构成失谐网络；D1、C2和R2构成包络检波电路。

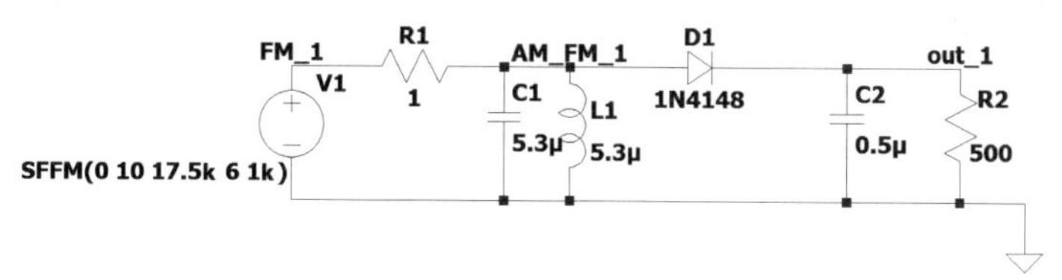


图3.8.1 单失谐回路鉴频器仿真电路

测试输入信号V(fm_1)，中间信号V(am_fm_1)和输出信号V(out_1)，如图3.8.2所示。

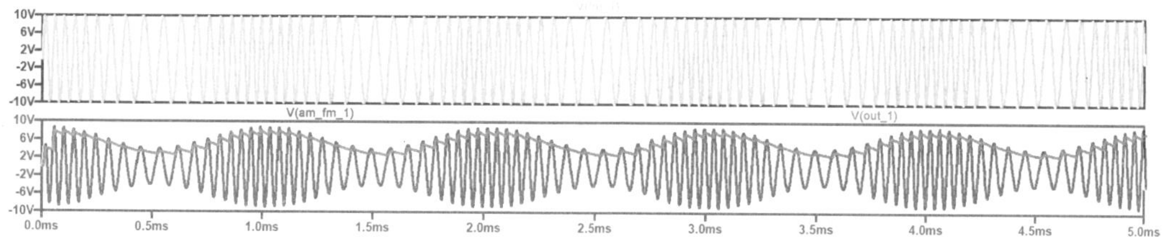


图3.8.2 单失谐回路节点电压波形

根据以上仿真现象、数据，进行总结，给出结论。

源文件

2. 双失谐回路仿真电路

根据调频信号的解调原理，获得幅值较大且直接抵消直流的输出信号，构建双失谐回路鉴频器的仿真电路如图 3.8.3 所示。图中 V1、V2 为调频信号，幅值为 10V，载波频率为 17.5kHz，调制度为 6，调制频率为 1kHz；L1 和 C1 构成失谐网络；D1、C2 和 R2 构成包络检波电路。L2 和 C3 构成失谐网络；D2、C4 和 R3 构成包络检波电路。

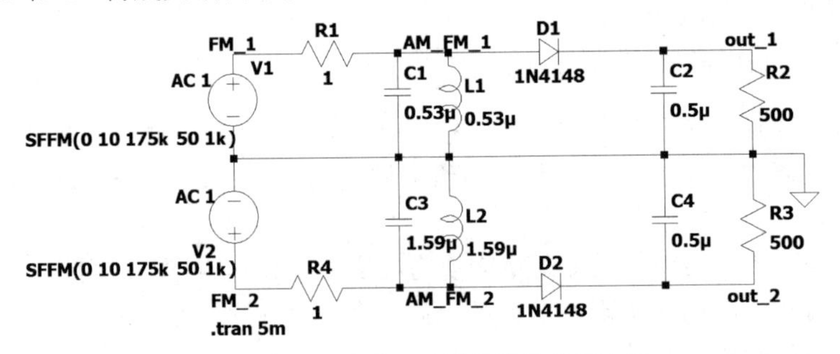


图 3.8.3 双失谐回路鉴频器的仿真电路

测试输入信号 V(fm_1)、中间信号 V(am_fm_1) 和 V(am_fm_2)，检波电路输出信号 V(out_1) 和 V(out_2)、电路差值输出(V(out_1)－V(out_2))如图 3.8.4 所示。

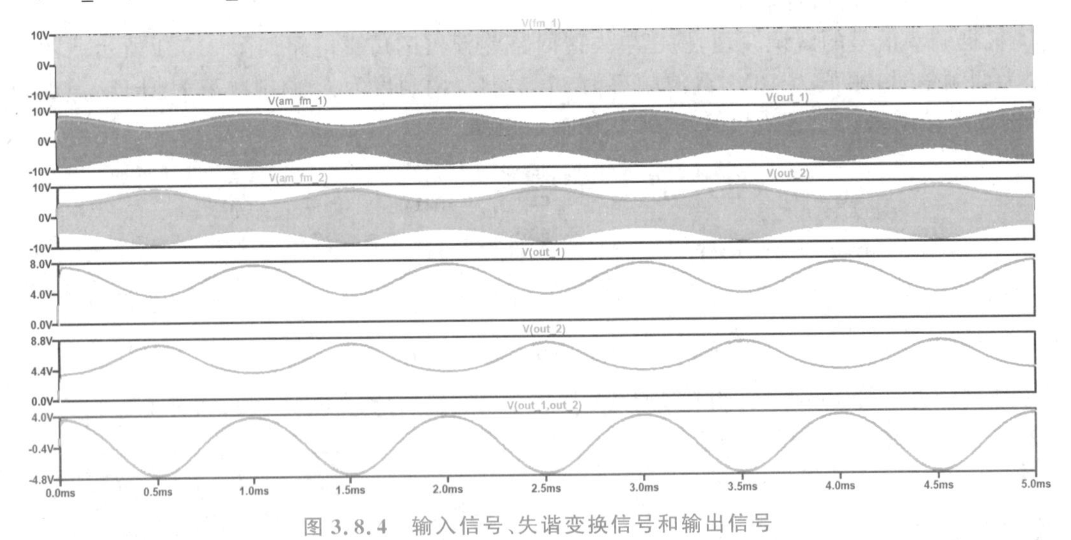


图 3.8.4 输入信号、失谐变换信号和输出信号

根据以上仿真现象、数据，进行总结，给出结论。

为了更清楚观测、详细分析 FM 到 AM-FM 变化的过程，降低输入信号频率，修改电路参数，如图 3.8.5 所示。

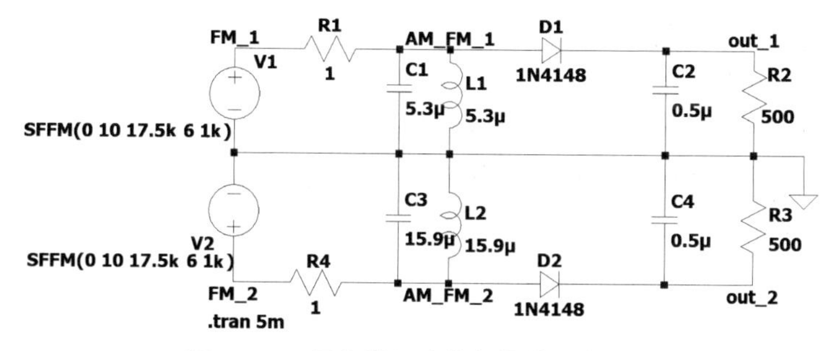


图 3.8.5 双失谐回路鉴频器的仿真电路

观测 FM_1、FM_AM_1、OUT_1，如图 3.8.6 所示。观测 FM_2、FM_AM_2、OUT_2，如图 3.8.7 所示。观测 OUT_1、OUT_2 和(OUT_1－OUT_2)，如图 3.8.8 所示。

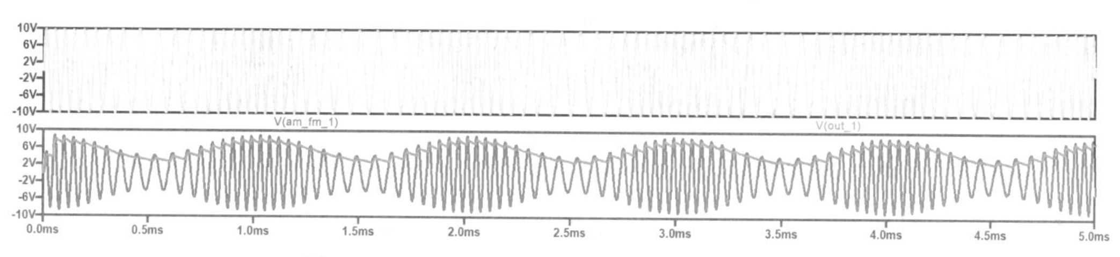


图 3.8.6 FM_1、FM_AM_1、OUT_1 的电压波形

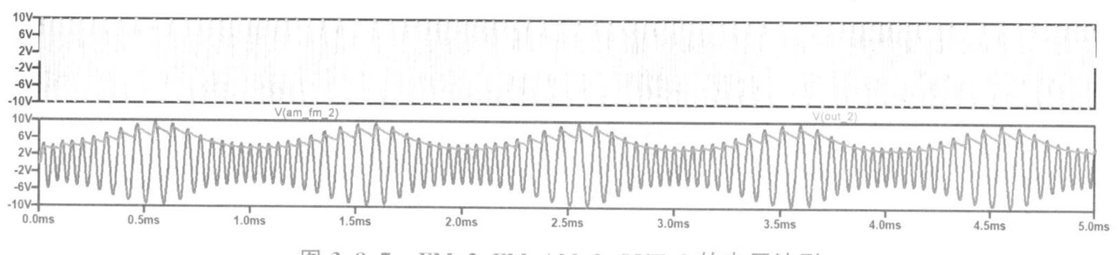


图 3.8.7 FM_2、FM_AM_2、OUT_2 的电压波形

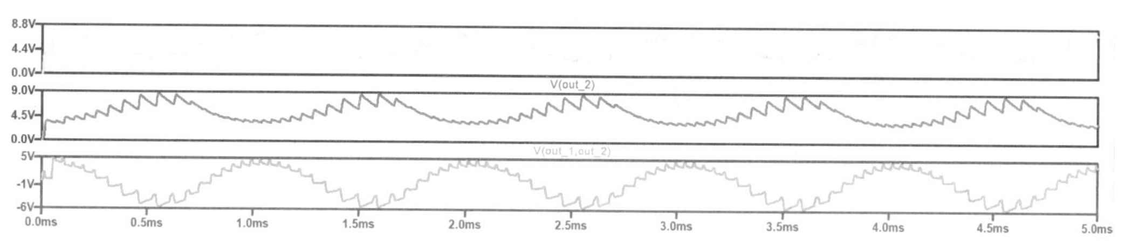


图 3.8.8 OUT_1、OUT_2 和(OUT_1－OUT_2)的电压波形

根据以上仿真现象、数据，进行总结，给出结论。

### 3.8.3 举一反三——鉴频电路设计

根据所学调频解调的知识，设计并仿真一个鉴频电路，要求如下：

使用 LTspice 软件产生 FM 信号，其载波频率为 10MHz，幅值为 2V，调制信号频率为 10kHz，调制指数为 30，设计一个鉴频电路，对该 FM 信号进行解调。

## 3.9 混频电路

### 3.9.1 混频电路的设计原理

混频器主要应用在超外差接收机中，是将高频载波频率变换成固定的中频载波频率，而保持其调制规律不变。从频谱的角度来说，是将已调信号的频谱搬移到某固定的中频处，而保持频谱结构不变，是频谱的线性搬移。

实现混频器的框图为非线性器件和带通滤波器，即二极管、三极管、场效应管和乘法器都可实现混频的功能。非线性器件不仅产生有用的频谱分量，还会产生其他的谐波分量。不同的器件和不同的电路结构，理论上都可实现混频的功能，但会有不同的失真产生。

源文件

### 3.9.2 二极管混频电路的原理电路仿真验证

**1. 单二极管混频电路的仿真电路**

二极管是非线性器件，可以实现频谱的线性搬移。单二极管混频电路如图 3.9.1 所示。图中 AM 信号是已调信号；V1 是本振信号，幅值为 5V，频率为 1396kHz；D1 是二极管；“K1 L1 L2 1”是软件中设置变压器的指令，表示电感 L1 和 L2 耦合为变压器，耦合系数为 1，把已调信号耦合到二极管回路；“K2 L4 L6 1”表示电感 L4 和 L6 耦合为变压器，耦合系数为 1，把信号耦合到输出回路。

图 3.9.1 中使用复杂电源直接相乘获得的 AM 信号。设置 V(F)信号参数：直流偏置为 1V，幅值为 0.5V，频率为 3kHz；设置 V(c)信号参数：直流偏置为 0V，幅值为 1V，频率为 931kHz；则根据软件中的复杂电源的函数设置 V(out)信号为 V(out)=V(F) * V(c)。

测试输入已调信号、输出中频信号的电压波形，如图 3.9.2 所示。输入信号是 AM 信号，频谱如图 3.9.3 所示。测试输出中频信号频谱，如图 3.9.4 所示，对其进行局部放大，如图 3.9.5 所示。

根据以上仿真现象、数据，进行总结，给出结论。

图 3.9.1 单二极管混频电路

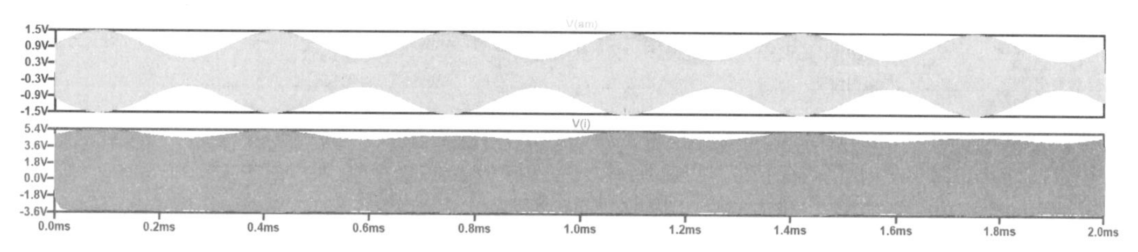


图 3.9.2 输入已调信号、输出中频信号的电压波形

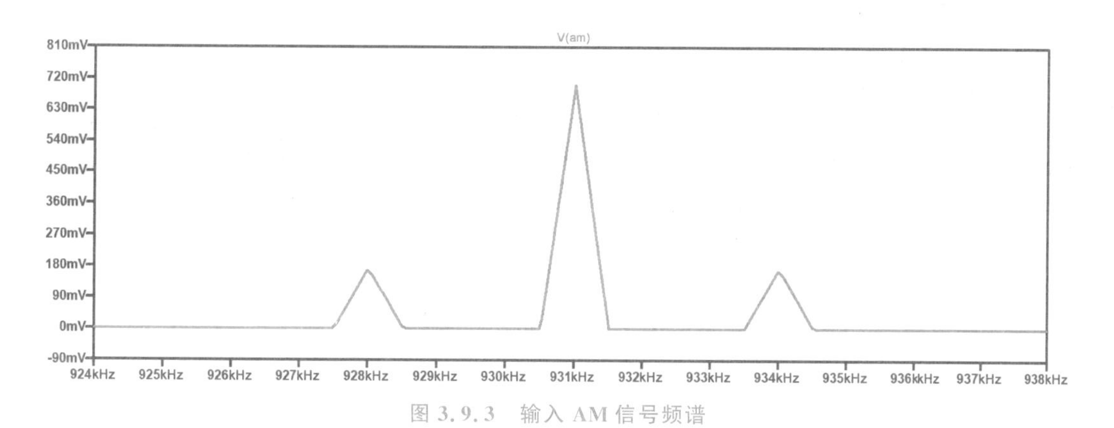


图 3.9.3 输入 AM 信号频谱

图 3.9.4 输出中频信号频谱

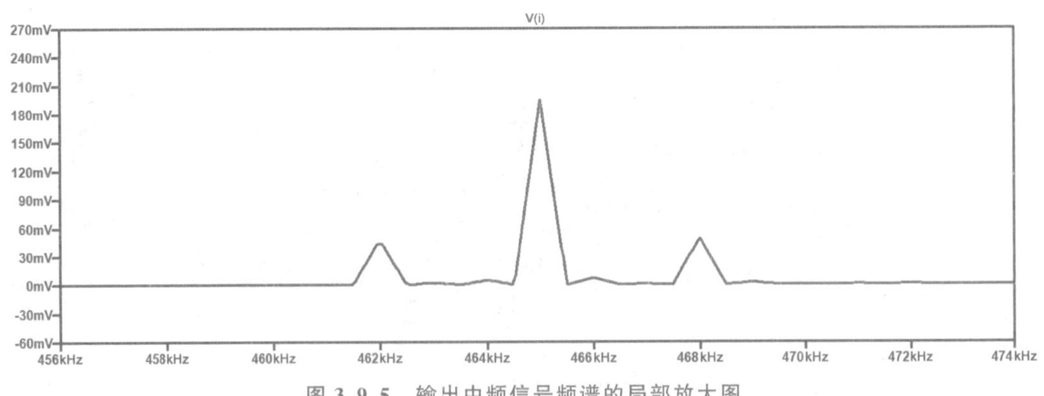


图 3.9.5 输出中频信号频谱的局部放大图

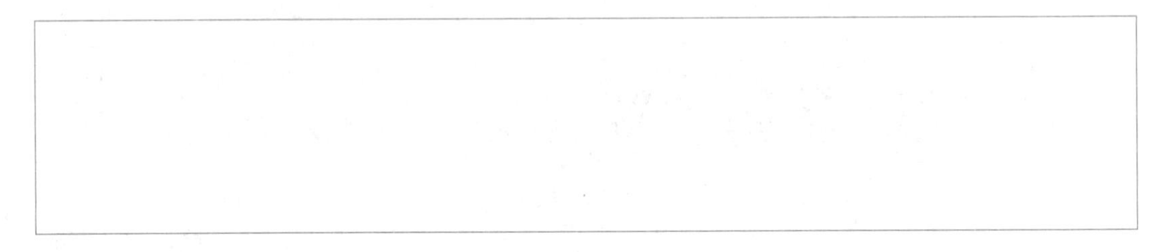

源文件

2. 二极管平衡混频电路的仿真电路

二极管平衡混频电路如图 3.9.6 所示。图中 AM 信号是已调信号；V1 是本振信号，幅值为 5V，频率为 1396kHz；D1、D2 是二极管；"K1 L1 L2 L3 1"是软件中设置变压器的指令，表示电感 L1、L2 和 L3 耦合为变压器，耦合系数为 1，把已调信号耦合到二极管回路；同样"K2 L4 L5 L6 1"表示电感 L4、L5 和 L6 耦合为变压器，耦合系数为 1，把信号耦合到输出回路。

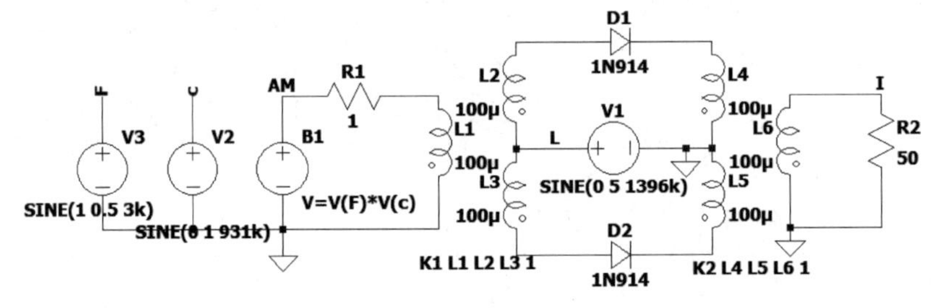


图 3.9.6 二极管平衡混频电路

测试输入已调信号、输出中频信号的电压波形，如图 3.9.7 所示。测试输出中频信号频谱，如图 3.9.8 所示，对其进行局部放大，如图 3.9.9 所示。

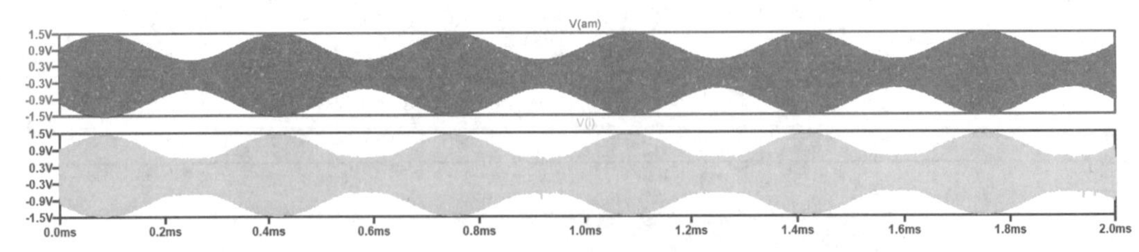


图 3.9.7 输入已调信号、输出中频信号的电压信号波形

根据以上仿真现象、数据，进行总结，给出结论。

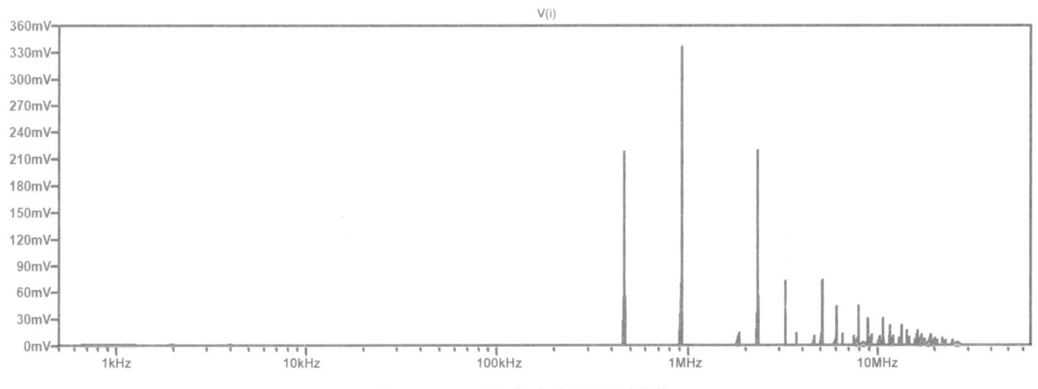


图 3.9.8 输出中频信号频谱

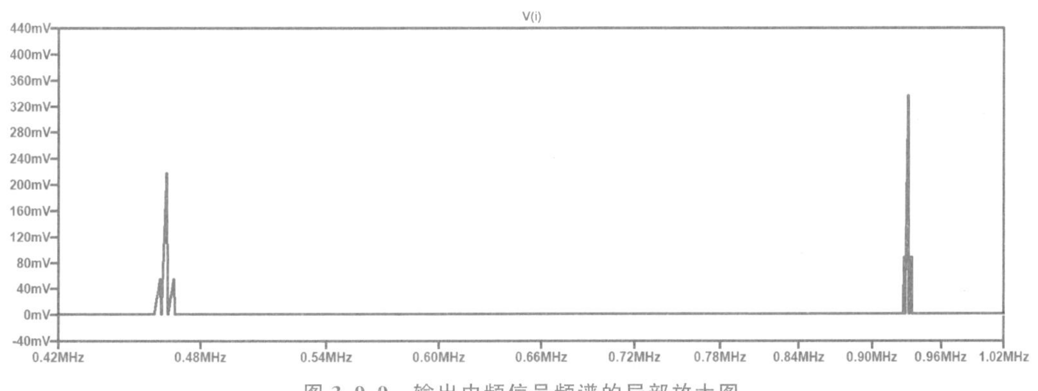


图 3.9.9 输出中频信号频谱的局部放大图

3. 二极管环形混频电路的仿真电路

源文件

二极管环形混频电路如图 3.9.10 所示。图中 AM 信号是已调信号；V1 是本振信号，幅值为 5V，频率为 1396kHz；D1、D2、D3、D4 是二极管；“K1 L1 L2 L3 1”是软件中设置变压器的指令，表示电感 L1、L2 和 L3 耦合为变压器，耦合系数为 1，把已调信号耦合到二极管回路；同样“K2 L4 L5 L6 1”表示电感 L4、L5 和 L6 耦合为变压器，耦合系数为 1，把信号耦合到输出回路。

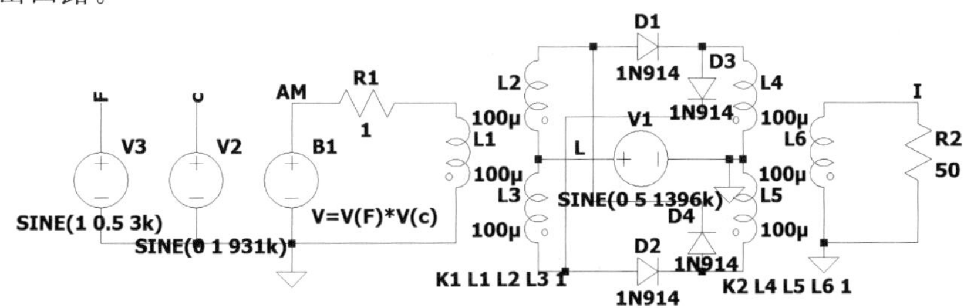


图 3.9.10 二极管环形混频电路

测试输入已调信号、输出中频信号的电压波形，如图 3.9.11 所示。测试输出中频信号的频谱，如图 3.9.12 所示。

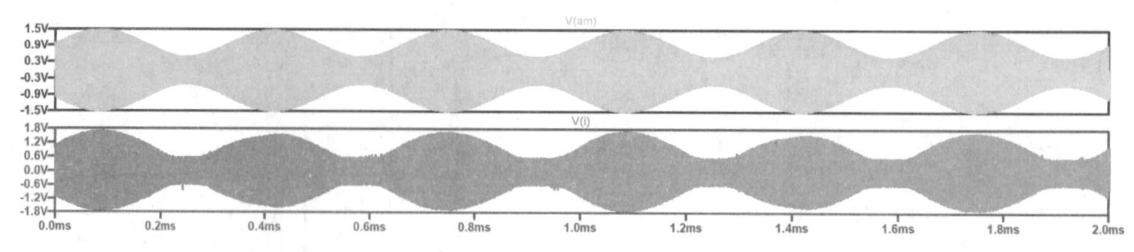


图 3.9.11 输入已调信号、输出中频信号的电压波形

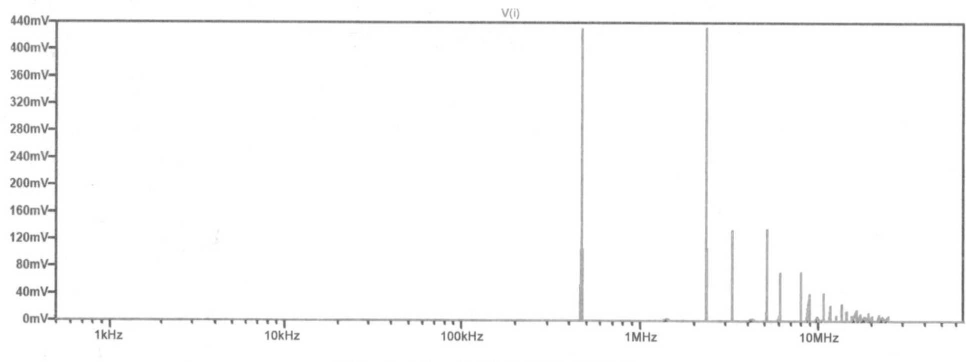


图 3.9.12 输出中频信号频谱

根据以上仿真现象、数据，进行总结，给出结论。

源文件

## 3.9.3 三极管混频电路的原理电路仿真验证

### 1. 三极管混频电路的仿真电路

三极管是非线性器件，可以实现频谱的线性搬移。三极管混频电路如图 3.9.13 所示。图中 AM 是输入已调信号，从基极输入；VL 是本振信号，从基极输入。“K1 L2 L3 1”是软件中设置变压器的指令，表示电感 L2 和 L3 耦合为变压器，耦合系数为 1。

### 2. 输入输出信号电压波形和 FFT 测试

设置输入已调信号为 AM 信号，载波频率为 1.6MHz，调制信号频率为 1kHz，调制度为 0.8，幅值为 1V；本振信号频率为 2.065MHz，幅值为 1.2V。测试输入已调信号和输出中频信号电压波形，如图 3.9.14 所示。输入已调信号频谱如图 3.9.15 所示，输出中频信号频谱如图 3.9.16 所示。

根据以上仿真现象、数据，进行总结，给出结论。

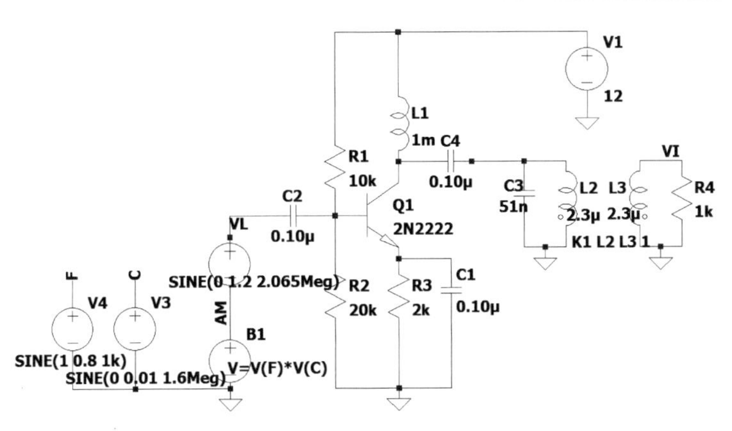


图 3.9.13 三极管混频电路的仿真电路

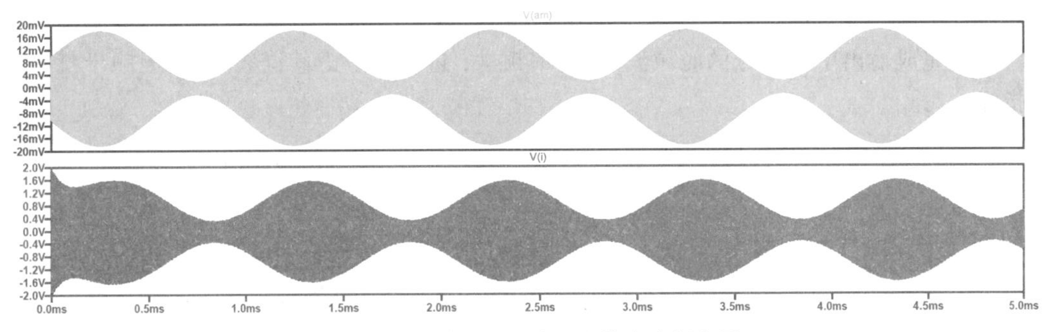


图 3.9.14 输入已调信号和输出中频信号

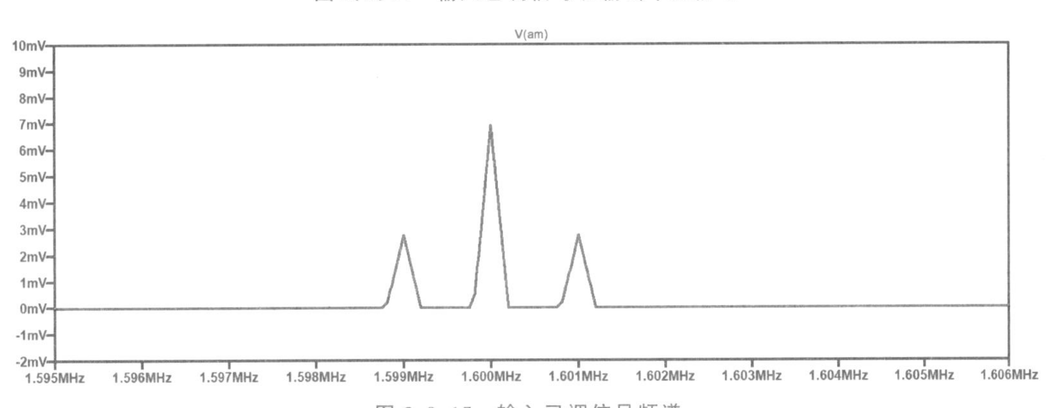


图 3.9.15 输入已调信号频谱

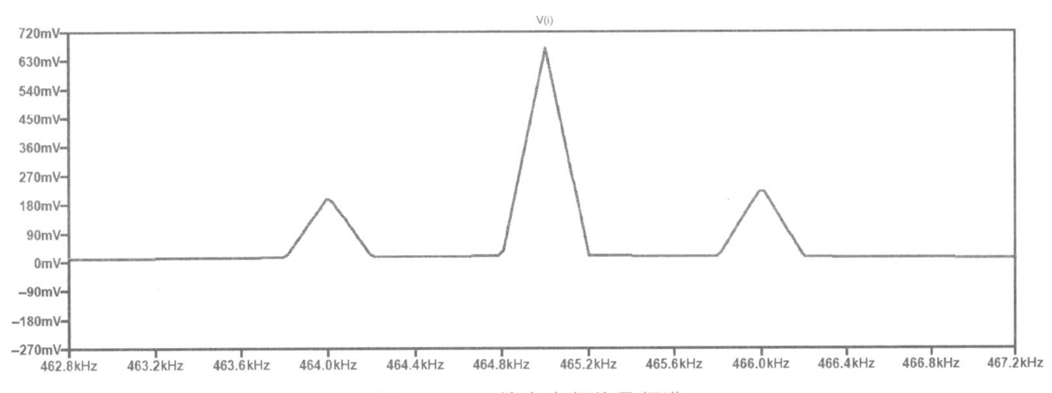


图 3.9.16 输出中频信号频谱

### 3.9.4 举一反三——混频器设计

根据所学混频器的知识，设计并仿真一个混频器，要求如下：

设计一个混频器，输入已调信号频率为2MHz，输出中频信号频率为465kHz，采用差频方式。可设计二极管混频电路，或三极管混频电路，或乘法器混频电路，或场效应管混频电路。仿真完成输出中频信号的时域波形、频率频谱；进一步考虑其混频增益、混频干扰等性能指标。

# 第4章 CHAPTER 4 高频电路性能仿真与分析

本章在验证实验的基础上，引入具有设计性、研究性和挑战度的仿真实验。实验分为自学任务、基本任务和挑战任务，不仅要完成功能验证的实验演示，还要根据电路参数和信号参数研究电路的性能，最后形成实验报告或科技论文。

以高频谐振功率放大器、集电极调幅电路、基极调幅电路和三极管混频电路的性能仿真与分析为例说明仿真实验结果形式（科技论文）。

## 4.1 高频谐振功率放大器性能仿真分析

微课视频

本节是高频谐振功率放大器的设计性实验。在完成实验后，形成的示例论文如下：

[**中文题目**]高频谐振功率放大器性能仿真分析

XXX

（XXX 大学 XXX 学院）

**摘　要**：利用 LTspice 软件对高频功率放大器进行可视化仿真分析。通过改变晶体管外电路元件参数，对比分析了不同参数对集电极电流、输出电压和输出功率的影响，通过改变波形坐标系，直接获得了参数与观测量的二维波形，电路工作状态范围及对应的临界参数。通过仿真实验，可以形象、直观地展示仿真结果，增强对凹陷失真的感性认识，学习电路性能的参数调试方法，加深对基本原理的理解。

**关键词**：LTspice 软件；丙类谐振功率放大器；可视化仿真

**中图分类号**：G642　　　　**文献标识码**：A

[**英文题目**]略

XXX

（XXX 大学 XXX 学院）

Abstract：略

Key words：略

### 4.1.1 引言

频谐振功率放大器是通信系统中发送装置的重要组件，能够放大信号，使之达到足够的功率输出，以满足天线发射和其他负载的要求，同时还具有高电平基极调制和集电极调制的作用。如何调整电路参数使之满足不同需求的应用，是灵活学习并应用高频功率放大器的难点。因此教学工作者使用 Multisim、PSpice、Tina Pro 等仿真软件对电路建模仿真，辅助理论和实验教学。

简单的高频功率放大器主要包括由电源和偏置电路组成的输出回路、晶体管和谐振回路三部分。电路结构的主要特点是工作在丙类，谐振回路具有选频和阻抗匹配的作用[2]。此部分内容需要计算的物理量主要有输出功率和效率，需要理解电路的欠压、临界和过压三种工作状态，并能根据实际应用需要合理调整参数，使电路能实现预期的功能。文献[7]通过多次设置参数，统计数据手动画出了功率与参数的关系，文献[8-9]使用仿真软件获得集电极电流或电压的时域波形，能有效提升教学效果。

在电压、电流、功率的时域波形基础上如何获得所需坐标系下的曲线图对于直观理解更重要，便于掌握实际电路参数的调整方法。编者引入 LTspice 仿真软件，分析电压、电流、功率随单参数和多参数改变的时域波形，以及电压、电流、功率与参数的曲线波形。

## 4.1.2 丙类谐振功率放大器原理

丙类谐振功率放大器工作原理如图 4.1.1 所示。工作状态和对应的集电极电流波形如图 4.1.2 所示。

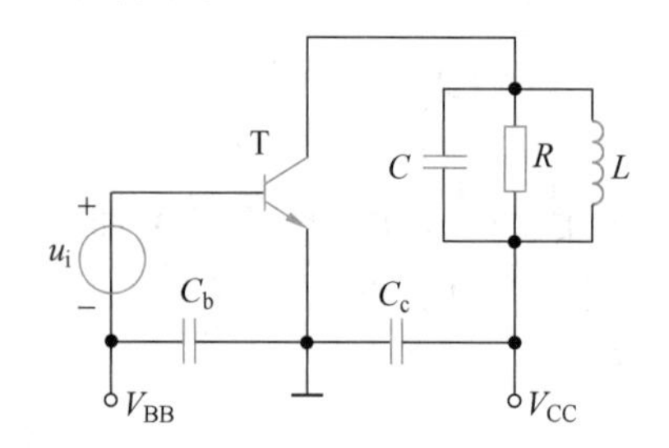


图 4.1.1 丙类谐振功率放大器原理电路

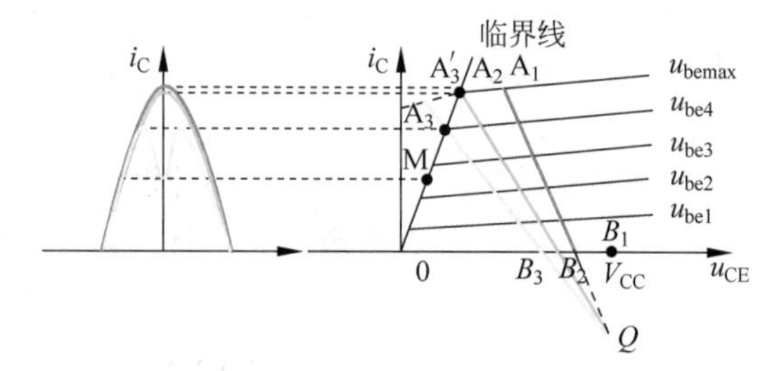


图 4.1.2 工作状态和对应的集电极电流波形

丙类谐振功率放大器的工作状态分为欠压、临界和过压，根据 A 点位置决定工作状态，当 A 点在放大区(如 $A_1$)，工作状态为欠压，$i_C$ 是尖顶余弦脉冲；当 A 点在临界线上(如 $A_2$)，工作状态为临界，$i_C$ 是尖顶余弦脉冲且达到幅值最大值；当 A 点过了临界线到达饱和区(如 $A_3$)，则工作状态是过压，$i_C$ 波形出现凹陷。

通过调整管外参数可视化展示电流、电压或功率波形是本节的主要工作。即把抽象的定性分析通过波形可视化展示给学生，帮助学生理解，并提供实际电路的调试方法。

## 4.1.3 丙类谐振功率放大器仿真实现

LTspice 软件[10-11]是一种电路仿真软件，能观察到电路中的电压、电流波形，能进行瞬态分析、交流分析、直流分析和噪声分析等。

在 LTspice 软件中建立原理图，如图 4.1.3 所示(此电路未考虑阻抗匹配和输出功率，仅分析原理电路的三种工作状态及影响因素)。

建立仿真波形。其输入电压 Vin，输出电压 Vout，基极电流 Ib 和集电极电流 Ic 的波形如图 4.1.4 所示。

图 4.1.4 中，输出电压与输入电压是正弦或余弦波形，相位相反，频率不变，幅值放大。

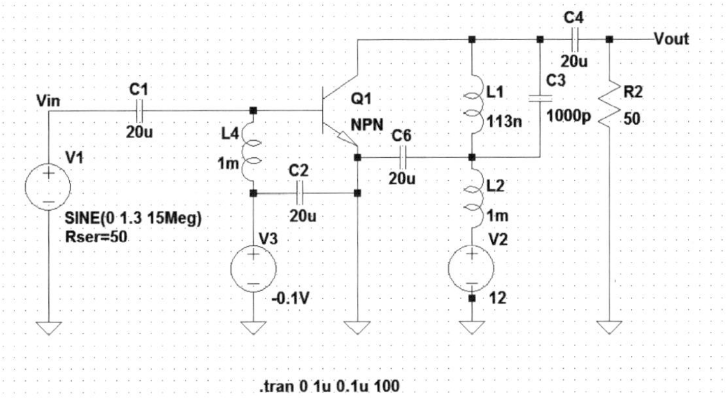

图 4.1.3 丙类谐振功率放大器仿真电路

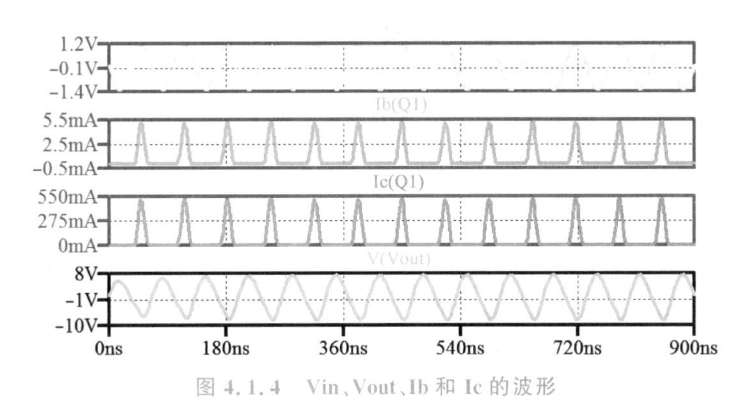


图 4.1.4 Vin、Vout、Ib 和 Ic 的波形

而集电极电流与基极电流一样，都是余弦脉冲波形，且幅值变大，具有线性放大的过程。输入电压和输入电流是非线性的，输出电流与输入电流是线性的，输出电压与输出电流是非线性。从电流角度来看，此电路具有线性放大的作用，从电压角度来看，也具有线性放大的作用，但对于整个电路来说是非线性电路。

### 4.1.4 丙类谐振功率放大器单参数变化仿真分析

影响丙类谐振功率放大器的管外参数主要有：基极偏置电压 Vbb，集电极电源电压 Vcc，负载电阻 RL，输入信号幅值 Vbm。单参数变化，主要是指固定三个参数为常量，改变一个参数，观察电路的电压和电流波形，分析工作状态（文中以集电极电流是否凹陷判断状态）。

#### 1. 放大特性

放大特性是指基极偏置电压 Vbb，集电极电源电压 Vcc，负载电阻 RL 保持不变，只改变输入信号幅值 Vbm 时，电路工作状态的变化。

在仿真电路中设置电路参数，Vcc=12V，Vbb=－0.1V，RL=50Ω，Vbm 分别为 1.2V、1.3V、1.4V、1.5V，进行瞬态分析所得的基极电流和集电极电流如图 4.1.5 所示。

图 4.1.5 中，幅值从小到大（从下到上），依次是 Vbm 为 1.2V、1.3V、1.4V、1.5V 时的基极电流和集电极电流，在 Vbm 分别为 1.2V、1.3V、1.4V 时，集电极电流线性放大基极电流，工作状态在欠压区，而在 Vbm 为 1.5V 时，集电极电流波形发生了明显的凹陷，工作状

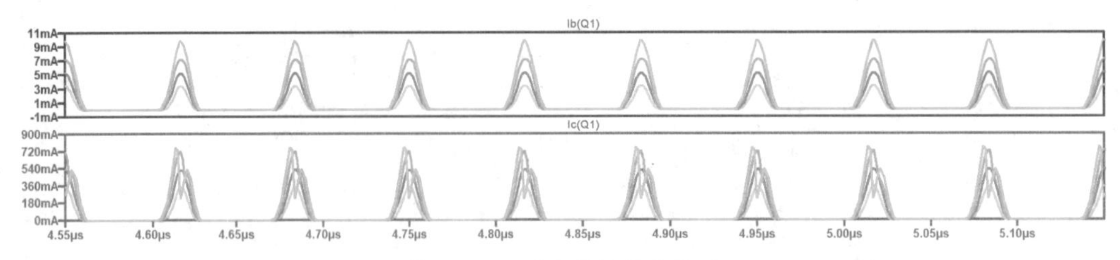


图 4.1.5 放大特性仿真波形

态进入了过压区。放大局部(图略),可以看到在 1.4V 时,已有凹陷出现。因此,增大 Vbm 过程中,工作状态从欠压过渡到临界再到过压。

在 LTspice 软件中,改变波形坐标系横轴为 Vbm,进行瞬态分析,依次获得的集电极电流、输出电压和输出功率的波形如图 4.1.6、图 4.1.7 和图 4.1.8 所示。三幅图直接说明了电流与 Vbm、电压与 Vbm、功率与 Vbm 的关系,当 Vbm 小于 1.38V 时电路处于欠压状态,电流、电压和功率都随着 Vbm 增大;当 Vbm 在 1.38V 左右时,电路处于临界状态;当 Vbm 再增大时,电路由临界状态进入过压状态后,电流、电压和功率略微增加,近似不变。

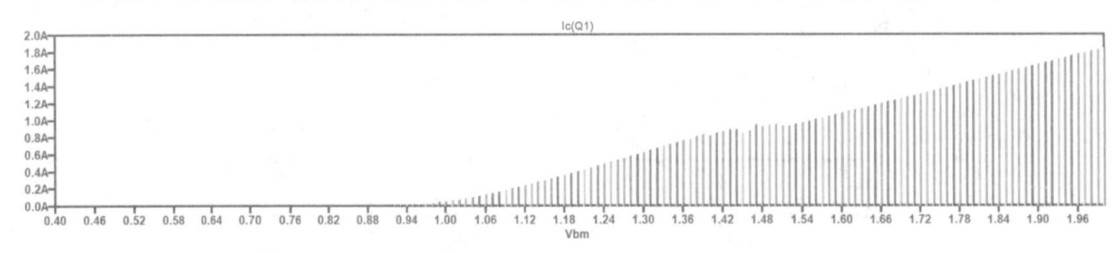


图 4.1.6 曲线——集电极电流-Vbm

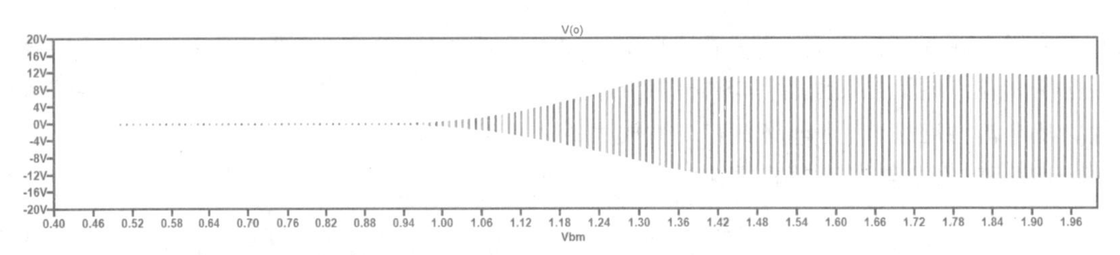


图 4.1.7 曲线——输出电压-Vbm

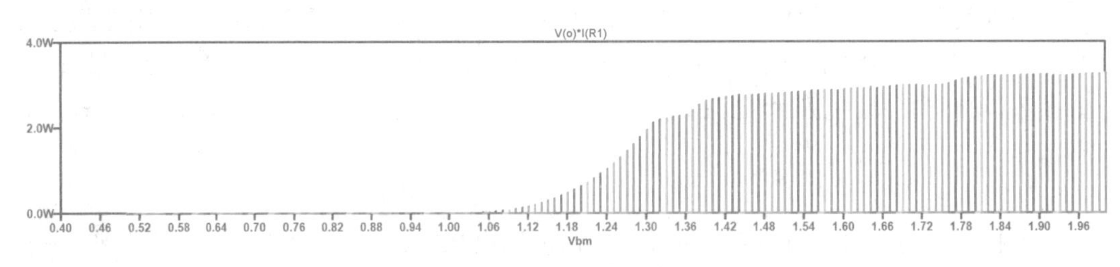


图 4.1.8 曲线——输出功率-Vbm

### 2. 负载特性

负载特性是指基极偏置电压 Vbb、输入信号幅值 Vbm、集电极电源电压 Vcc 保持不变,只改变负载电阻 RL 时,电路工作状态的变化。

在仿真电路中设置电路参数,Vbm＝1.2,Vbb＝－0.1V,Vcc＝12V,RL 分别为 50Ω、100Ω、150Ω、200Ω 时的仿真波形如图 4.1.9 所示。

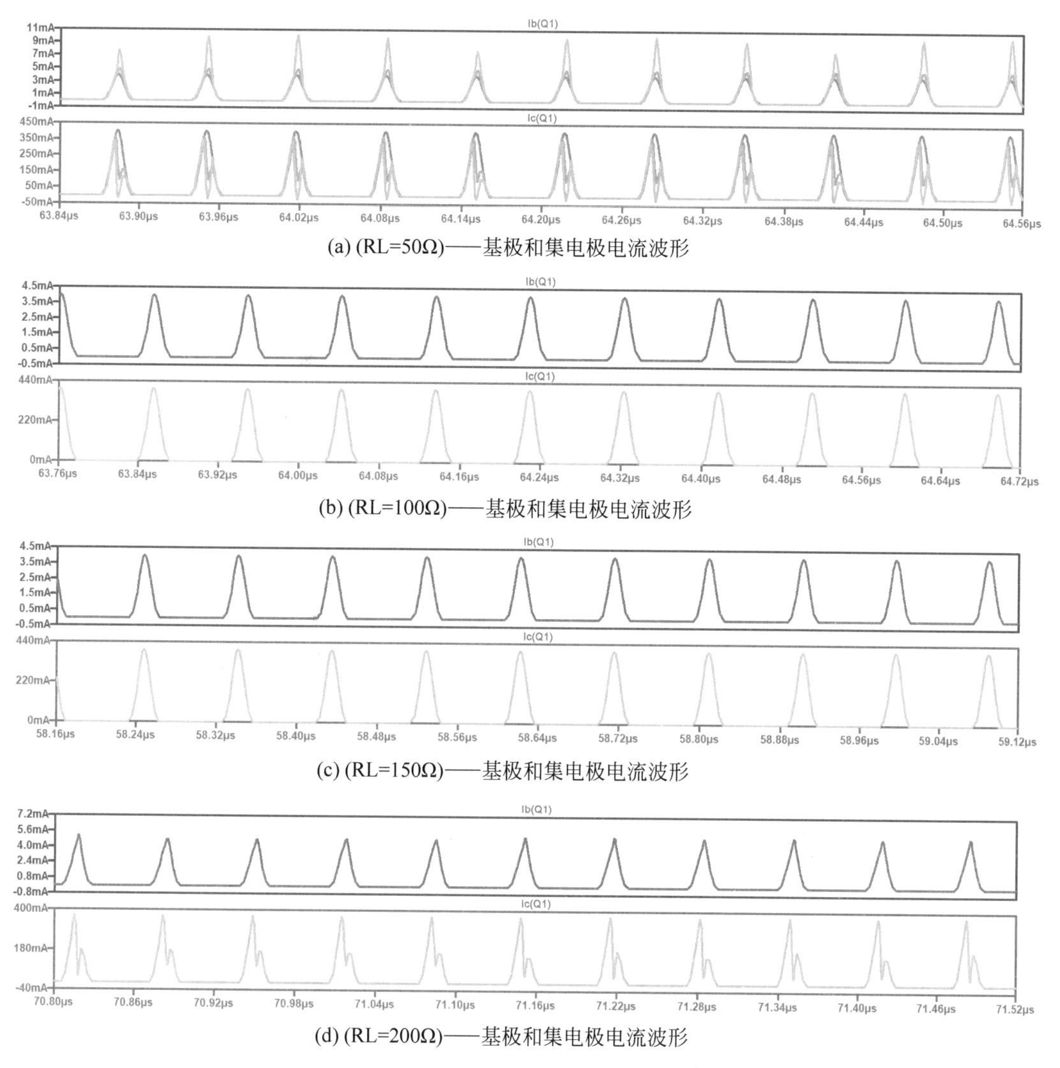


(a) (RL=50Ω)——基极和集电极电流波形

(b) (RL=100Ω)——基极和集电极电流波形

(c) (RL=150Ω)——基极和集电极电流波形

(d) (RL=200Ω)——基极和集电极电流波形

图 4.1.9 负载特性

图 4.1.9 中，从下到上，依次是 RL 为 50Ω、100Ω、150Ω、200Ω 时的基极电流和集电极电流，当 RL 分别为 50Ω、100Ω、150Ω 时，集电极电流和基极电流近似不变(如图 4.1.9(b)、(c)所示)，工作状态在欠压区，而当 RL 为 200Ω 时，集电极电流波形发生了明显凹陷，工作状态进入过压区。当 RL 为 150Ω 时，集电极电流有略微凹陷(如图 4.1.9(d)所示)。因此，增大 RL 过程中，工作状态从欠压过渡到临界再到过压。

在 LTspice 软件中，改变波形坐标系横轴为 RL，进行瞬态分析依次获得的输出电压和输出功率的波形如图 4.1.10 所示。两幅图说明当 RL 为 67Ω 左右时，工作状态到达临界，输出电压和输出功率最大。

### 3. 基极调制特性

基极调制特性是指输入信号幅值 Vbm、集电极电源电压 Vcc、负载电阻 RL 保持不变，只改变基极偏置电压 Vbb 时，电路工作状态的变化。

在仿真电路中设置电路参数，Vbm＝1.2，Vcc＝12V，RL＝50Ω，Vbb 分别为－0.1V、

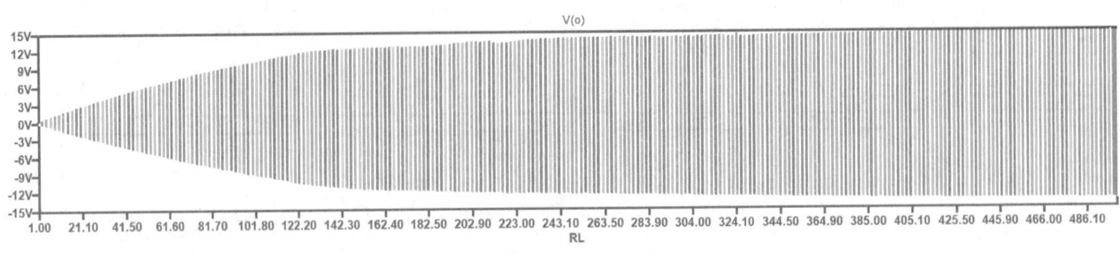


(a) 输出电压-负载电阻曲线

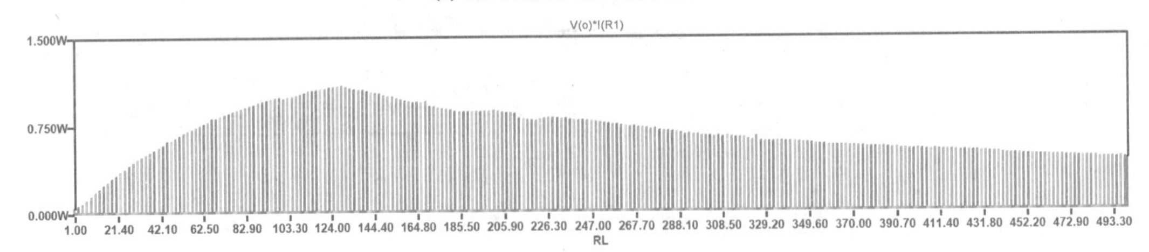


(b) 输出功率-负载电阻曲线

图 4.1.10 输出电压和输出功率与负载电阻曲线

0V、0.1V、0.2V 时，所得的基极电流和集电极电流如图 4.1.11 所示。

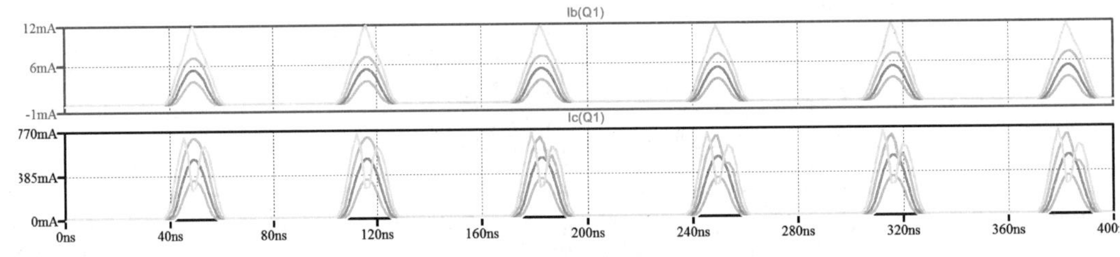


图 4.1.11 基极调制特性仿真波形

图 4.1.11 中，从下到上，依次为 Vbb 分别为－0.1V、0V、0.1V、0.2V 时的基极电流和集电极电流，当 Vbb 分别为－0.1V、0V、0.1V 时，集电极电流线性放大基极电流，工作状态在欠压区，而当 Vbb 为 0.1V 时，集电极电流波形发生了明显凹陷，工作状态进入过压区。因此，增大 Vbb 过程中，工作状态从欠压过渡到临界再到过压。

同理，可改变坐标系获得电压与 Vbb 的曲线(略)。

4. 集电极调制特性

集电极调制特性是指基极偏置电压 Vbb、输入信号幅值 Vbm、负载电阻 RL 保持不变，只改变集电极电源电压 Vcc 时，电路工作状态的变化。

在仿真电路中设置电路参数，Vbm＝1.2，Vbb＝－0.1V，RL＝50Ω，Vcc 分别为 12V、9V、6V、3V 时，所得的基极电流和集电极电流如图 4.1.12 所示。

在图 4.1.12(e)中，只看到两条波形，实际是 4 条，有部分重合，具体如图 4.1.12(a)～(d)所示。当 Vcc 分别为 12V、9V、6V 时，基极电流和集电极电流重合，几乎不变，工作状态为欠压区。只有当 Vcc 为 3V 时，集电极电流明显凹陷，工作状态发生变化进入过压区。因此，在减小 Vcc 过程中，工作状态从欠压过渡到临界再到过压，或者说，在增大 Vcc 过程中，工作状态从过压过渡到临界再到欠压。

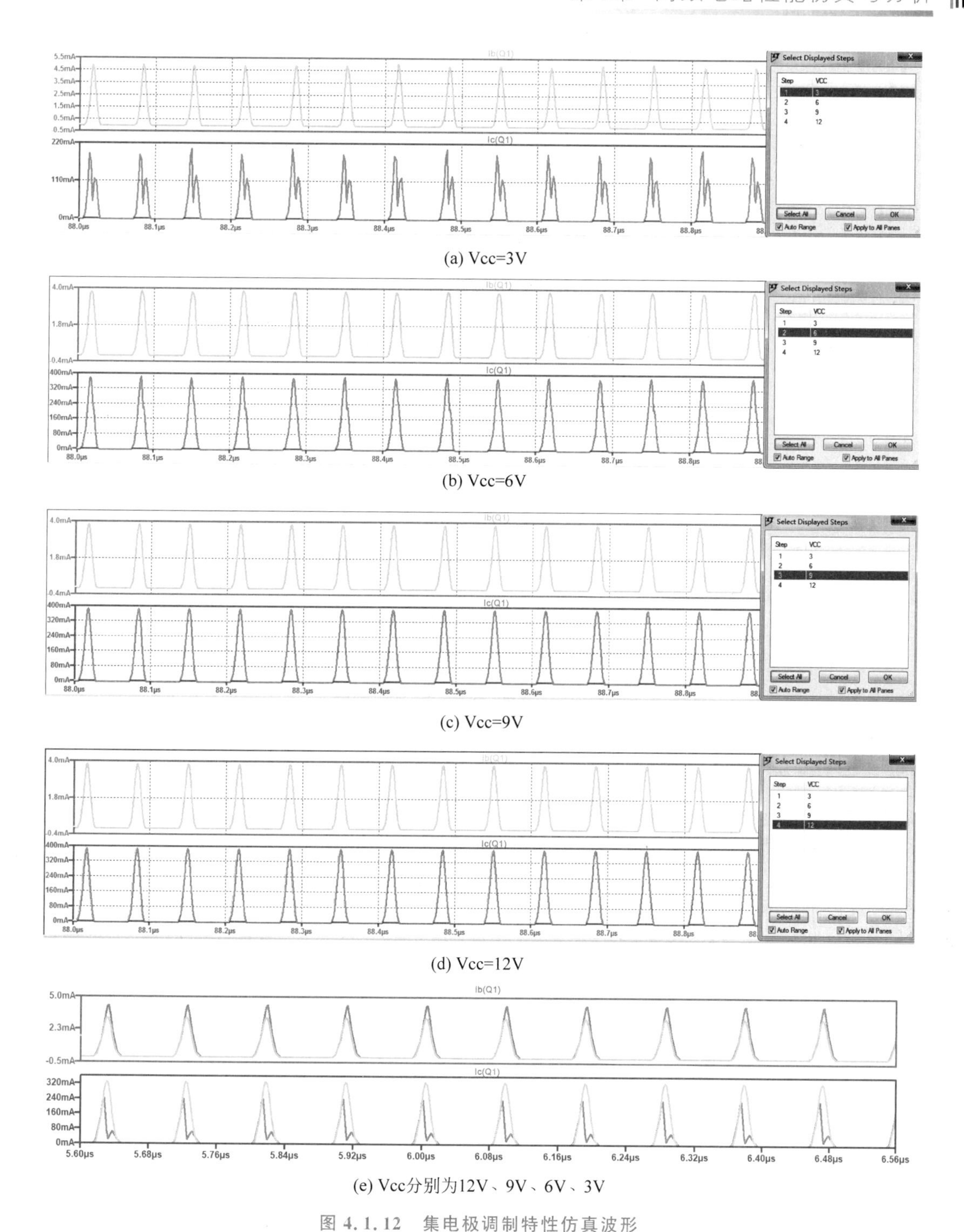


(a) Vcc=3V

(b) Vcc=6V

(c) Vcc=9V

(d) Vcc=12V

(e) Vcc分别为12V、9V、6V、3V

图 4.1.12 集电极调制特性仿真波形

## 4.1.5 丙类谐振功率放大器多参数变化仿真分析

在 Vbb＝－0.1V 和 Vcc＝12V 时，通过“.step param Vbm 1.1 1.3 0.1”和“.step param RL 50 150 50”命令设定 Vbm 和 RL 同时为变量，获得的集电极电流波形如图 4.1.13 所

示。图 4.1.13 中有多条电流波形，对应的参数如图 4.1.14 所示。

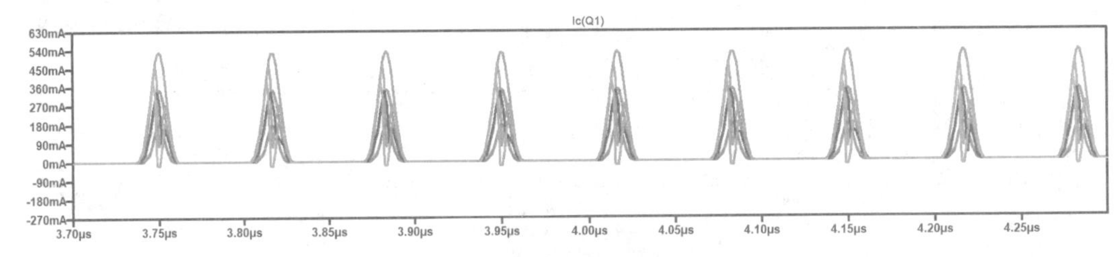


图 4.1.13　Vbm 和 RL 为变量时的集电极电流

Select Displayed Steps

| Step | R | VBM |
|---|---|---|
| 1 | 50 | 1.1 |
| 2 | 100 | 1.1 |
| 3 | 150 | 1.1 |
| 4 | 50 | 1.2 |
| 5 | 100 | 1.2 |
| 6 | 150 | 1.2 |
| 7 | 50 | 1.3 |
| 8 | 100 | 1.3 |
| 9 | 150 | 1.3 |

Select All　Cancel　OK

☑ Auto Range

图 4.1.14　Vbm 与 RL 的对应关系

在图 4.1.13 中选择不凹陷的临界集电极电流，并找到对应的参数，即可获得丙类谐振功率放大器的临界状态。图 4.1.13 中的绿色波形为不凹陷的临界集电极波形，对应的参数为 RL=50，Vbm=1.3，此参数单独选定对应的波形如图 4.1.15 所示。与单独设定 RL=50，Vbm=1.3 同时为常数的波形状态一致，如图 4.1.16 所示。

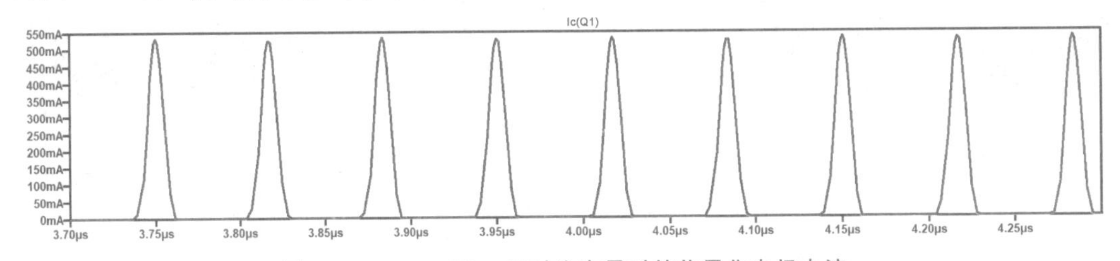


图 4.1.15　RL、Vbm 同时为变量时的临界集电极电流

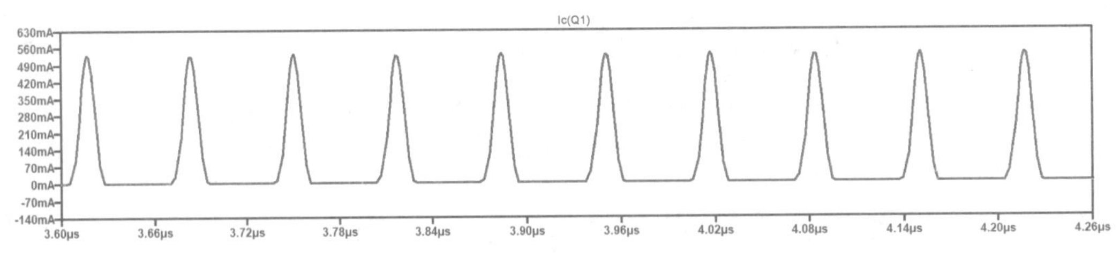


图 4.1.16　RL、Vbm 同时为常数时的集电极电流

### 4.1.6 结语

利用 LTspice 软件仿真了高频谐振功率放大器的四种性能，深入分析了各参数对性能的影响，把定性的分析问题可视化、简单化和形象化，增强了感性认识，加深了对工作状态的理解，并提供了具有可操作性的参数调整方法。

参考文献(略)。

## 4.2 集电极调幅电路性能仿真分析

微课视频

本节是集电极调幅电路的设计性实验。在完成实验后，形成的示例论文如下：

［**中文题目**］ 集电极调幅电路性能仿真分析

**摘　要**：集电极调幅是基于丙类谐振功率放大器实现调幅。利用 LTspice 软件对集电极调幅电路进行可视化仿真分析。首先设置合理电路参数，通过集电极电流是否凹陷判断丙类谐振功率放大器的三种工作状态；然后在过压状态下加载调制信号获得输出调幅信号；最后分析影响输出调幅信号的因素及原因。

英文题目、摘要(略)。

### 4.2.1 引言

集电极调幅电路[1-2]是以高频谐振功率放大电路为基础构成的，是输出电压幅度受集电极所加调制信号控制的高频谐振功率放大器，输出调幅信号有较高的功率，是一种高电平调幅。理论上高频谐振功率放大器工作在过压状态时，调制信号和集电极电源电压共同作为放大器的有效集电极电源电压，即可在输出端获得 AM 调幅信号。

如何调整电路参数才能使高频谐振功率放大器工作于过压状态，如何设置集电极电源电压才能获得不同调制度的调幅信号，如何调整载波、集电极电压才能获得不失真的调幅信号，如何增大输入调制信号的动态范围等问题，都是高电平调制电路仿真测试时的难点。

对于集电极调幅电路的仿真，调整丙类谐振功率放大器的欠压、过压、临界三种工作状态是基础，在此基础上进行不失真的调制则是重点和难点。

关于丙类谐振功率放大器电路[3-5]设计、仿真、测试等方面的研究较多，基于模块功能的普通调幅解调系统仿真[6-8]也较容易实现，但是对于集电极调幅电路的仿真测试研究文献相对较少。编者引入 LTspice 仿真软件，详细介绍集电极调制电路仿真实现的步骤，并分析影响输出已调信号的多种因素。

### 4.2.2 集电极调幅电路原理

集电极调幅电路的工作原理[1-2]如图 4.2.1 所示。工作状态和对应的集电极电流波形如图 4.2.2 所示。$u_{\Omega}(t)$与直流电源 $V_{cT}$ 串联，$V_{cc}$ 等于这两个电压之和，并随调制信号变化而变化。$C'$是高频旁路电容，高频相当于短路，对调制信号频率应相当于开路。输入载波信号 $u_{b}(t)=U_{bm}\cos(\omega_{c}t)$保持不变，集电极回路调谐在 $\omega_{c}$，带宽略大于 $2\Omega$。

丙类谐振功率放大器在 $V_{bb}$、$g_{c}$、$U_{bz}$、$U_{bm}$、$R_{p}$ 不变的条件下，改变 $V_{cc}$ 时，集电极电流 $I_{C0}$、$I_{C1m}$ 在欠压区可认为不变，而在过压区 $I_{C0}$、$I_{C1m}$ 将随 $V_{cc}$ 变化而变化，具有调幅特性。

当实现集电极调幅时,丙类谐振功率放大器工作于过压状态。

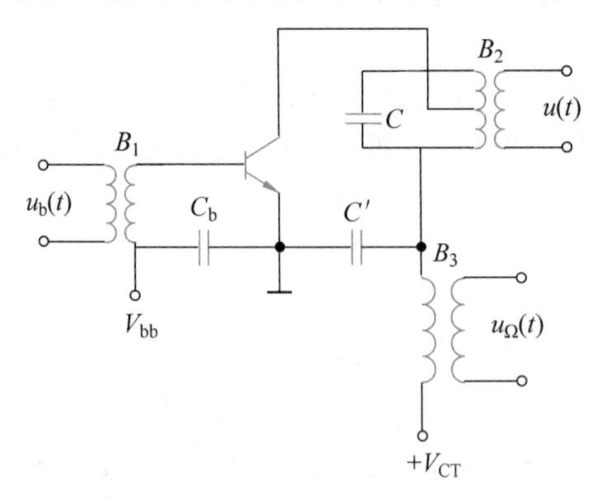


图 4.2.1　集电极调幅原理电路

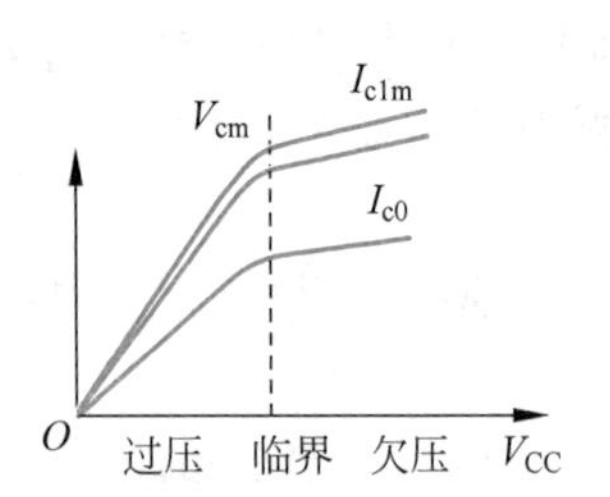


图 4.2.2　集电极调幅特性

丙类谐振功率放大器的工作状态调整是实现集电极调幅的关键环节。

通过调整管外参数,观测集电极电流,确定集电极调制特性曲线,并可视化展示集电极电流和输出电压波形是本文的主要工作。

## 4.2.3　集电极调幅电路仿真

在 LTspice 软件中建立原理图,如图 4.2.3 所示(此电路未考虑阻抗匹配和输出功率,仅仅分析原理电路的三种工作状态及影响因素)。

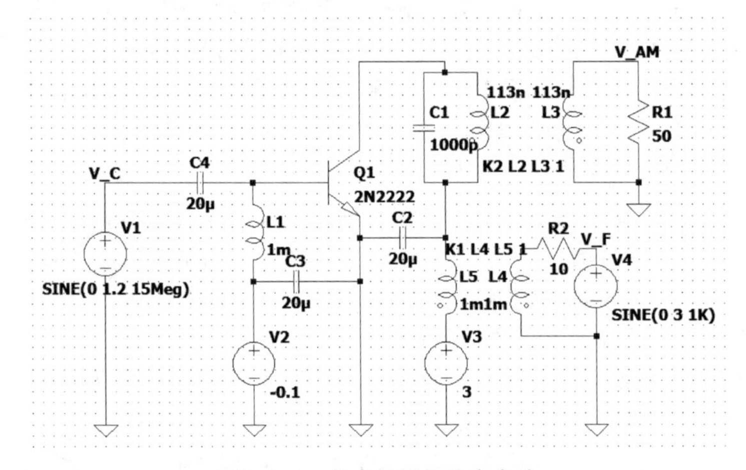


图 4.2.3　集电极调幅仿真电路

输入载波信号通过耦合电容加入基极回路,基极直流偏置电压为负值,集电极回路采用串馈方式,调制信号通过变压器耦合到集电极,与集电极直流电压串联作为电路的有效集电极电压,集电极 LC 谐振回路的谐振频率近似等于载波频率,调幅信号通过变压器耦合方式传给负载电路,电路具体的参数如图 4.2.3 所示。

建立仿真波形。输出调幅电压 V_AM 波形如图 4.2.4 所示,集电极电流 Ic 的局部放大波形如图 4.2.5 所示。

如图 4.2.4 所示是典型的 AM 信号,说明电路实现了调幅。如图 4.2.5 所示是凹陷的集电极电流波形,说明电路工作在过压状态。

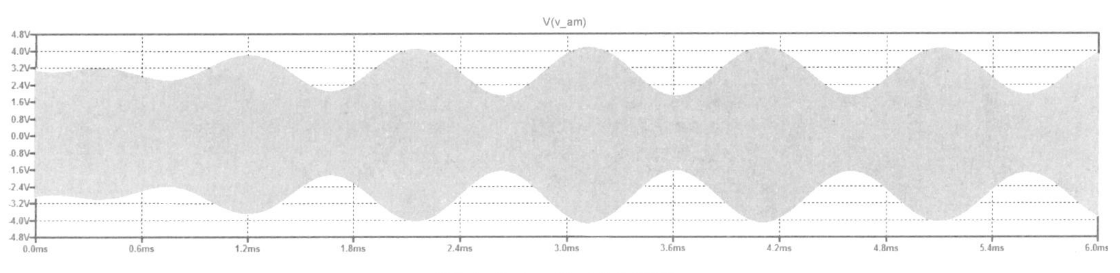


图 4.2.4　V_AM 波形

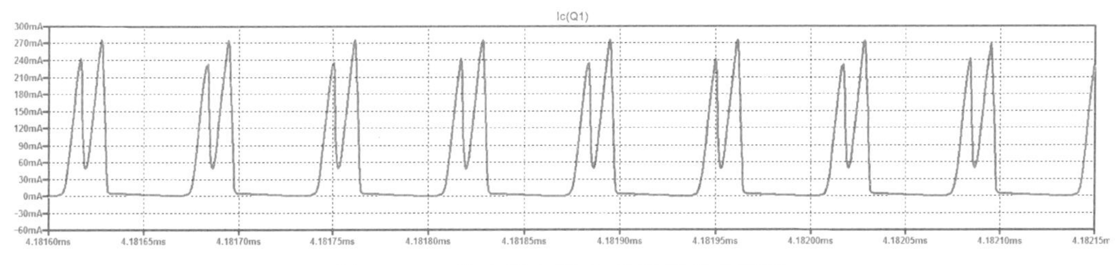


图 4.2.5　集电极电流 Ic 的局部放大波形

但是如何设置参数，才能使电路工作在过压工作状态？如何设置参数，才能使输出信号不失真？是实现集电极调幅的关键。

## 4.2.4　集电极调制特性仿真分析

为了获得集电极调制，先不加调制信号。并在仿真电路中设置电路参数，Ubm＝1.2V，Vbb＝－0.1V，RL＝50Ω，Vcc∈[1V，12V]时且以1V的变化量变化时，集电极电流如图4.2.6所示。

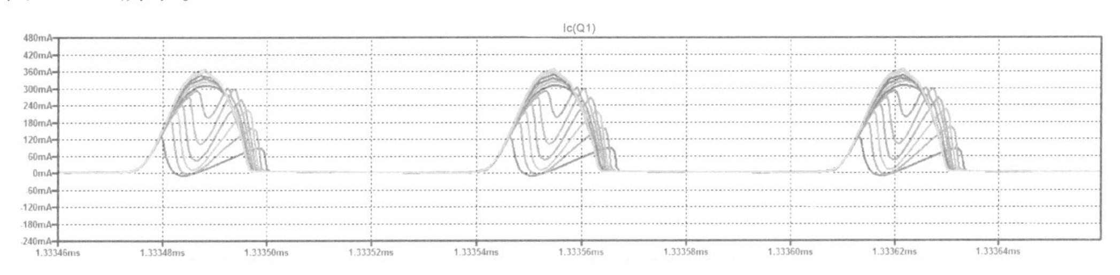


图 4.2.6　集电极调制特性仿真波形

当Vcc∈[1V，6V]时集电极电流是凹陷的(过压状态)，即Vcc＝1V时凹陷最明显，是图4.2.6中最下面的波形。当Vcc∈[7V，12V]时集电极电流是尖顶余弦脉冲(欠压状态)，且电流幅值变化不大，即Vcc＝12V时，是图4.2.6中最上面的波形。因此，在减小Vcc过程中，工作状态从欠压过渡到临界再到过压；或者说，在增大Vcc过程中，工作状态从过压过渡到临界再到欠压。在此参数条件下，Vcc＝6V是临界电压。

## 4.2.5　集电极调幅电路动态范围分析

为了获得较大的调制信号幅度范围，可设Vcc＝3V，同时设置Ubm＝1.2V，Vbb＝－0.1V，RL＝50Ω，加载调制信号频率为1kHz、幅值不同的调制信号，输出信号如图4.2.7所示。

图4.2.7中，调制信号幅值改变时，输出调幅信号的调幅指数发生改变，当Fm∈[1V，

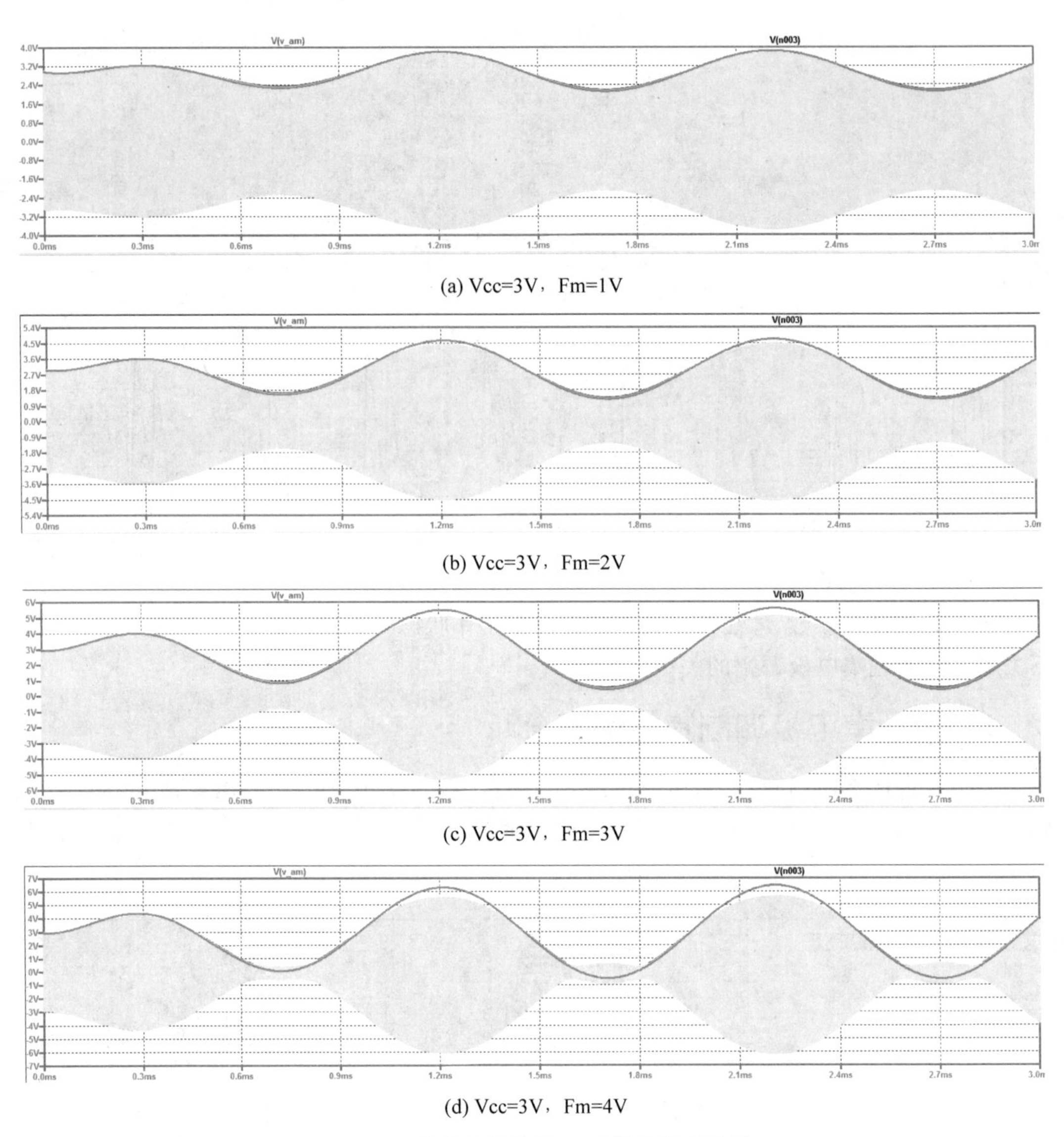


(a) Vcc=3V，Fm=1V

(b) Vcc=3V，Fm=2V

(c) Vcc=3V，Fm=3V

(d) Vcc=3V，Fm=4V

图 4.2.7　输出调幅信号(不同幅值调制信号)

3V]时，输出信号正常，当 Fm=4V 时，输出信号发生过调幅失真。所以，在此参数条件下调制信号的幅度范围为 Fm∈[1V,3V]。

当改变 Vcc=5V，加入 Fm=3V 时的调制信号，输出信号如图 4.2.8 所示。

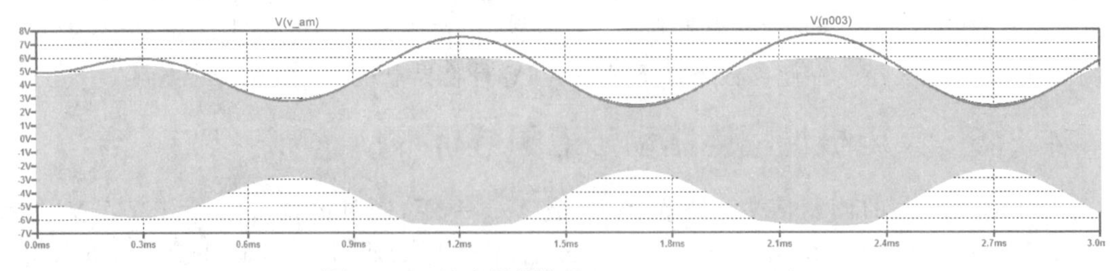


图 4.2.8　输出调幅信号(Vcc=5V，Fm=3V)

图 4.2.8 中，在调制的正半周一段时间内对应的输出信号幅度近似恒定，在调制的负半

周能实现正常的调制。出现此现象是因为调制特性曲线范围如图 4.2.2 所示，当 Vcc 取值在过压区的中间位置时，输入调制幅值的动态范围最大；当 Vcc 取值向过压区 0 附近移动时，调制幅值的动态范围逐渐缩小，且容易出现过调幅失真；当 Vcc 取值向临界点移动时，调制幅值的动态范围逐渐缩小，且容易出现图 4.2.8 所示的失真，即在调制的正半周一段时间内没有实现调制，仅是正常功率放大。

书中的集电极调制特性和输出信号动态范围分析是基于 Ubm＝1.2V，Vbb＝－0.1V，RL＝50Ω。当这三个参数的任何一个改变时，集电极调制特性曲线的过压区范围都会发生改变。因此，为了获得不失真的调幅，在仿真时，要反复调制参数，获得最大范围的过压区范围和输入信号的动态范围。

### 4.2.6 结语

集电极调幅电路是基于丙类谐振功率放大器的一种高电平调幅电路。在集电极调幅电路原理的基础上；利用 LTspice 软件建立了电路模型，仿真分析电路中节点电压和电流波形；根据集电极电路的特征获得了丙类谐振功率放大器三个工作状态的集电极电压工作范围；在过压状态参数条件下，加入调制信号实现集电极调幅。在此基础上，改变集电极电压和输入信号幅值，分析输出信号是否失真，并进行了失真原因分析。集电极调幅电路仿真方法能定性地分析问题，并通过可视化、简单化和形象化的方式增强感性认识，进一步加深了对高电平调幅特性的认识。

## 4.3 基极调幅电路性能仿真分析

微课视频

本节是基极调幅电路的设计性实验。在完成实验后，形成的示例论文如下：

[**中文题目**] 基极调幅电路性能仿真分析

**摘　要**：为了使基极调幅电路输出直观形象，基于 LTspice 软件对其进行可视化仿真分析。通过合理设置电路参数，仿真高频谐振功率放大器的三种工作状态和基极调幅特性曲线，并分析了特性曲线的影响因素，以及实现调制功能的特性曲线线性范围；结合基极调幅仿真电路分析了节点电压电流波形和影响输出调幅信号的因素及原因。

关键词：丙类谐振功率放大器；基极调幅；调制特性；仿真。

### 4.3.1 引言

基极调幅电路[1-2]是以高频谐振功率放大电路为基础构成的，是输出电压幅度受基极所加调制信号控制的高频谐振功率放大器，输出调幅信号有较高的功率，是一种高电平调幅。理论上高频谐振功率放大器工作在欠压工作状态时，调制信号和基极直流偏压共同作为放大器的偏置电压，即可在输出端获得 AM 调幅信号。

如何调整电路参数，才能使高频谐振功率放大器工作于欠压工作状态；如何设置基极直流偏压才能获得不同调制度的调幅信号；如何调整载波、集电极电压，才能获得不失真的调幅信号，如何增大输入调制信号的动态范围等问题，都是高电平调制电路仿真测试时遇到的难点。

对于基极调幅电路的仿真，调整丙类谐振功率放大器的欠压、过压、临界三种工作状态是基础，在此基础上进行不失真的调制则是重点和难点。

## 4.3.2 基极调幅电路原理

基极调幅电路工作原理[1-2]如图 4.3.1 所示。

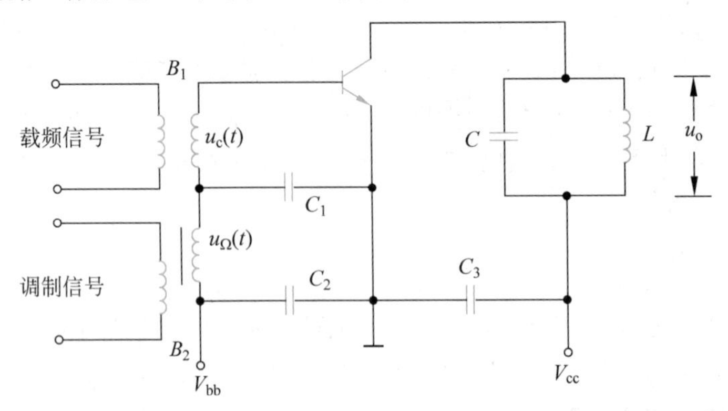


图 4.3.1 丙类谐振功率放大器原理电路

图 4.3.1 中 $C_1$、$C_3$ 为高频旁路电容；$C_2$ 为低频旁路电容；$B_1$ 为高频变压器；$B_2$ 为低频变压器；LC 谐振回路谐振于载波频率，通频带为 2Ω。

基极调幅电路的基本原理是，利用丙类功率放大器在电源电压 $V_{cc}$，输入信号振幅 $U_{cm}$，谐振电阻 $R_p$ 不变的条件下，在欠压区改变 $V_{bb}$，利用输出电流随 $V_{bb}$ 变化这一特点实现调幅。

## 4.3.3 基极调幅仿真流程

基极调幅功能的实现是基于丙类谐振功率放大器，并使得丙类谐振功率仿真工作于欠压工作状态。因此，仿真流程如 4.3.2 所示。

首先要在软件中实现丙类谐振功率放大器的仿真，仿真实现欠压、临界、过压三种工作状态；根据集电极电流波形，仿真实现基极调幅特性，尤其是线性区域和限幅区域；根据基极调幅特性欠压工作状态的线性特性，调制信号的合理幅度；仿真测试输出信号，观测能否实现 AM 调幅，如果能实现，可通过测试时域波形或频率的频域，估算调幅度，如果不能实现调幅或输出失真，则调整电路，重新计算仿真调幅特性；最后根据需要，计算功率等(文中略)。

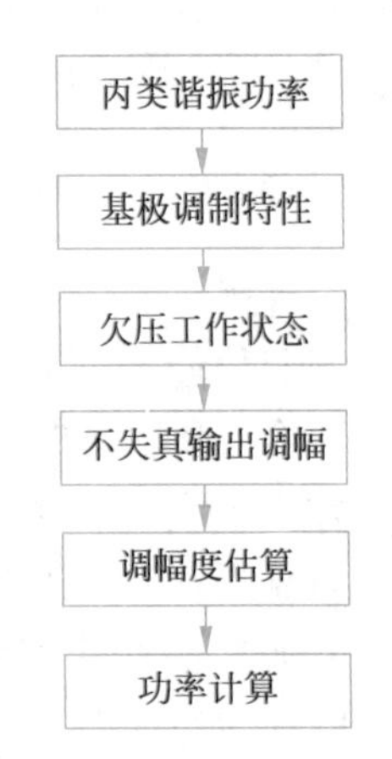


图 4.3.2 基极调幅仿真步骤

### 1. 丙类谐振功率放大器仿真

在 LTspice 软件中建立电路图，并设置相应的参数，如图 4.3.3 所示(此电路未考虑阻抗匹配，仅分析丙类谐振功率放大器电路原理)。

图 4.3.3 中，变压器 K1 把载波信号耦合到三极管的基射之间，基极直流偏置电压 Vbb＝V3。

Vcc＝V2 为集电极电源，L1 和 C3 构成输出端的选频网络，根据载波频率设置 L 和 C 参数，使得选频网络的中心频率等于载波频率，变压器 K3 把输出信号耦合到负载。

输入载波信号：幅度 1.5V，频率 15MHz。

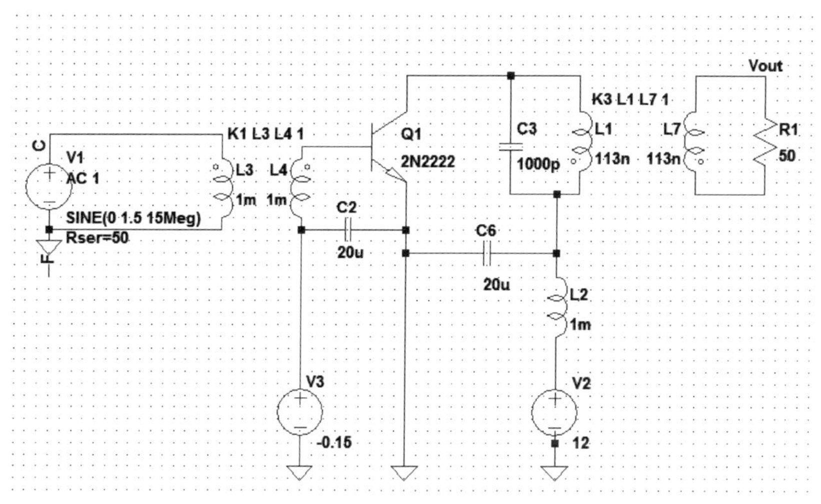


图 4.3.3 丙类谐振功率放大器

基极回路偏置电压：－0.15V。

集电极电源电压：12V。

旁路电容：20μF。

选频网络：L＝113nL，C＝1000pF。

经仿真测试，图 4.3.3 电路能正常工作。输出电压波形和集电极电流波形略。

### 2. 基极调幅特性仿真

影响高频谐振功率放大器工作在欠压状态的主要参数有：基极偏置电压 Vbb，集电极电源电压 Vcc，负载电阻 RL，输入载波信号幅值 Ucm。

1）基极偏置电压 Vbb 变化

基极偏置电压 Vbb 变化时的欠压工作状态分析，即固定集电极电源电压 Vcc 为 12V，负载电阻 RL 为 50Ω，输入信号幅值 Ucm 为 1.5V，依次改变 Vbb 的值（书中以集电极电流是否凹陷判断状态）。

当 Vbb 在[－0.6V 0.4V]，且以 0.1V 依次增大时，集电极电流波形如图 4.3.4 所示。

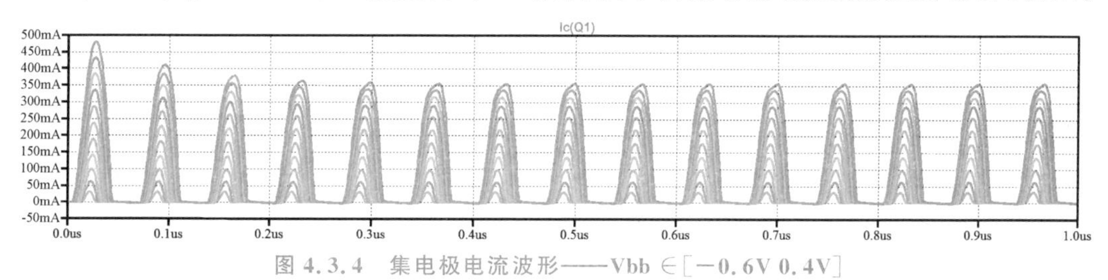


图 4.3.4 集电极电流波形——Vbb ∈[－0.6V 0.4V]

当 Vbb 在[0.4V 1V]，且以 0.1V 依次增大时，集电极电流波形如图 4.3.5 所示。

根据图 4.3.4 和图 4.3.5，根据集电极电流波形是否凹陷，确定丙类谐振功率放大器的三种工作状态，以及欠压区，并统计集电极电流的幅值与基极偏置电压值之间的关系。

在 LTspice 软件中，通过设置坐标系，可以获得集电极电流与基极偏置电压之间的曲线，如图 4.3.6 所示。

2）集电极电源变化

集电极电源 Vcc 变化时的欠压工作状态分析，即固定基极偏置电压 Vbb 为－0.15V，

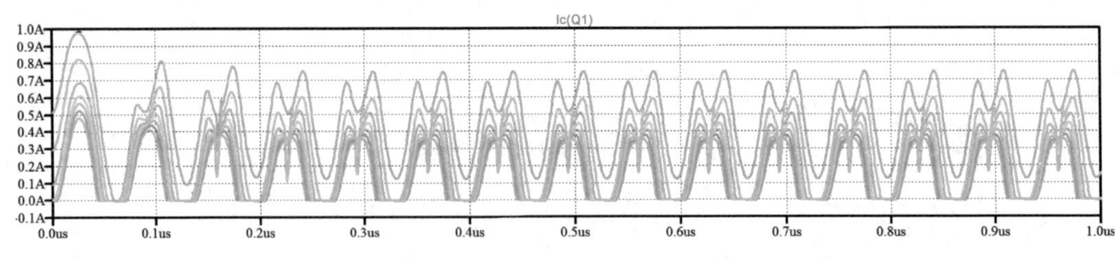


图 4.3.5 集电极电流波形——Vbb ∈[0.4V 1V]

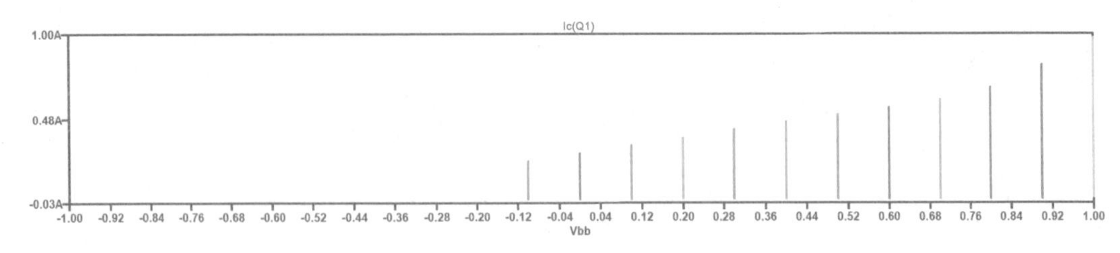


图 4.3.6 集电极电流与基极偏置电压

负载电阻 RL 为 50Ω，输入信号幅值 Ucm 为 1.5V，依次改变 Vcc 的值。

当 Vcc 在[3V 20V]，且以 3V 依次增大时，集电极电流波形如图 4.3.7 所示。

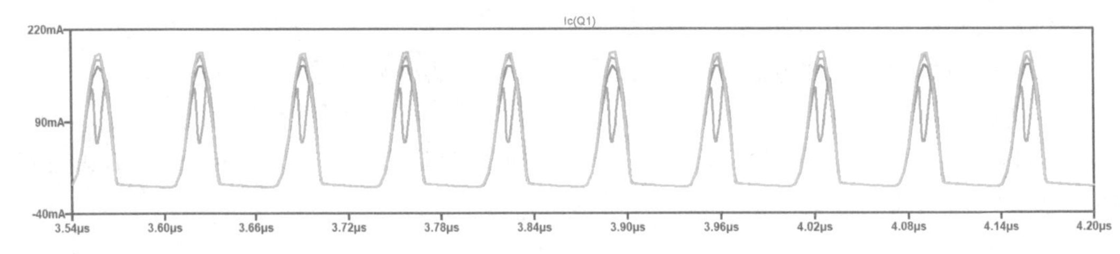


图 4.3.7 集电极电流波形——Vcc∈[3V 20V]( Ucm=1.5V)

图 4.3.7 说明，Vcc 越小，越容易进入过压工作状态。

同样地，当输入信号幅值 Ucm 为 2V 时，依次改变 Vcc 的值。集电极电流波形如图 4.3.8 所示。

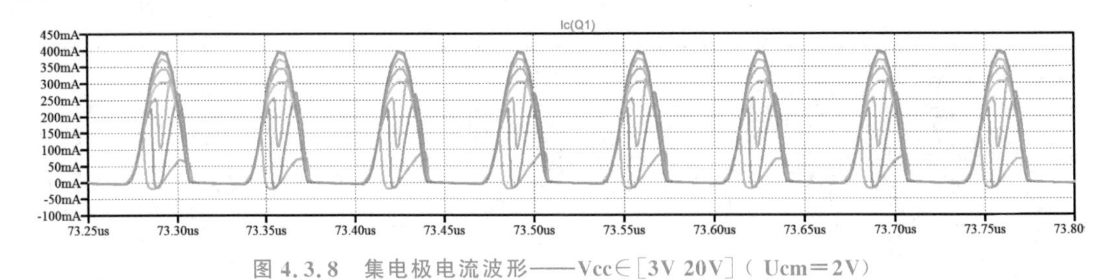


图 4.3.8 集电极电流波形——Vcc∈[3V 20V]( Ucm=2V)

因此，在丙类谐振功率放大器的多个参数的不同取值，对工作状态影响很大，要多参数协调合理取值，才能确定需要的工作状态。

### 3. 欠压工作状态

图 4.3.6 中，虽然在 Vbb∈[−1V 1V]范围内，集电极电流呈现增长趋势，但在图 4.3.4 中，集电极电流是尖顶余弦脉冲，工作状态是欠压；而在图 4.3.5 中，集电极电流是凹陷脉冲，工作状态是过压。因此，能实现基极调幅的欠压工作状态范围为 Vbb∈[−1V 0.4V]。

为了较好地实现调幅特性，设置 Vbb=−0.15V。

4. 基极调幅电路仿真实现

根据图 4.3.1 基极调幅原理图,建立的仿真电路图如图 4.3.9 所示(此电路未考虑阻抗匹配,仅分析调幅电路原理)。

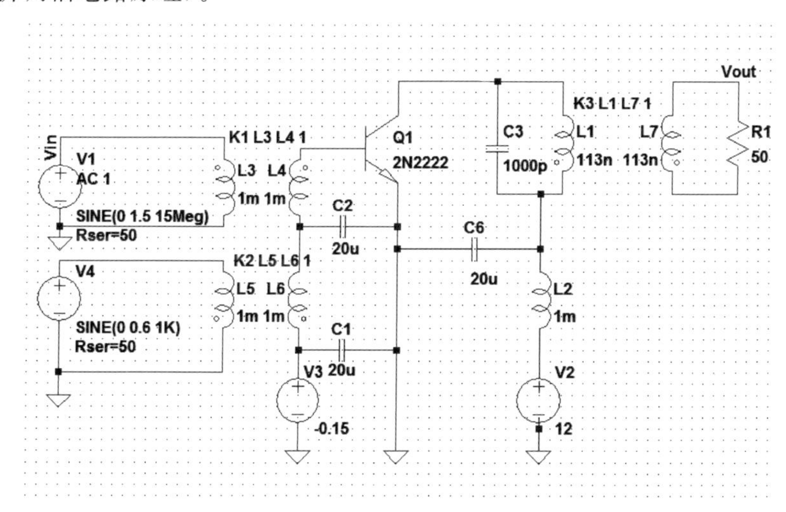


图 4.3.9 基极调幅仿真电路

在图 4.3.3 基础上,增加变压器 K2 把调制信号耦合到三极管的基射之间,并增加低频旁路电容(20μF)。

输入调制信号:幅度 0.6V,频率 1kHz。

在此参数条件下,仿真电路。建立仿真波形。其输入端调制信号电压 v(f),载波信号电压 V(c)、基极电流 Ib 和集电极电流 Ic 以及输出电压 Vout 的波形,如图 4.3.10 所示。

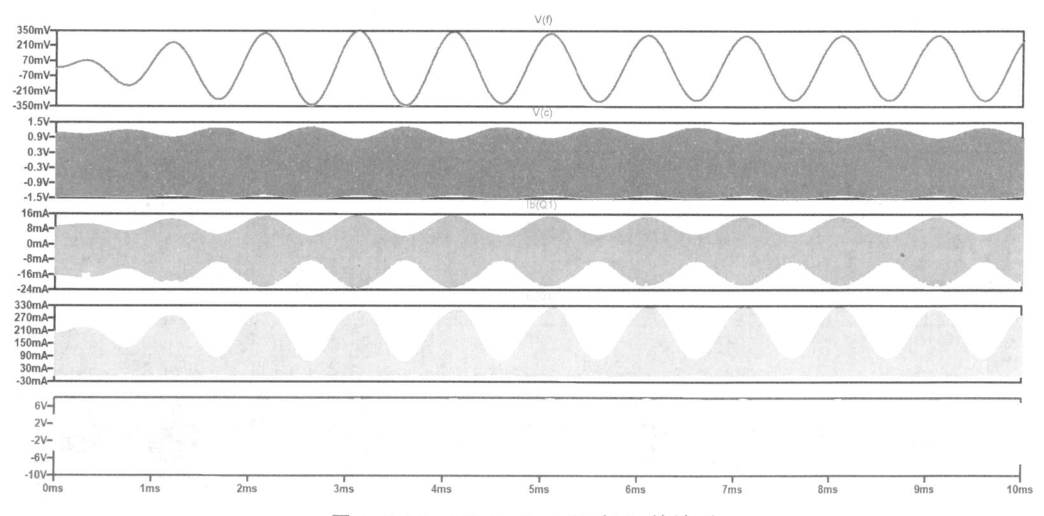


图 4.3.10 V(c)、Vout、Ib 和 Ic 的波形

输出调幅信号的频谱如图 4.3.11 所示。

图 4.3.11 中,已调 AM 信号的频谱分量为 15MHz,15MHz+1kHz,15MHz−1kHz。

根据图 4.3.10 或图 4.3.11 的幅度。根据公式可以计算调幅度为

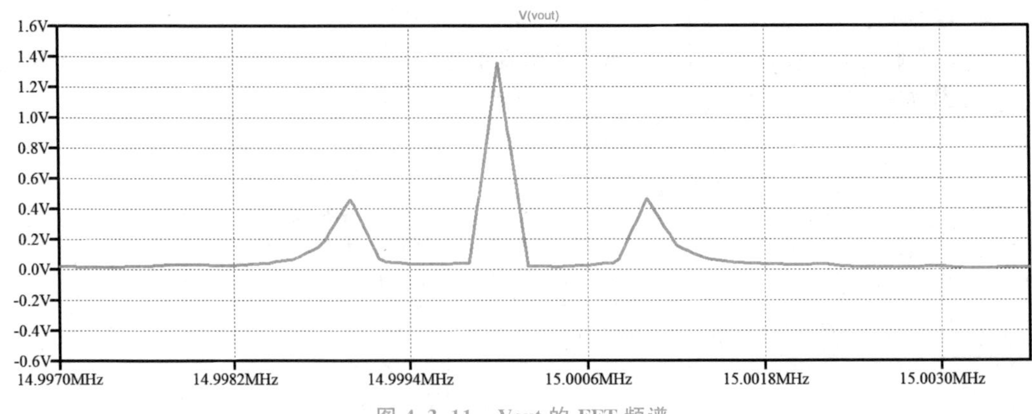


图 4.3.11　Vout 的 FFT 频谱

$$边带幅度=\frac{1}{2}m_{a}V_{cm}$$

调幅度 $m_a$ 约为 0.7。

## 4.3.4　输出信号失真的影响因素分析

根据以上分析，设置集电极电源电压 Vcc 为 12V，负载电阻 RL 为 50Ω，输入信号 Ucm 幅值为 1.5V，基极偏置电压 Vbb 为－0.15V。

在此条件下，加入不同幅度的调制信号，输出信号如图 4.3.12 所示。

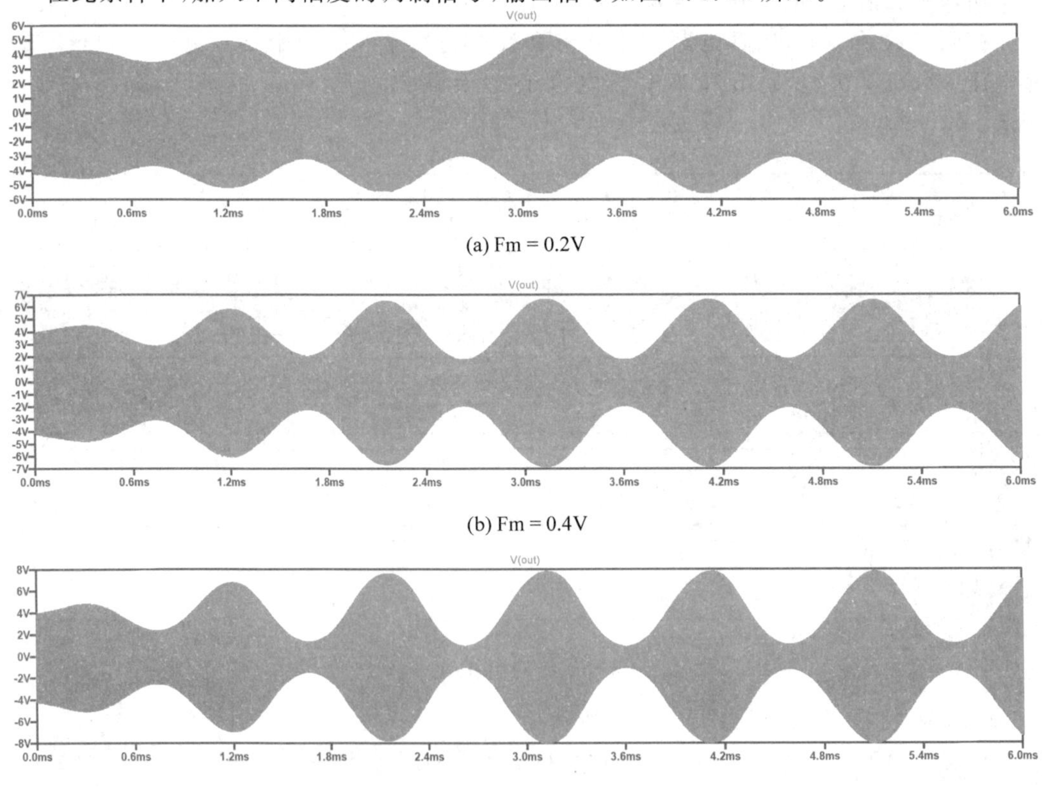


(a) Fm = 0.2V

(b) Fm = 0.4V

(c) Fm = 0.4V

图 4.3.12　输出信号（Ucm＝1.5V，Vbb＝－0.15V，Vcc＝12V，RL＝50Ω）

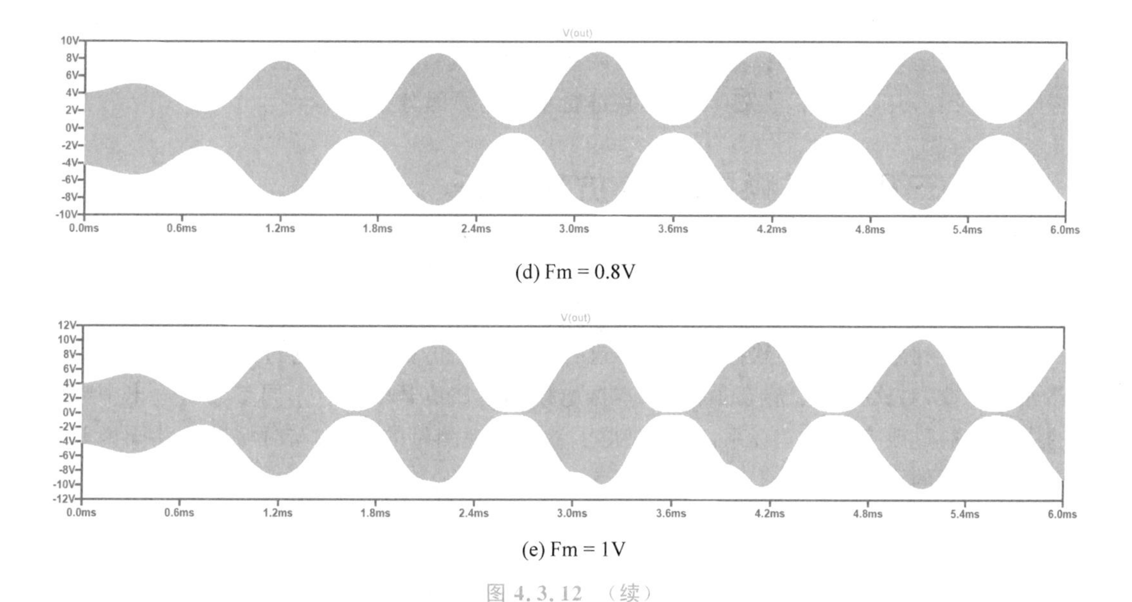


(d) Fm = 0.8V

(e) Fm = 1V

图 4.3.12　(续)

图 4.3.12(e)输出信号出现了明显的失真，但当改变 Vcc＝20V，其他条件不变(Ucm＝1.5V，Vbb＝－0.15V，RL＝50Ω)，输出信号不失真。输出信号如图 4.3.13 所示，这是增加 Vcc，即相当于增大了基极调制区域。

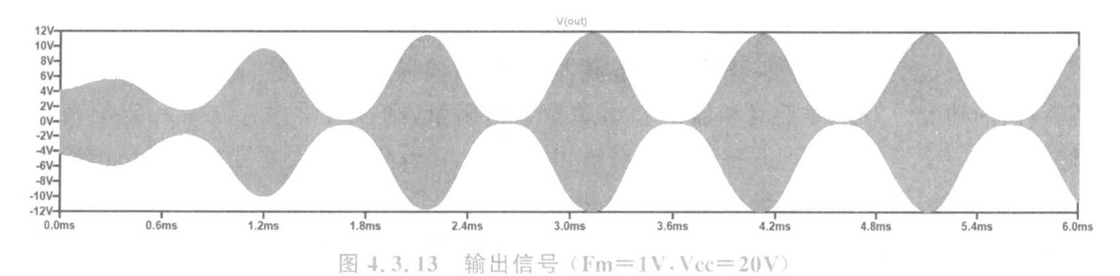


图 4.3.13　输出信号(Fm＝1V，Vcc＝20V)

同样地，改变基极偏置电压 Vbb 为 0V，其他条件不变(Ucm＝1.5V，Vcc＝12V，RL＝50Ω)，在此条件下，加入 Fm＝0.8V 的调制信号。输出信号如图 4.3.14 所示，此时出现失真，主要是由于调制的动态范围变小。

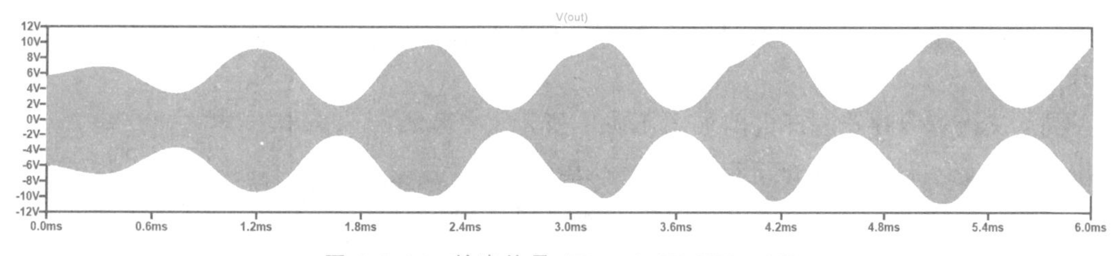


图 4.3.14　输出信号(Fm＝0.8V，Vbb＝0V)

同样地，改变输入载波信号的幅值，输出信号也可能会出现失真，具体的仿真波形(略)。

### 4.3.5　结论

基极调幅电路是基于丙类谐振功率放大器的一种高电平调幅电路，本文详细介绍了基极调幅电路仿真实现的步骤；说明了电路参数的设定方法和调整方法；利用 LTspice 软件仿真各节点电压和电流波形；获得了基极调制特性曲线；在基极调制特性曲线的基础上，分别改变参数，分析输出信号失真与否，并进行了失真原因分析。

微课视频

## 4.4 三极管混频器性能仿真分析

本节是三极管混频器的设计性实验。在完成实验后，形成的示例论文如下：

［**中文题目**］ 三极管混频器性能仿真分析

**【摘要】** 利用 LTspice 软件对混频器进行了可视化仿真分析。通过改变晶体三极管外电路元件参数，对比分析了静态工作点、本振电压幅值和负载电阻等不同参数对输出中频信号的影响。通过改变波形坐标系，直接获得了参数与观测量的曲线，与时域波形共同说明参数对性能指标的影响。

### 4.4.1 引言

混频器是超外差接收机中一个重要模块电路，是一种频率变换电路，功能是将已调波的载波频率变换成固定的中频载频率，而保持其调制规律不变，调幅波、调相波或调频波通过混频电路后仍然是调幅波、调相波或调频波，输出与输入相比，载波频率发生变化，而其调制规律不变，即为线性频谱电路。实现混频功能的非线性器件有二极管、三极管、场效应管和模拟乘法器等。

理论上通过线性时变的概念来讲授混频器的原理，实验也可以通过观测时域的波形理解混频器的功能。但是对于混频器的输出质量如何衡量，则在教学中存在有一定的盲区。如何调整参数使学生深入理解各个参数对输出的影响，以及各参数对主要指标参数的影响，是灵活学习应用设计晶体三极管混频器的难点。

因此使用仿真软件对晶体三极管混频电路建模仿真，辅助理论和实验教学。把定量计算和抽象的定性分析通过波形可视化展示给学生，是本节的主要工作。

### 4.4.2 晶体三极管混频器原理

晶体三极管混频器利用三极管的非线性，可以对两个输入信号进行频率加或频率减，输出信号获得和频信号或差频信号。书中主要是产生差频信号，将高频信号转换为低中频信号。

晶体三极管混频器原理电路如图 4.4.1 所示。采用共射电路，信号电压和本振电压可由基极注入。此种电路输入阻抗较大，因此用作混频器时，本地振荡电路比较容易起振，需要的本振注入功率也比较小。一般选：$U_{Lm} \gg U_{sm}$，本振为大信号，输入为小信号。一个大信号和一个小信号同时作用于非线性元件，该元件可近似看成小信号的工作点随大信号变化而变化的线性元件。即当两个信号同时作用于一个非线性器件，其中一个振幅很小，处于线性工作状态，另一个为大信号工作

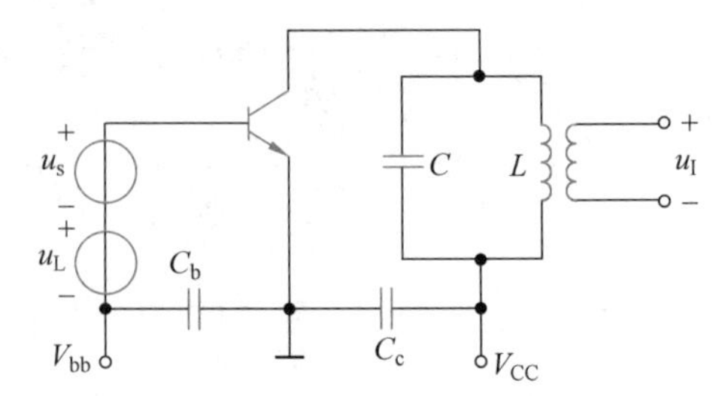


图 4.4.1 三极管混频器原理电路

状态时,可以使这一非线性系统等效为线性时变系统。

晶体三极管混频器为时变参量。集电极电流 $i_c$ 和输出电压 $v_{BE}$ 之间的函数关系为

$$i_c = f(v_{BE}) = f(V_{BB} + v_L + v_s)$$

输出中频频率为差频 $f_I = f_L - f_s$。

把晶体三极管混频器看作时变元件分析,可以获得输出中频信号。

对于晶体三极管混频器的理解,不仅频域和时域要符合混频的要求,同时也要了解电路各参数对混频输出信号的影响。

本节的主要工作是通过调整晶体三极管外参数可视化展示晶体三极管混频器的电流、电压或功率波形,并进一步认识混频器的性能参数。

### 4.4.3 晶体三极管混频器原理仿真实现

在 LTspice 软件中建立晶体三极管混频器原理图,如图 4.4.2 所示。晶体三极管 Q1 起到信号的混频作用,电阻元件 Rb1、Rb2、Re 决定晶体三极管的工作点;电容 Cb、Ce、Cc 为耦合电容,起到隔直流的作用,使前后级的直流电位不相互影响,保证各级工作的稳定性;电感 L1 对高频交流信号相当于开路,起到保护直流电压源的作用;电路中的电感 L 和电容 C 组成谐振电路起选频作用,在产生的组合频率中选择所需要的中频输出信号。

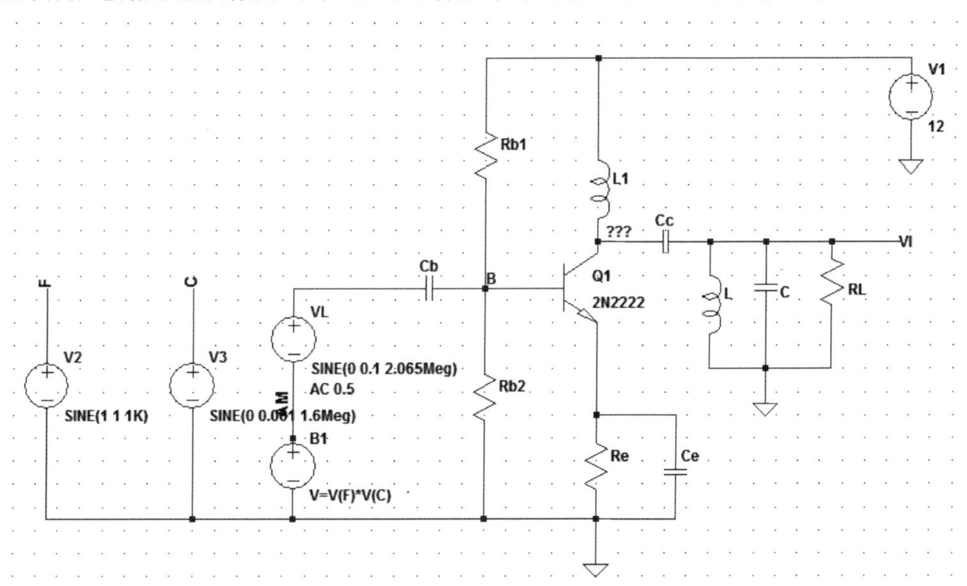


图 4.4.2 三极管混频器仿真电路

信号 F 的频率为 1kHz,信号 C 的频率为 1.6MHz,这两个信号在 LTspice 软件中相乘获得调幅信号,调幅信号加在基极和发射极之间。

本振信号 VL 的频率为 2.065MHz,信号与调幅信号一样,也加在基极和发射极之间。

建立仿真波形。其输入电压 $V_{am}$ 和中频输出电压 $V_I$ 的波形如图 4.4.3 所示。其中 $V_{am}$ 和 $V_I$ 都是调幅信号,中频输出和输入相比,调制规律没有发生变化,但是从此时域波形看不出两个信号的频率。

为了进一步了解混频的频率之间的关系,在软件中进行频率分析,即可以进行 FFT 分析,获得中频输出信号与输入信号的频谱图,其输入和中频输出信号的频谱如图 4.4.4 所示。

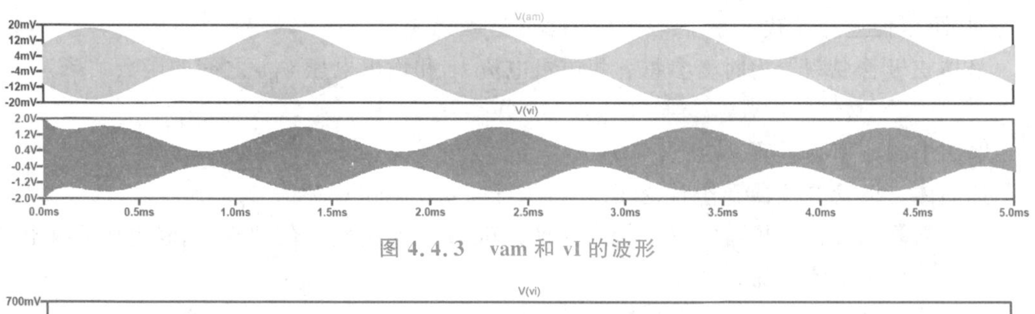


图 4.4.3 vam 和 vI 的波形

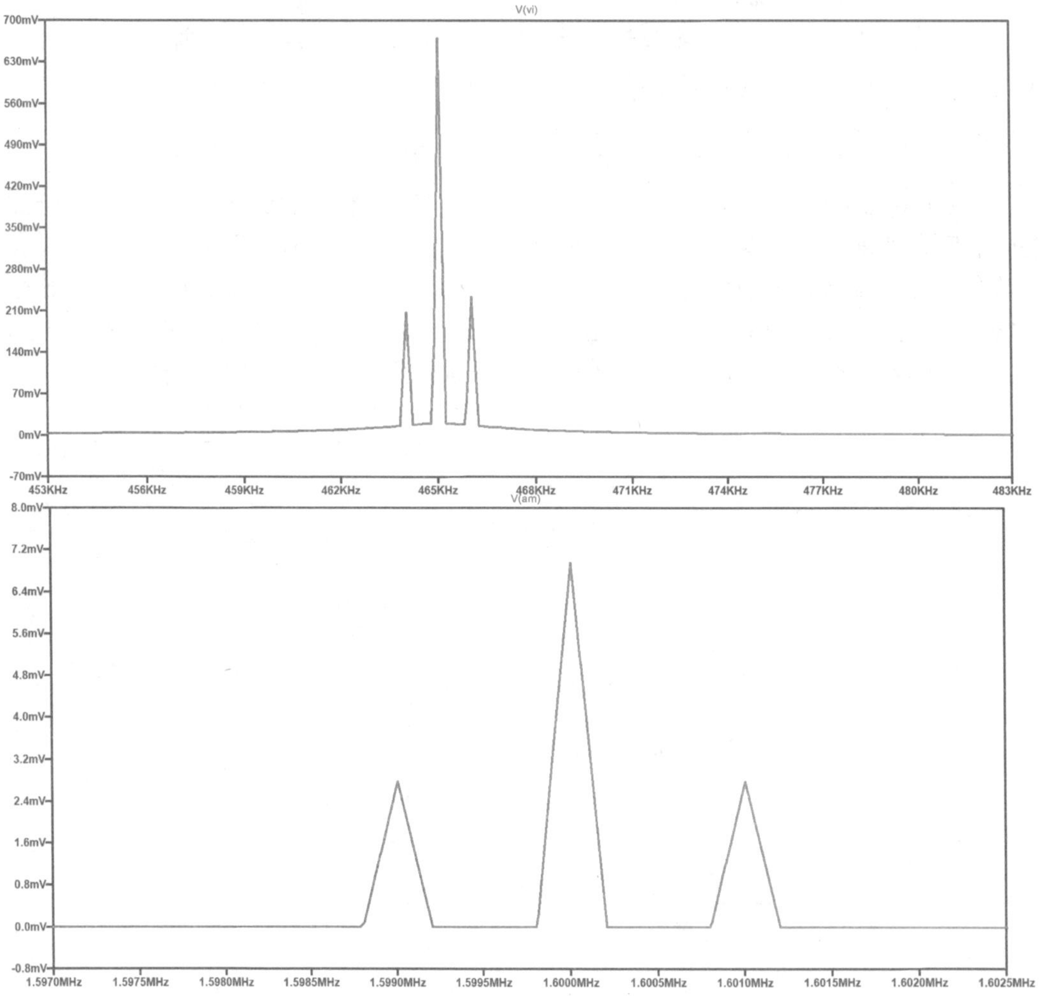


图 4.4.4 输入和中频输出信号的频谱

图 4.4.4 是信号幅度(mV)与信号频率(kHz 或 MHz)的关系曲线，从整体的形状来看，中频输出和输入是近似一样；观测坐标系的横坐标，中频输出和输入所处的频率是不一样的，中频输出与输入的纵坐标(即幅值)也是不一样的。进一步分析横坐标频率，可知输入信号的中心频率是 1.6MHz，边频分量是 1.601MHz 和 1.599MHz，带宽是 2kHz；中频输出信号的中心频率是 465kHz，边频分量是 466kHz 和 464kHz，带宽也是 2kHz。根据理论计算公式 $f_I=f_L-f_s=2.065-1.6=465\text{kHz}$。同样分析纵坐标幅值，晶体三极管具有信号放大作用，中频输出信号的幅值大于输入信号幅值，由此幅值可以计算电路的增益，具体见

后面的混频增益计算。由此可知，建立的晶体三极管混频电路的仿真中频输出与理论计算输出在时域和频率都是一致的，达到了预期目标。

### 4.4.4 参数变化对混频器输出影响的仿真分析

影响晶体三极管混频器输出的参数主要有：静态工作点、负载电阻和本振电压振幅。

书中参数变化主要是指，改变一个参数，固定其他参数为常量，观察混频器电路输出波形。

1. 静态工作点对输出中频信号的影响

书中主要通过改变上偏置电阻间接改变静态工作点。设定主要参数为：VLm＝200mV，RL＝1kΩ，Rb1 的变化范围为[2kΩ，200kΩ]，以 50kΩ 步进。中频输出波形如图 4.4.5 所示。

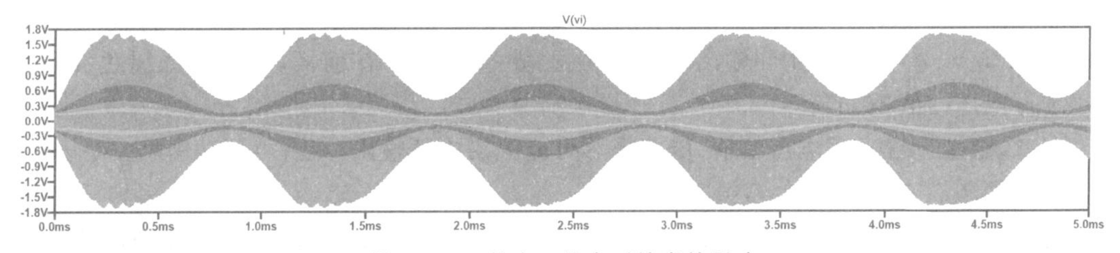


图 4.4.5 静态工作点对输出的影响

上偏置电阻取值与对应的静态工作和输出电压幅值如表 4.4.1 所示。但在图 4.4.5 中能看到的波形只有 4 条，实际 Rb1＝2kΩ 的中频输出波形幅值较小，被遮挡。

表 4.4.1 静态工作点与输出电压幅值

| **VL＝0.1V，RL＝1kΩ** | | | | | |
|---|---|---|---|---|---|
| Rb1(kΩ) | 2 | 50 | 100 | 150 | 200 |
| IEQ(mA) | 10.2 | 2.7 | 1.3 | 0.7 | 0.39 |
| VI(mV) | 300 | 700 | 680 | 540 | 400 |

从图 4.4.5 和表 4.4.1 可知，静态工作点影响输出中频的电压幅值。Rb1 为 50kΩ 时，中频输出电压幅值最大，但是静态电流太大，容易引起失真。因此 Rb1 为 100kΩ 比较合适，中频输出幅值较大，同时静态电流也比较合适。当然也可以根据静态电流的要求设置电阻。

2. 本振电压幅值对输出中频信号的影响

本振电压幅值通过直接设置信号源信号幅值实现：RL＝1kΩ，Rb1＝50kΩ，VLm 的变化范围为[300mV，10mV]，以－10mV 步进时的中频输出与输入之间的曲线关系如图 4.4.6 所示。

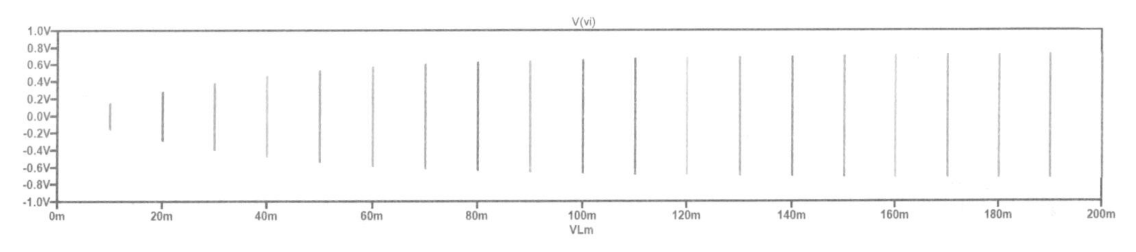


图 4.4.6 中频输出与本振电压幅值关系曲线图

图 4.4.6 中，当本振电压幅值较小时（小于 100mV），输出中频信号幅值随着本振幅值近似呈线性变化，当本振电压幅值大于 100mV 或者更大时，输出中频信号幅值略有增大，近似不变。

VLm 的变化范围为[300mV,10mV]，以−50mV 步进的输出中频电压波形如图 4.4.7 所示。

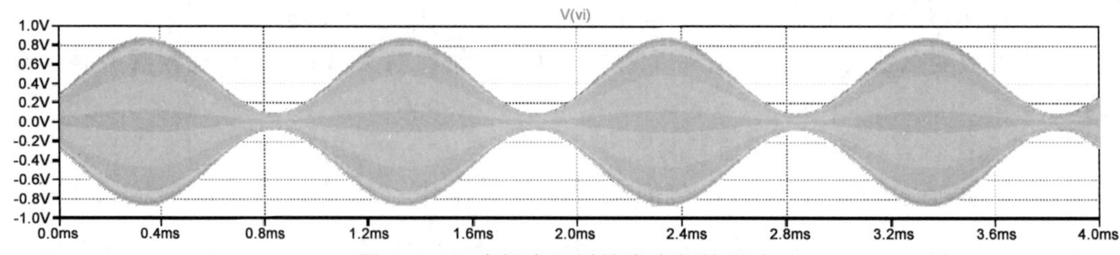


图 4.4.7 本振电压对输出中频的影响

图 4.4.7 中 VLm 在[300mV,110mV]范围内变化时，中频输出波形近似重合，VLm 为 110mV、60mV、10mV 时，中频输出波形有明显减小，且显示在前面，最前面的绿色波形对应于本振电压幅值 10mV。

因此，合理设置本振电压幅值，能获得尽可能大的中频输出，或者电压功率增益。

### 3. 负载电阻对输出中频信号的影响

通过直接设置负载电阻实现：Rb1＝50kΩ，VLm＝100mV，RL 的变化范围为[5kΩ,10Ω]，以−1kΩ 步进的中频输出信号如图 4.4.8 所示。

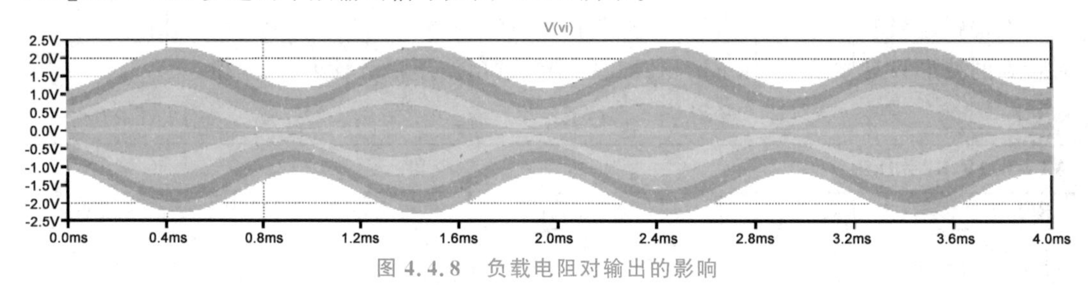


图 4.4.8 负载电阻对输出的影响

图 4.4.8 中中频输出信号幅值随着负载电阻的减小而减小。但是 RL 差别较大时，中频输出波形出现失真，如图 4.4.9 所示。

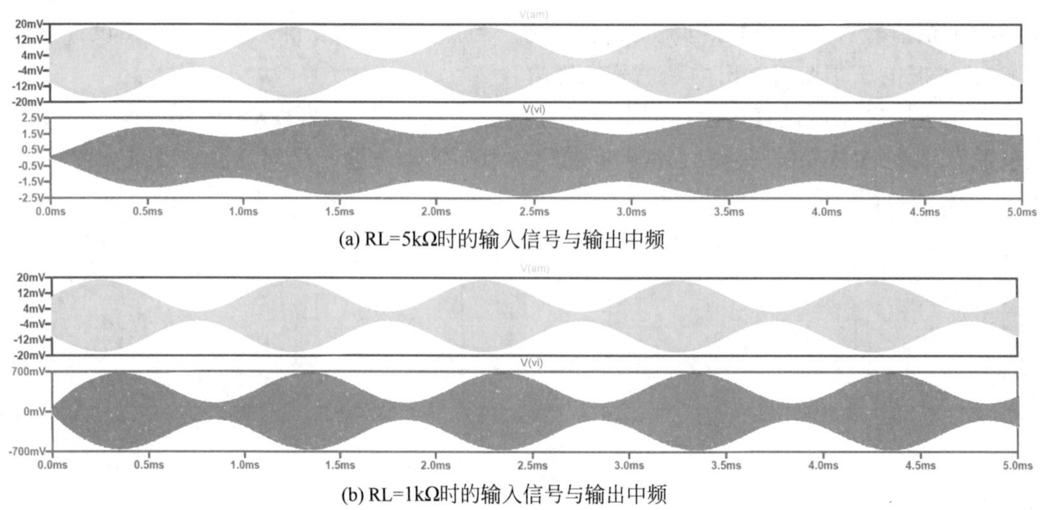


(a) RL=5kΩ时的输入信号与输出中频

(b) RL=1kΩ时的输入信号与输出中频

图 4.4.9 负载电阻与输出失真

从图 4.4.8 和图 4.4.9 可知，当 RL＞1kΩ 时，增益较大，但是波形失真严重，当 RL＜1kΩ 时，增益较小，波形失真不严重。因此需要合理设置负载电阻，如 RL＝1kΩ。

## 4.4.5 晶体三极管混频器性能指标仿真分析

晶体三极管混频器的指标主要有混频增益、1dB 压缩电平、混频失真等。

在 Rb1＝50kΩ，VLm＝100mV，RL＝1kΩ 的条件下，仿真电路混频增益和 1dB 压缩电平。

### 1. 混频增益

混频增益是指中频输出电压振幅与高频输入电压振幅之比。

在图 4.4.9(b)中，可观测中频输出电压振幅为 80mV，高频输入信号振幅为 4mV，则中频电压增益为：$A_{uc}=V_{im}/V_{sm}=80\text{mV}/4\text{mV}=20$。

中频输出电压振幅与高频输入电压振幅也可通过观测频谱图获取电压幅值，如图 4.4.4 所示。

### 2. 1dB 压缩电平

当输入信号功率较小时，混频增益为定值，输出中频功率随输入信号功率线性地增大，以后由于非线性，输出中频功率的增大将趋于缓慢，直到比线性增长低于 1dB 时所对应的输出中频功率称为 1dB 压缩电平。1dB 压缩电平是混频器动态范围的上限电平[1-4]。

在确定好晶体三极管混频器各器件参数之后，改变输出信号幅值，仿真获得中频输出与输入的关系曲线如图 4.4.10 所示(通过改变载波信号幅值间接改变输入 AM 信号幅值)。

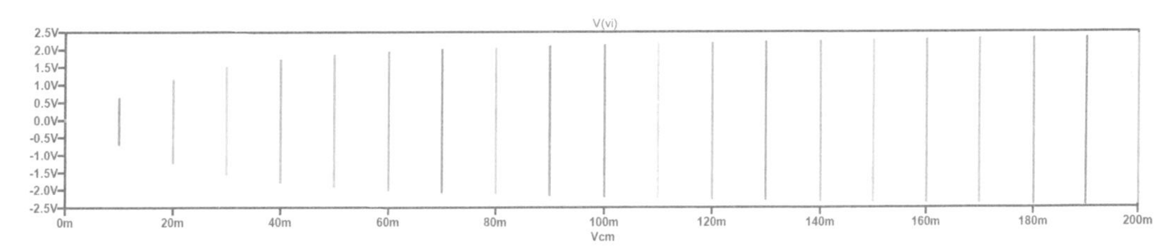


图 4.4.10 中频输出与输入信号幅值的关系曲线

图 4.4.10 中，在载波幅值小于 80mV 时，输出随着输入增大而增大。在载波幅值大于 80mV 时，输出基本保持不变。

统计图 4.4.10 中的数据，在 MATLAB 软件中画出中频输出与输入的曲线如图 4.4.11 所示。混频功率增益与输入信号的曲线如图 4.4.12 所示。

图 4.4.11 中上面曲线为理想的中频输出与输入线性关系曲线，下面曲线为实际的曲线，在输入大于 0.01V 之后有明显的偏离。

图 4.4.12 中当输入为 0.01V 时，功率增益下降 1dB，信号输入的上限电平为 0.01V，信号输入的下限电平主要由噪声决定，书中暂未讨论。

## 4.4.6 结束语

本节详细介绍了晶体三极管混频电路的仿真建模和仿真，以及参数的设置方法和参数取值范围，为进一步深入理解混频器的仿真实验和性能提供了详细的、具有可操作性的实验过程和步骤，并获得了可信的仿真实验结论。

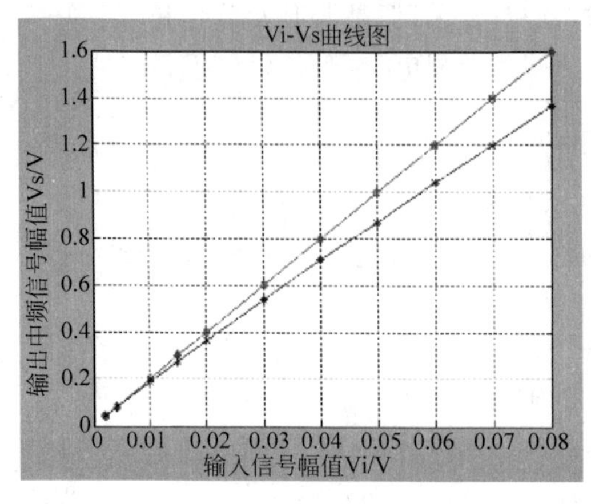


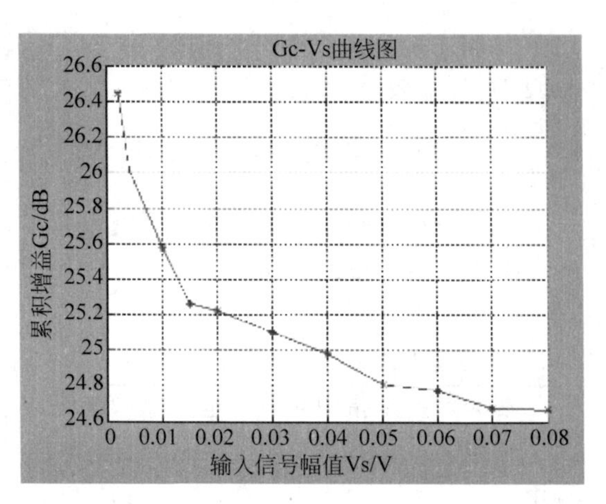

图 4.4.11 中频输出与输入曲线

图 4.4.12 增益与输入曲线

三极管混频器的混频增益较高，在中短波接收机和测量仪器中广泛采用。书中把本振电压和信号电压都加在三极管的基极和发射极之间，利用基极和发射极之间的非线性特性实现混频。对这种类型的共射混频电路进行了建模，详细说明了电路中各部分的作用；通过 LTspice 软件中特有的信号源合成功能，把调制信号和载波信号合成了用于混频电路的调幅信号；把调幅信号和本振信号加在共射电路的基极和发射极之间，利用信号幅值相对大小关系和晶体三极管的非线性特性实现频谱的线性搬移作用。建好电路模型之后，首先从整体功能上对中频输出和输入信号的时域和频率仿真分析，说明了时域波形和频率波形的特点，以及与混频电路预期实现功能的一致性。然后通过改变晶体管外参数，依次说明各参数对输出信号的影响；在软件中通过设置共射电路的偏置电阻的变化范围和步进值，可同时获得不同偏置电阻条件下的中频输出信号的时域波形，能从中直接观测各波形之间的关系，偏置电阻变化即为静态工作点变换，即电路要选择合适的静态工作点，才能获得合适的中频输出信号；同样可以设置本振电压和负载电阻的变化范围和步进值，获得各种不同参数条件下的中频输出信号。可以通过直接变换坐标系，获得输出中频信号与参数之间的关系曲线，方便直接观测和选择。最后以混频增益和 1dB 压缩电平为例，说明了混频器的参数计算和直观观测方法。对晶体三极管混频器的建模仿真是对高频电子线路知识点的可视化，是一种有效的学习方法。

# 参考文献


[1] 刘国华，林弥，罗友. 通信电子线路实践教程——设计与仿真[M]. 北京：电子工业出版社，2017.

[2] 吴元亮. 通信电子线路实践教程[M]. 北京：电子工业出版社，2020.

[3] 杨光义，金伟正. 高频电子线路实验指导书[M]. 北京：清华大学出版社，2017.

[4] 韩东升. 通信电子电路案例[M]. 北京：清华大学出版社，2022.

[5] 杨霓清. 高频电子线路实验及综合设计[M]. 北京：机械工业出版社，2020.

[6] 高吉祥，陈威兵. 高频电子线路与通信系统设计[M]. 北京：电子工业出版社，2019.

[7] 阳昌汉. 高频电子线路[M]. 4 版. 哈尔滨：哈尔滨工程大学出版社，2019.

[8] 赵建勋，邓军. 射频电路基础[M]. 西安：西安电子科技大学出版社，2018.

[9] 曾兴雯. 高频电子线路[M]. 3 版. 北京：高等教育出版社，2016.

[10] 严国萍. 通信电子线路[M]. 3 版. 北京：科学出版社，2020.

[11] 陈邦媛. 射频通信电路[M]. 3 版. 北京：科学出版社，2019.

[12] 涉谷道雄. 活学活用 LTspice 电路设计[M]. 彭刚，译. 北京：科学出版社，2016.

[13] 郑荟民. 运算放大器参数解析与 LTspice 应用仿真[M]. 北京：人民邮电出版社，2021.

[14] https://www.analog.com/cn/design-center/design-tools-and-calculators/ltspice-simulator.html.

# 图书资源支持

感谢您一直以来对清华大学出版社图书的支持和爱护。为了配合本书的使用，本书提供配套的资源，有需求的读者请扫描下方的“书圈”微信公众号二维码，在图书专区下载，也可以拨打电话或发送电子邮件咨询。

如果您在使用本书的过程中遇到了什么问题，或者有相关图书出版计划，也请您发邮件告诉我们，以便我们更好地为您服务。

**我们的联系方式：**

地　　址：北京市海淀区双清路学研大厦 A 座 714

邮　　编：100084

电　　话：010-83470236　010-83470237

资源下载：http://www.tup.com.cn

客服邮箱：tupjsj@vip.163.com

QQ：2301891038（请写明您的单位和姓名）

教学资源·教学样书·新书信息

人工智能科学与技术
人工智能|电子通信|自动控制

资料下载·样书申请

书圈

**用微信扫一扫右边的二维码，即可关注清华大学出版社公众号。**